INFORMÁTICA VERMELHA
HISTÓRIA DA COMPUTAÇÃO NA UNIÃO SOVIÉTICA (1948-1991)

Editora Appris Ltda.
1.ª Edição - Copyright© 2024 dos autores
Direitos de Edição Reservados à Editora Appris Ltda.

Nenhuma parte desta obra poderá ser utilizada indevidamente, sem estar de acordo com a Lei nº 9.610/98. Se incorreções forem encontradas, serão de exclusiva responsabilidade de seus organizadores. Foi realizado o Depósito Legal na Fundação Biblioteca Nacional, de acordo com as Leis nᵒˢ 10.994, de 14/12/2004, e 12.192, de 14/01/2010.

Catalogação na Fonte
Elaborado por: Josefina A. S. Guedes
Bibliotecária CRB 9/870

S237i 2024	Santos Junior, Roberto Lopes dos Informática vermelha: história da computação na União Soviética (1948-1991) / Roberto Lopes dos Santos Junior. – 1. ed. – Curitiba: Appris, 2024. 239 p. ; 23 cm. – (Arquivologia, documentação e ciência da informação). Inclui referências. ISBN 978-65-250-5628-9 1. Informática – História – União Soviética. 2. Internet – História – União Soviética. I. Título. II. Série. CDD – 004

Livro de acordo com a normalização técnica da ABNT

Appris *editora*

Editora e Livraria Appris Ltda.
Av. Manoel Ribas, 2265 – Mercês
Curitiba/PR – CEP: 80810-002
Tel. (41) 3156 - 4731
www.editoraappris.com.br

Printed in Brazil
Impresso no Brasil

Roberto Lopes dos Santos Junior

INFORMÁTICA VERMELHA
HISTÓRIA DA COMPUTAÇÃO NA UNIÃO SOVIÉTICA (1948-1991)

FICHA TÉCNICA

EDITORIAL	Augusto Coelho
	Sara C. de Andrade Coelho
COMITÊ EDITORIAL	Marli Caetano
	Andréa Barbosa Gouveia - UFPR
	Edmeire C. Pereira - UFPR
	Iraneide da Silva - UFC
	Jacques de Lima Ferreira - UP
SUPERVISOR DA PRODUÇÃO	Renata Cristina Lopes Miccelli
PRODUÇÃO EDITORIAL	Miriam Gomes
REVISÃO	Ana Lúcia Wehr
DIAGRAMAÇÃO	Bruno Ferreira Nascimento
CAPA	Eneo Lage

COMITÊ CIENTÍFICO DA COLEÇÃO ARQUIVOLOGIA, DOCUMENTAÇÃO E CIÊNCIA DA INFORMAÇÃO

DIREÇÃO CIENTÍFICA Eliete Correia dos Santos (UEPB)

Francinete Fernandes de Sousa (UEPB)

CONSULTORES

Fernanda Ribeiro (UP)	Julce Mary Cornelsen (UEL)
Armando Malheiro (UP)	Májory K. F. de Oliveira Miranda (UFPE)
Ana Lúcia Terra (IPP)	José Maria Jardim (UFF)
Maria Beatriz Marques (UC)	Glauciara Pereira Barbosa (Unesc)
Angelica Alves da Cunha Marques (UnB)	Heloísa Liberalli Bellotto (IEB/ECA/USP)
Symone Nayara Calixto Bezerra (ICES)	Francisco de Freitas Leite (Urca)
Meriane Rocha Vieira (UFPB)	Maria Divanira de Lima Arcoverde (UEPB)
Alzira Karla Araújo (UFPB)	Suerde Miranda de Oliveira Brito (UEPB)
Guilhermina de Melo Terra (UFAM)	

SUMÁRIO

1.
INTRODUÇÃO 7

PARTE UM
ORIGENS E CONSOLIDAÇÃO

2.
A REALIDADE CIENTÍFICA SOVIÉTICA DO PÓS-GUERRA 17

3.
A CIBERNÉTICA SOVIÉTICA 27

4.
ENGENHARIA, MATEMÁTICA
E OS PRIMEIROS CENTROS DE AUTOMAÇÃO 49

PARTE DOIS
A INDÚSTRIA COMPUTACIONAL SOVIÉTICA

5.
OS PRIMEIROS COMPUTADORES SOVIÉTICOS 61

6.
CONSOLIDAÇÃO DE CENTROS
DE AUTOMAÇÃO NA UNIÃO SOVIÉTICA 85

7.
PROGRAMAÇÃO E OS SOFTWARES 107

PARTE TRÊS
INTERNYET

8.
A (NÃO) CONSOLIDAÇÃO DE UMA REDE DE COMPUTADORES NA UNIÃO SOVIÉTICA (1959-1991) 121

PARTE QUATRO
DILEMAS INFORMACIONAIS

9.
A COMPUTAÇÃO SOVIÉTICA NA "ERA DA INFORMAÇÃO" 149

10.
A COMPUTAÇÃO SOVIÉTICA NOS ANOS 1980 167

11.
ALTERNATIVAS (E SUCESSOS) PARALELAS 187

12.
CONCLUSÕES 201

REFERÊNCIAS 209

LISTA PARCIAL DE COMPUTADORES PRODUZIDOS NA UNIÃO SOVIÉTICA (1950-1991) 233

1.

INTRODUÇÃO

Quando nos referimos ao quase meio século da Guerra Fria, o foco, compreensivelmente, se concentra na rivalidade entre as duas superpotências emergentes, Estados Unidos e União Soviética, e em sua disputa pela hegemonia global.

Além desse antagonismo, o período também foi marcado pela consolidação de uma nova realidade de produção e armazenamento da informação, com o aparecimento de tecnologias, muitas delas relacionadas aos computadores que, dos primeiros modelos digitais produzidos nos EUA e na Inglaterra na segunda metade dos anos 1940, em poucas décadas, tiveram vertiginosa evolução, inserção e influência em praticamente todos os setores da sociedade, indo da cultura à geopolítica. Áreas como a Cibernética – a primeira a discutir sobre aspectos teóricos e práticos da computação na contemporaneidade – e ciência da computação tiveram não somente considerável atenção e investimento político, como também ganharam (e continuam obtendo) atenção em quadrinhos, filmes, livros e séries, muitos oferecendo interessantes especulações sobre o poder, a influência e o impacto dos computadores na sociedade.

Muito do que foi identificado como "era da informação" e "globalização" teve muito de suas origens e construção durante a era "bipolar", com as duas superpotências lidando de formas diferenciadas sobre essa nova realidade tecnológica e informacional[1].

Como a superpotência comunista agiu durante esse período? Estudar a União Soviética, décadas após sua dissolução, principalmente em aspectos nem sempre abordados de forma aprofundada por pesquisadores, esbarra em paixões e uma espécie de "muro", focando de forma quase obsessiva em aspectos ligados à repressão ou nas falhas do sistema, no qual é preciso

---

[1] Um bom resumo dessa transição entre os anos 1980 e 1990 encontra-se no último episódio da premiada série *People's Century* (BBC/WGBH, 1995-1997), Fast Forward (título exibido na Inglaterra) ou Back to the Future (título exibido nos Estados Unidos). Disponível em: https://www.youtube.com/watch?v=zDpCynPtS_w.

ultrapassar para a realização de uma abordagem, mesmo não totalmente neutra, menos enviesada[2].

Sim, houve variados problemas no regime comunista em seus quase 75 anos no poder. Cita-se, em especial, seu caráter excessivamente centralizador, vitimando sua economia e suas relações políticas, um forte viés repressivo, em alguns momentos de forma altamente brutalizada, visíveis em um complexo e gigantesco sistema prisional que abarcou de centenas de milhares a milhões de prisioneiros, maciças execuções de inimigos políticos, agressivas políticas de "reassentamento" de etnias e populações e desastrados projetos no campo da Agricultura, vitimando milhões de pessoas (especialmente na Ucrânia e Cazaquistão) durante os anos 1930 e 1940[3].

Mas, muitas vezes ignorado em grande parte da bibliografia, a história da União Soviética também foi marcada por ambiciosos projetos de reconstrução nacional, que fez o país sair de uma situação quase semifeudal, em 1917, para o status de superpotência em apenas 25 anos. Nele, uma gigantesca reorganização urbana, impressionantes investimentos em ciência, educação, segurança e saúde, além de grandiosos projetos de infraestrutura e habitação ofereceram à grande parte da população soviética novas oportunidades no âmbito cultural, social e profissional, retirando parcelas consideráveis da pobreza extrema e, mesmo com limitações, possibilitando uma melhor situação econômica. No campo científico, os investimentos fizeram com que o país se transformasse em potência científica, situação que foi mantida (a duras penas) no pós-comunismo.

Muitos que apoiaram empolgadamente a dissolução da URSS e o término do sistema comunista em 1991, mostraram ressentimento com o fim de diversas benesses estatais e investimentos sociais, muitas vezes, criando duradoura nostalgia do passado soviético, parcialmente (e estrategicamente) recuperado durante o governo de Vladimir Putin[4].

---

[2] O historiador inglês Tony Judt resumiu a visão problemática em que a história soviética acaba sendo apresentada: "O desejo de nivelar o passado comunista e condená-lo na íntegra — ler tudo, de Lenin a Gorbatchev, como um conto de ditadura e crimes, uma narrativa contínua de regimes e repressão impostos por estranhos ou perpetrados em nome do povo por autoridades não-representativas — implicava [...] uma prática histórica errônea que eliminava dos registros o entusiasmo e o comprometimento autênticos observados em décadas pregressas". JUDT, T. *Pós-guerra*: uma história da Europa desde 1945. Rio de Janeiro: Objetiva, 2008. p. 810.

[3] Nesse aspecto, uma obra muito citada é COURTOIS, S. (org.). *O livro negro do comunismo*. Rio de Janeiro: Bertrand Brasil, 1999. Contudo, o livro apresenta diversos problemas ligados à utilização equivocada de dados, distorção de informações e um discurso agressivo, opinativo e pouco científico sobre o regime comunista (problema encontrado em outros títulos da coleção "O livro negro"). Ao ser lançado originalmente em 1996, recebeu críticas enfáticas tanto da esquerda quanto da direita.

[4] Um bom resumo sobre as diferentes facetas dessa nostalgia na Rússia está em BOELE, O.; NOORDENBOS, B.; ROBBE, K. (org.) *Post-Soviet Nostalgia*: Confronting the Empire's Legacies. Londres: Routledge, 2019.

No aspecto científico, é verdade que diferentes vitórias do regime comunista foram consideravelmente analisadas, em especial, relacionadas à Cosmonáutica, com o pioneirismo do país no início da corrida espacial[5]. Mas o país também apresentou posturas pioneiras em outros campos. Um deles, ligado diretamente à "guerra informacional" que marcou a disputa com os estadunidenses, foi relacionado à Computação.

A história da Informática da União Soviética possui origens na segunda metade dos anos 1940, com base em uma emergente geração de engenheiros e matemáticos, com a consolidação de organismos ligados diretamente à produção de equipamentos digitais e a instituição de três grupos de trabalho – um na Ucrânia e dois na Rússia –, realizando pesquisas com o aval do partido comunista. A URSS mostrou, pelo menos inicialmente, um caráter precursor, visto que, apesar de ainda se recuperar da impressionante destruição deixada pela Segunda Guerra Mundial, ainda em 1950, apresentou seu primeiro autômato, apenas quatro anos depois do primeiro computador digital produzido nos EUA.

Até o final dos anos 1960, a indústria computacional soviética, apesar de alguns problemas e impasses – em especial, quanto à recepção problemática inicial da Cibernética (logo reabilitada pelo partido comunista) e duradouras rivalidades entre diferentes organismos (em especial entre o exército e Academia de Ciências) –, se mostrou um caso de sucesso na Europa, com dezenas de modelos produzidos, consolidação de diferentes centros de pesquisa e fábricas de produção de equipamentos e propostas inovadoras (e, infelizmente, em grande parte rejeitadas) da criação de um sistema interligando diferentes centros informatizados no país, antecedendo em quase uma década propostas feitas nos Estados Unidos, que deram origem à internet.

Mas, em uma inesperada – e até hoje não totalmente esclarecida – reviravolta, o partido comunista, em 1967, decidiu abandonar quase por completo a produção nativa pela clonagem de modelos ocidentais e abdicou de projetos de inserção de uma rede de computadores no país, consolidando um atraso tecnológico que se mostrou quase impossível de ser transposto, levando a Rússia pós-comunista a arcar com esses equívocos. Nos anos 1980, apesar da produção de uma computação pessoal ser iniciada, tanto a sociedade civil quanto instituições soviéticas amargaram um baixo número de equipamentos, e muitos deles aquém do oferecido pelos Estados Unidos, Inglaterra e Japão.

---

[5] Destaca-se aqui a longa e produtiva pesquisa feita pelo professor Asif Siddiqi, talvez o mais profícuo estudioso sobre o tema. Maiores informações em: https://www.asifsiddiqi.com/

Cita-se que a Ciência e Tecnologia soviética, em língua inglesa, teve estudos abrangentes sobre sua evolução, potencialidades e impasses[6], com destaque para as precursoras e influentes pesquisas feitas por David Joravisky,[7] Kendall Bailes[8], Alexander Vucinich[9], Loren Graham[10] e Alexei Kojevnikov[11]. Curiosamente, em um primeiro levantamento, a história da informática soviética ou a relação do país com uma emergente realidade tecnológica e informacional mostra-se reduzida e localizada.

Porém, mesmo não recebendo a mesma atenção da informática estadunidense – compreensível visto o caráter precursor e de proeminência que a indústria computacional dos EUA adquiriu –, houve pesquisadores que ofereceram extensas e preciosas análises ainda durante a existência da União Soviética sobre como ela lidou com essa nova realidade tecnológica da automação.

Entre os precursores, um primeiro destaque é oferecido a Seymour Goodman, atualmente professor emérito do Georgia Institute of Technology. Desde o início dos anos 1970, Goodman não somente realizou longos e informativos artigos descrevendo os principais aspectos da computação soviética, como foi um dos poucos a contornar a então escassa rede de informação na qual os blocos comunista e capitalista dispunham durante a guerra fria, além de orientar doutorandos e pesquisadores que realizaram teses ou relatórios sobre a situação informacional na URSS[12].

Entre os alunos que Goodman orientou e supervisionou, citam-se Peter Wolcott[13] – atualmente, pesquisador da Faculdade em Ciência da Informação

---

[6] Um bom resumo sobre a evolução dos estudos sobre a história da ciência soviética em língua inglesa, com pertinentes críticas sobre algumas dessas vertentes, encontra-se em: SILVA NETO, C. P. A Guerra Fria e as Perspectivas Ocidentais sobre a Ciência Soviética. *In:* BERTOLINO, O; MONTEIRO, A. (org.). *100 anos da revolução russa: legados e lições.* São Paulo: Anita Garibaldi/Fundação Maurício Grabois, 2017. p. 105-135.

[7] JORAVISKY D. *Soviet Marxism and Natural Science* (1917-1932). Londres: Routledge, 1961.

[8] BAILES, K. E. *Technology and Society under Lenin and Stalin:* Origins of the Soviet Technical Intelligentsia, 1917-1941. Princeton: Princeton University Press, 1978.

[9] VUCINICH, A. *Empire of Knowledge:* The Academy of Sciences of the USSR, 1917-1970. California: University of California Press, 1984.

[10] GRAHAM, L. *Science, Philosophy, and Human Behavior in the Soviet Union.* Columbia: Columbia University Press, 1987.

[11] KOJEVNIKOV, A. Stalin's Great Science: The Times and Adventures of Soviet Physicists. Londres: Imperial College Press, 2004.

[12] A partir dos anos 2000, suas pesquisas focam em tecnologia e segurança nacional, o qual ocupa cargos estratégicos em diferentes instituições privadas e na Academia de Ciências dos Estados Unidos. Uma breve biografia e seu currículo encontram-se em: https://iac.gatech.edu/people/person/seymour-e-goodman

[13] Perfil do pesquisador disponível em: https://www.unomaha.edu/college-of-information-science-and-technology/about/faculty-staff/peter-wolcott.php

e Tecnologia na Universidade de Nebraska – e Joel Snyder – atualmente, sócio da consultoria privada Opus One[14]. Ambos, aproveitando a abertura oferecida pelos últimos anos do governo de Gorbachev, realizando longas viagens à URSS, entre 1989-91, ofereceram em suas teses de doutorado (defendidas e publicadas em 1993) os mais extensos estudos sobre as redes de computadores soviéticos (no caso de Snyder) e a construção de computadores de alta performance na URSS (em Wolcott).

Outro nome que merece menção é o de Richard Judy. O autor, que também realizou visitas à URSS durante a segunda metade dos anos 1980, apresentou, tanto em relatórios como em artigos, uma das mais abrangentes e completas abordagens sobre a informática na União Soviética em sua última década de existência.

A partir dos anos 2000, novos autores, alguns deles russos, que realizaram suas pesquisas via convênios Rússia - Estados Unidos - União Europeia, ofereceram análises importantes sobre a informática soviética, renovando algumas abordagens e munidos com uma bibliografia anteriormente não disponível.

O primeiro nome é Slava Gerovitch. Doutor em Filosofia da Ciência no Massachusetts Institute of Technology e atualmente diretor do Programa de pesquisa em matemática, engenharia e ciências para estudantes de graduação (Premis) desse instituto, Gerovitch realizou pesquisas aprofundadas sobre o desenvolvimento da ciência aplicada na URSS, e as dinâmicas de investimento e funcionamento das ciências exatas no país durante a Guerra Fria. Seus estudos sobre a Cibernética são referência para a análise da disciplina que serviu de base a informática na URSS[15].

Já Benjamin Peters, doutor em Comunicação e atualmente professor da Faculdade de Estudos em Mídias na Universidade de Tulsa, ofereceu abrangente abordagem sobre a tentativa de desenvolvimento de uma rede de computadores na URSS[16].

Outra importante pesquisadora que ofereceu consistentes contribuições foi Ksenia Tatarchenko. Doutora pela Universidade de Princeton e atualmente professora na Universidade de Administração de Singapura,

---

[14] Snyder atualmente trabalha em projetos de consultoria na iniciativa privada, ligado à segurança da informação. As informações sobre sua atuação profissional estão disponíveis em: https://www.linkedin.com/in/jmsnyder.

[15] Informações sobre a produção bibliográfica e pesquisas de Gerovitch estão em http://web.mit.edu/slava/homepage/. Quanto ao Primes, informações gerais sobre o programa estão em: https://math.mit.edu/research/highschool/primes/index.php

[16] Informações sobre a produção de Peters estão em: https://benjaminpeters.org/

a autora escreveu importantes trabalhos discutindo a história, a evolução e os aspectos que identificaram as relações internas entre diferentes centros de pesquisa e a (não) inserção de computadores na sociedade soviética[17].

Cita-se também que, a partir de 2010, diferentes coleções, espaços e museus digitais surgiram, oferecendo contribuições sobre aspectos pouco conhecidos da computação soviética.

Destaca-se, na Rússia, o portal "História das tecnologias da informação na URSS e Rússia" (http://it-history.ru/index.php/), o Museu de Raridades Eletrônicas (http://www.155la3.ru/) e "Coleção da tecnologia digital soviética" (http://www.leningrad.su/museum/main.php?lang=1) – coordenados por um dos principais colecionadores russos, o engenheiro Serguei Florov –, o Museu Virtual de Computação Russa (https://computer-museum.ru/ e https://computer-museum.ru/english/), em atividade desde 1999, com grande acervo de artigos científicos publicados sobre o tema, o Museu Virtual de Computação Europeia (https://computer-museum.ru/), com foco na realidade ucraniana, e, por fim, o site BESM-6 – tecnologia soviética (https://www.besm-6.su/) –, parcialmente mantido pela Academia de Ciências da Rússia, dedicado à produção computacional soviética entre os anos 1950 e 1960.

Outra importante fonte, usada de forma generosa nessa pesquisa, é a Conferência Internacional de História da Computação da Rússia, antiga União Soviética e países do antigo Conselho para Assistência Econômica Mútua (Sorucom), que reúne contribuições e testemunhos de importantes personalidades que ajudaram a consolidar a Computação russa e pesquisadores que oferecem análises que ajudam a delinear o desenvolvimento da informática no antigo bloco socialista.

Fora da realidade russa, o principal destaque é a excelente exposição virtual sobre a história da computação soviética (https://museum.dataart.com/en/history), provavelmente o mais interativo e informativo sobre o tema em língua inglesa, promovido pela empresa de desenvolvimento de software DataArt, primeira iniciativa de um ambicioso projeto de exposição dos modelos computacionais do Leste Europeu.

---

[17] Um currículo com lista de publicações da pesquisadora está disponível em: https://socsc.smu.edu.sg/sites/socsc.smu.edu.sg/files/socsc/pdf/cv/CV_Tartachenko_FALL%202022.pdf

O presente livro, baseado em projeto de pesquisa da Universidade Federal do Pará, continuação e expansão de uma breve pesquisa que realizei sobre o tema no início dos anos 2010[18], discutiu as origens, evolução e principais características que marcaram a computação soviética durante o final dos 1940 até a dissolução da URSS. O foco foi não somente sobre os principais modelos que marcaram a informática no país, mas como se constituiu a infraestrutura em automação durante a segunda metade do século XX em uma das duas superpotências hegemônicas da Guerra Fria. Também analiso a influência política exercida pelo partido comunista a essas iniciativas, identificando as potencialidades e os entraves oferecidos à computação.

Meu interesse por essa temática é antigo, em muito influenciado por análises anteriores sobre o desenvolvimento dos campos em Arquivologia, Biblioteconomia e Ciência da Informação na União Soviética. Nessas pesquisas, percebi que esses campos possuíam estreita relação com áreas da Engenharia (com engenheiros ocupando cargos estratégicos em organismos da organização da informação no bloco comunista) e Computação, em que uma forte relação interdisciplinar foi percebida entre diferentes personalidades científicas. Inclusive, o conceito *informatika* chegou a ser utilizado como similar à ciência da informação na União Soviética[19].

Frisa-se também que, apesar de algumas informações técnicas serem apresentadas, evitei fazer uma análise excessivamente pormenorizada sobre os computadores citados, focando apenas em aspectos gerais do modelo, como sobre programação utilizada, capacidade de memória, peças de hardware e dispositivos de armazenamento de dados.

O livro foi dividido em quatro partes.

A primeira analisou as bases que serviram de consolidação para a Computação no país, respectivamente discutindo a situação científica soviética no pós-guerra e seus principais pilares, do lado teórico com a (instável)

---

[18] SANTOS JUNIOR, R. L. A Informática vermelha: uma história do sistema computacional na ex-União Soviética. *Ciência Hoje*, Rio de Janeiro, v. 52, p. 22-25, 2013.

[19] Abordagem proposta em 1966 por A. I. Mikhailov, principal nome da área na URSS, e colaboradores, apresentada como disciplina científica que estuda a estrutura e as propriedades da informação científica. Ver:
SANTOS JUNIOR, R. L. Análise da terminologia soviética "Informatika" e da sua utilização nas décadas de 1960 e 1970. XI ENCONTRO NACIONAL DE PESQUISA EM CIÊNCIA DA INFORMAÇÃO, Rio de Janeiro, 2010. *Anais* [...]. Rio de Janeiro, 2010.
CHERNY, U. U. Что такое информатика?(А И Михайлов и А П Ершов). 8th conference Konf2012 – 60th Years of VINITI. *Proceedings*, Moscou: VINITI, v.1, p. 26-27, 2012. Disponível em: http://www.viniti.ru/docs/conf_materials/konf2012.pdf.

consolidação da Cibernética e, no prático, com o surgimento de institutos de pesquisa e organismos políticos relacionados à Matemática e Engenharia.

A segunda discute os principais modelos produzidos a partir dos anos 1950, focando em frentes de trabalho consolidadas em diferentes repúblicas soviéticas (atualmente ligadas à Rússia, Ucrânia, Belarus, Armênia, Letônia, Estônia e Lituânia), e os principais centros de informática construídos durante a existência da URSS.

A terceira parte discute as pioneiras, porém malsucedidas, tentativas de implantação de um sistema de computadores no país entre os anos 1950 e 1980, com o foco nas propostas de Anatoly Kitov e do proeminente pesquisador Viktor Glushkov, que apresentou o mais ambicioso e complexo projeto, a partir do Sistema Estatal de Gerenciamento Automatizado (OGAS).

Por fim, discutiu-se a difícil e, em alguns aspectos também malsucedida, inserção da URSS na chamada "sociedade da informação", em especial, nas iniciativas de incluir cursos de Computação em escolas soviéticas, no errático planejamento e na distribuição centralizada de equipamentos para o bloco comunista, na problemática produção de computadores de alta performance e computadores pessoais e nas tentativas de engenheiros, escritores e cientistas em contornar, de forma independente, as lacunas computacionais na sociedade comunista.

PARTE UM
ORIGENS E CONSOLIDAÇÃO

2.

A REALIDADE CIENTÍFICA SOVIÉTICA DO PÓS-GUERRA

Figura 1 – Dois exemplos do sucesso científico e tecnológico na URSS. À esquerda, detonação da primeira bomba atômica soviética RDS-1 (1949). À direita, transmissão da missão espacial Vostok-1 (1961) com o cosmonauta Yuri Gagarin, primeiro ser humano no espaço.

Fonte: Wikimedia Commons

Maio de 1945, após quatro anos de conflito, com 27 milhões de mortos e cerca de 70 mil vilarejos, 1,7 mil cidades e 32 mil fábricas destruídas, o exército da União das Repúblicas Socialistas Soviéticas ocupou Berlim, derrotando os nazistas e encerrando a Segunda Guerra Mundial na Europa[20]. A URSS, uma das potências hegemônicas emergentes do pós-guerra, apresentou duas realidades que marcaram sua evolução e desenvolvimento nas décadas seguintes.

---

[20] O número exato de soviéticos mortos no conflito encontra-se em debate, com a estimativa entre 20 e 27 milhões de baixas apresentando consenso entre pesquisadores. Para informações sobre a participação soviética no conflito indica-se, como leitura inicial:
WERTH, A. *A Rússia na guerra*. Rio de Janeiro: Civilização Brasileira, 1966
BARBER, J.; HARRISON, M. Patriotic War, 1941–1945. *In*: SUNY, R. G. (org.) *The Cambridge History of Russia III*: The Twentieth Century. Cambridge: Cambridge University Press, 2006. p. 217-242.

Por um lado, o país, conforme citado, apesar da vitória, a obteve por um alto preço humano e material, que demorou décadas para ser efetivamente superado[21]. Cita-se que o governo comunista estimulou grandiosos projetos de reconstrução na União Soviética, com metas ambiciosas de reestruturação urbana e recuperação de sua infraestrutura. Apesar de apenas no início dos anos 1950 esses objetivos começarem a ser gradativamente alcançados, o resultado, em diversos locais, se mostrou bem-sucedido[22]. Esses projetos seriam expandidos na capital Moscou, em uma nova fase da chamada "arquitetura stalinista", com arranha-céus e novos complexos arquitetônicos, que consolidou sua posição de centro do mundo comunista[23].

Por outro, sua população, exausta, demandava um relaxamento das políticas econômicas e sociais promovidas pelo governo, além da diminuição da repressão promovida pelo então líder Josef Stalin (1878-1953). Apesar de uma tímida promessa inicial de abrandamento, logo elas foram ignoradas, e grandiosos planos econômicos foram implantados ainda em 1946. Os últimos anos de Stalin no poder, mesmo distante da violenta repressão ocorrida na segunda metade dos anos 1930, foram marcados pela perseguição (muitas vezes, com a prisão e, em casos extremos, execução) de desafetos e opositores políticos[24] mesclados à rígida censura no âmbito cultural, culminando com o ápice ao "culto à personalidade" do líder soviético. Mesmo que, indicando contraposição à ordem vigente, tímidos grupos de oposição surgissem em cidades como Moscou e Leningrado[25], milícias armadas na Ucrânia e em países bálticos (Letônia, Lituânia e Estônia) desafiarem a supremacia comunista e

---

[21] Cita-se, por exemplo, a segunda principal metrópole soviética, Leningrado (atual São Petersburgo), que, após o longo e destrutivo cerco sofrido entre 1941-1944, somente conseguiu recuperar sua importância e infraestrutura a partir dos anos 1960. Ver: MILES, J. *St. Petersburg* – Three centuries of murderous desire. Londres: Penguin/ Windmill Books, 2018. Capítulo 15.

[22] DALE, R. Divided we Stand: Cities, Social Unity and Post-War Reconstruction in Soviet Russia, 1945–1953. *Contemporary European History*, Cambridge, v. 24, n. 4, p. 493-516, 2015
FITZPATRICK, S. Postwar Soviet Society: The "Return to Normalcy" 1945-1953. *In:* LINZ S. J. (org.) *The Impact of World War II on the Soviet Union.* Nova Jersey: Rowman & Allanheld, 1985. p. 129-156.

[23] ZUBOVICH, K. *Moscow Monumental:* Soviet Skyscrapers and Urban Life in Stalin's Capital. Princeton: Princeton University Press, 2021.

[24] Cita-se, em especial, expurgos ocorridos em Leningrado (1949) e na república da Geórgia (1951), vitimando parte considerável do partido comunista local.

[25] Essas correntes, com impacto apenas localizado, se dividiram em duas principais. O primeiro consistiu em grupos de estudantes que propunham a discussão das bases do comunismo soviético no pós-guerra, em que foi indicado um (pretenso) reaproveitamento de ideias ligadas a Vladimir Lenin, com vários jovens desses grupos presos ou censurados. A segunda, denominada *stilyagi* (estilo), consistia em jovens que, clandestinamente, consumiam produtos ligados à contracultura estadunidense, com alguns chegando a produzir obras aproveitando estilos como o jazz e o então embrionário rock n'roll. Ver: MYZELLEV, A. Guys in a strange style: Subcultural masculinity of Soviet *Stiliagi*. *Critical Studies in Fashion & Beauty*, Bristol, v. 12, n. 2, p. 185-206, 2021.

agressivas rebeliões eclodindo nos Gulags[26], a partir de 1949, somente com a morte de Stalin um relaxamento político foi vislumbrado[27].

A superioridade militar soviética e sua ascensão como umas das nações protagonistas do pós-guerra não foram ignoradas. Metade da Europa ficou, por quatro décadas, sob sua influência direta, sendo "incorporados" ao que foi chamado de "órbita soviética" ou "bloco comunista", somado à ascensão ao poder dos comunistas na China, em 1949, expandindo o comunismo, segundo slogan de 1951, "de Berlim a Pequim"[28]. A União Soviética, que, no início dos anos 1950, de forma orgulhosa, dizia que o globo era "um terço comunista" e alçada ao status de superpotência[29], não somente aceitou de bom grado a denominação como buscou consolidá-la nos anos seguintes.

Esse aspecto foi visualizado, principalmente, no plano quinquenal de 1946-1950. Mesmo com algumas metas agressivas de produtividade e considerável incremento no investimento militar, que superou até mesmo o dos Estados Unidos, investimentos relacionados ao radar, à propulsão a jato, a foguetes e à energia atômica foram implementados, além de diretamente evidenciar o papel da Ciência e Tecnologia como importante fator de desenvolvimento soviético[30]. Em 9 de fevereiro de 1946, Stalin, em longo discurso proferido no teatro Bolshoi, em Moscou, afirmou que os cientistas

---

[26] Gulag (Administração Geral dos Campos de Trabalho Correcional e Colônias) foi a agência que administrou o sistema de campos de trabalhos forçados para criminosos e presos políticos da União Soviética, que vigorou, aproximadamente, entre 1919 e 1959. Informações podem ser encontradas em: APPLEBAUM, A. *GULAG:* uma história dos campos de prisioneiros soviéticos. Rio de Janeiro: Ediouro, 2004.

FIGES, O. *Sussurros:* a vida privada na Rússia de Stalin. Rio de Janeiro: Record, 2010.

SOLJENÍTSIN, A. *Arquipélago Gulag:* um experimento de investigação artística 1918-1956. São Paulo: Carambaia, 2019.

[27] REIS FILHO, D. A. *Uma revolução perdida.* A história do socialismo soviético. 2. ed. São Paulo: Fundação Perseu Abramo, 2007.

SERVICE, R. *The penguin history of modern Russia*: from tsarism to the twenty-first century. 4. ed. Londres: Penguin Books, 2015.

[28] Em relação ao Leste Europeu, esses países, entre 1945-49, adotaram, a partir dos ditames de Moscou, o sistema comunista em seus governos como principal forma política (e, de diferentes maneiras, nos campos cultural e econômico). Essa influência, de formas variadas, também se expandiu nos âmbitos informacional e tecnológico. Para maiores informações sobre a implantação dos regimes comunistas na região, ver: APPLEBAUM, A. *Cortina de Ferro:* o esfacelamento do Leste Europeu. São Paulo: Três Estrelas, 2017.

BROWN, A. *Ascensão e queda do comunismo.* Rio de Janeiro: Record, 2011.

[29] Existe o consenso que o termo foi utilizado pela primeira vez em: FOX, W. T. *The Super-Powers:* The United States, Britain, and the Soviet Union – Their Responsibility for Peace. San Diego: Harcourt Brace, 1944.

[30] SANTOS JUNIOR, R. L. *Ciência e Tecnologia na União Soviética:* breve percurso histórico. Trabalho apresentado no evento "Ciclo 1917: o ano que abalou o mundo, 100 anos da Revolução". São Paulo: Boitempo editorial/ SESC CPF, 2017.

soviéticos deveriam "não somente ultrapassar, mas superar em um futuro próximo as conquistas da ciência além de nossas fronteiras"[31].

Com isso, a ciência soviética pós-1945 foi identificada como um campo estratégico no regime comunista. Porém, mesmo com essa importância, a ciência na URSS entrou em uma fase muitas vezes instável nos últimos anos do stalinismo.

Entre o controle e a expansão: ciência e tecnologia no final do stalinismo

O campo científico e tecnológico soviético, após um período de extensa contribuição na produção de armamentos e tecnologias durante a Segunda Guerra Mundial, demandou, aproveitando brechas deixadas pelo governo, maior abertura e trocas informacionais com o campo científico capitalista, além da diminuição da censura às suas pesquisas. Stalin acenou para esse relaxamento, porém a rápida consolidação da Guerra Fria logo o faria rever sua posição, criando um clima tenso que perduraria até sua morte.

Duas realidades podem ser definidas no período entre 1945-1953: controle e expansão.

Os cientistas soviéticos tiveram que se adaptar (muitas vezes sem sucesso) às políticas repressivas apresentadas pelo secretário do comitê central do partido comunista, Andrei Zhadnov (1896-1948), chamadas de *zhdanovshchina*, que impunham forte censura e rígido controle ideológico às pesquisas. Como consequência, dezenas de cientistas e pesquisadores foram afastados de suas atividades e, em casos localizados, presos ou executados[32].

A *zhdanovshchina* evidenciou também o recrudescimento de posturas xenófobas na ciência soviética, na qual, em diversos campos, houve tentativas, tanto do partido quanto de alguns cientistas, ávidos por ascensão nas instituições de pesquisa e no afastamento de desafetos ou rivais, de extirpar o "cosmopolitismo", ou seja, a troca de informações e material entre cientistas russos e ocidentais. O lema foi "criticar e destruir" ou "ultrapassar e superar" a ciência ocidental. Apesar de a Academia de Ciências Soviética ter mantido certa independência e ser a única instituição a receber publicações científicas estrangeiras, também sofreu forte controle vindo do partido comunista e

---

[31] Uma versão na íntegra do discurso, em inglês, está disponível em: https://stars.library.ucf.edu/cgi/viewcontent. cgi?article=1311&context=prism.

[32] SANTOS JUNIOR, R. L. Análise histórica da evolução e desenvolvimento dos campos da Ciência e da Tecnologia na antiga União Soviética e Rússia (1917-2010). *Revista Brasileira de História da Ciência*, Rio de Janeiro, v. 5, n. 2, p. 279-295, 2012.

dos órgãos de informação. Mesmo que fosse permitido à certa elite científica desfrutar de algum acesso à informação ocidental, parte considerável da ciência russa não teve o mesmo privilégio[33].

Outro aspecto relacionado a esse controle, direta ou indiretamente promovido por Stalin, foi o estímulo a rixas ideológicas e enfrentamento entre correntes de pesquisa antagônicas em diferentes campos científicos. Em especial entre 1948-51, esse aspecto, em alguns momentos, ganhou intensos e agressivos contornos.

O mais notório, e de consequência sombria para a ciência soviética, se relaciona à Biologia e Genética, nas quais as autoritárias e problemáticas propostas do pesquisador Trofim Lysenko – rejeitando a teoria da herança genética mendeliana em favor da geração de uma cultura hibridizada – prevaleceram, consagradas em um agressivo simpósio promovido em agosto de 1948 (no qual Stalin pessoalmente revisou sua apresentação), com seus desafetos desacreditados (e alguns expulsos do partido), com desastrosos resultados que demoraram décadas para serem reparados[34].

Na Linguística, polêmicas sobre uma gramática "marxista" (relacionadas ao pesquisador Nikolay Marr) opuseram linguistas em uma amarga discussão, abruptamente interrompida com a intervenção de Stalin contra as ideias de Marr, derivando com o afastamento de alguns de seus apoiadores. Na Fisiologia, discípulos do proeminente cientista Ivan Pavlov entraram em contendas sobre qual caminho a disciplina deveria seguir no pós-guerra, com alguns pesquisadores sendo desligados de seus cargos. E no campo da Economia Política, eventos de grande porte, ocorridos entre 1951-52, acabaram improdutivos, com troca de acusações entre seus participantes, porém rendendo a Stalin material para a publicação de seu último livro, *Problemas Econômicos do Socialismo na URSS* (1952)[35].

Apesar de os casos citados serem os mais expressivos, na verdade, todo o corpo científico da União Soviética sofreu algum tipo de interferência,

---

[33] SANTOS JUNIOR, 2012.

[34] BORINSKAYA, S., ERMOLAIEV, A., KOLCHINSKY, E. Lysenkoism Against Genetics: The Meeting of the Lenin All-Union Academy of Agricultural Sciences of August 1948, Its Background, Causes, and Aftermath. *Genetics*, v. 212, p. 1-12, 2019. Lysenko somente perdeu seu poder em 1964, após longo período de proeminência na Biologia soviética.

[35] Informações aprofundadas sobre essas disputas e suas consequências, podem ser vistas em: KOJEVNIKOV, A. Rituals of Stalinist Culture at Work: Science and the Games of Intraparty Democracy circa 1948. *The Russian Review*,Oxford, v. 57, p. 25-52, 1998.
TOASSA, G.; GUIMARÃES, D. B. Distorções de Pavlov: ciência soviética e psicologia entre 1948 e 1953. *Psicologia Política*, São Paulo, v. 19, n. 44. p. 16-33, 2019.

principalmente de uma interpretação marxista leninista que, de alguma forma, deveria ser incluída em seu escopo (até em livros de Culinária Stalin chegou a fazer breves observações[36]). Outro aspecto foi que diferentes disciplinas, por não se adequarem à ideologia vigente, foram chamadas de "burguesa" e "reacionária". Mecânica quântica, teoria da relatividade e, conforme será discutido no capítulo a seguir, Cibernética foram algumas dessas ciências hostilizadas ou que tiveram sua utilização feita de forma discreta, às vezes, quase escondida, pelos pesquisadores.

Mas uma realidade baseada somente em antagonismos, controle e imposição ideológica, num país dividindo a supremacia global e lutando para justificar seu status de superpotência, mostrou-se contraproducente. O próprio partido comunista, no início dos anos 1950, apresentou posturas que garantiram a manutenção das políticas de expansão do campo científico soviético realizadas pelos bolcheviques desde o início dos anos 1920.

Indícios de um novo e mais robusto sistema ligado à Ciência e Tecnologia no país foram visualizados com a implantação, entre 1949 e 1953, de um Comitê Estatal para a Ciência e Tecnologia chamado de *Gostekhinka*, até 1991, denominado GKTN, assim como a implantação de institutos dedicados à produção e ao controle da informação recebida e gerada no país, como o Instituto Estatal de Informação Científica e Técnica (VINITI)[37].

Um aspecto importante que marcou a Ciência e Tecnologia soviética até o início dos anos 1980 foi sua militarização. Muitas pesquisas e projetos ficaram em institutos industriais militares de grande porte, vários deles secretos, que receberam grande número de jovens cientistas, em alguns momentos com interligação com a Academia de Ciências. A inserção da automação no país, a partir da construção dos primeiros modelos e sua inserção em diferentes projetos, e da inserção da Cibernética no léxico científico soviético passou, direta ou indiretamente, pelo suporte do setor militar[38].

Outra característica foi a de áreas estratégicas terem recebido considerável investimento do partido comunista. No campo da Física, uma relativa

---

[36] O material em questão foi o *Livro de comida deliciosa e saudável* (1952), o qual teve frases do secretário geral usadas na introdução. SERVICE, 2015, p. 320.

[37] Principal órgão de pesquisa sobre a informação na União Soviética. Instituído em junho de 1952, participou de projetos em diferentes campos científicos, muitos relacionados à utilização de novas tecnologias no armazenamento e na disseminação da informação. Entre 1975 e 1980, o organismo tinha, aproximadamente, 20 mil funcionários em atividade. SANTOS JUNIOR, R. L.; PINHEIRO, L. V. R. A infraestrutura em informação científica e em Ciência da Informação na antiga União Soviética (1917-1991). *Encontros Bibli*, Florianópolis, v. 15, n. 1, p. 24-51, 2010.

[38] ZUBOK, V. *Zhivago's Children:* The Last Russian Intelligentsia. Cambridge: Harvard University Press, 2009.

"ilha" de autonomia, o robusto patrocínio do governo somado a um grupo de pesquisas eficiente e coeso, sob a firme liderança de Igor Kurchatov (1903-1960), e de informações privilegiadas obtidas a partir dos serviços de espionagem e de material confiscado na Alemanha, permitiu os primeiros sucessos científicos e tecnológicos da URSS no pós-guerra, com o teste bem-sucedido da primeira bomba atômica soviética, em agosto de 1949, e da versão russa da bomba atômica de hidrogênio, em agosto de 1953[39].

Outro campo beneficiado foi o ligado à Aeronáutica e Cosmonáutica. Em 1946, foi criado o Comitê Tecnológico de Tecnologia Reativa. Nele, os futuros líderes da Cosmonáutica soviética Serguei Korolev (1906-1966) e Valentin Glushko (1909-1989) organizaram comitês com um talentoso escopo de pesquisadores, engenheiros e mecânicos soviéticos, onde, a partir de excursões na Alemanha durante a segunda metade dos anos 1940, retiraram equipamentos, aproveitaram projetos inacabados e utilizaram mão de obra alemã, que foram importantes para a construção dos foguetes e mísseis intercontinentais na década seguinte[40].

As duas áreas ofereceram à emergente computação soviética do início dos anos 1950 o terreno para seu desenvolvimento e utilização. Tanto na construção de armas atômicas, quanto na produção de satélites e módulos especiais, os primeiros modelos de computadores tiveram importância em facilitar os complexos cálculos matemáticos necessários para a continuidade dos projetos.

Ciência e tecnologia após Stalin

Logo após a morte de Stalin, mudanças foram tomadas por seus sucessores, relaxando as tensões internas e externas e indicando novos rumos, buscando, timidamente, diversificar as opções de investimentos em Ciência e Tecnologia. Uma reaproximação com a ciência ocidental foi feita, quando pesquisadores soviéticos puderam participar em eventos nos países capitalistas – com institutos de pesquisa filiando-se a federações e organismos internacionais –, e pesquisadores ocidentais participando de congressos na URSS a partir do final dos anos 1950, situação essa se mantendo até o fim da União Soviética.

---

[39] HOLLOWAY, David. *Stalin e a bomba*. Rio de Janeiro: Record, 1997.

[40] SANTOS JUNIOR, 2017.
GEROVITCH, S. Stalin's Rocket Designers' Leap into Space: The Technical Intelligentsia Faces the Thaw. *Osiris*, Chicago, v.23, p. 189-209, 2008.

A visão estratégica da Ciência e Tecnologia foi mantida. Esse aspecto se visualiza na declaração de Nikolai Bulganin, diretor do conselho de ministros, em julho de 1955, em que o país estava diante de uma revolução científica, tecnológica e industrial, em que essa nova era sinalizava uma "batalha" tecnológica pela construção da sociedade comunista, usando das vantagens desse sistema para ultrapassar as conquistas científicas e tecnológicas estrangeiras[41]. Esse discurso marcou a dinâmica na qual Nikita Kruschev, sucessor de Stalin, seguiu com o campo científico soviético, consagrado no programa do partido comunista de 1961, onde a Ciência e Tecnologia foi elencada como crucial para a consolidação comunista, visualizada em um ambicioso (e apenas parcialmente implantado) projeto de inserção tecnológica e econômica no país até 1980[42].

Apesar das limitações (Lysenko, por exemplo, continuaria tendo poder nos centros de pesquisa em biologia até 1964), os resultados logo foram percebidos, em especial, no âmbito da Cosmonáutica, onde os soviéticos apresentaram, segundo palavras de Kruschev, um "período de glória". A primeira viagem espacial feita pelo satélite Sputnik (1957), o primeiro voo com um ser vivo (a cadela Laika, em 1957), o primeiro voo com ser vivo bem sucedido (as cadelas Belka e Strelka, em 1960), o primeiro voo tripulado por um homem (Yuri Gagarin, em abril de 1961) e mulher (Valentina Tereshkova, em junho de 1963), a primeira espaçonave não tripulada a realizar uma alunissagem (Luna 9, em 1966) e pousar em outro planeta (Venera 4 em Vênus em 1967) e o primeiro ônibus espacial (Salyut 2, em 1973) foram alguns marcos que evidenciaram a superioridade soviética nos primeiros anos da corrida espacial[43].

A Academia de Ciências Soviética, que atingia o ápice de sua influência (passando de 1 mil funcionários no final dos anos 1920 para mais de 10 mil no início da década de 1950), foi dividida em três centros principais: o primeiro, relacionado à estrutura interna da Academia (funcionários, pesquisadores, projetos de pesquisas, áreas estratégicas), o segundo, referente ao funcionamento das Academias de Ciências das Repúblicas Soviéticas, e o terceiro, referente a projetos específicos dos ministérios ou setores do partido comunista[44].

---

[41] GUTH, S. One Future Only. The Soviet Union in the Age of the Scientific-Technical Revolution. *Journal of modern European history*, Chicago, v. 13, n. 3, p. 355-376, 2015.

[42] GUTH, 2015.

[43] SIDDIQI, A. A. *Challenge to Apollo:* The Soviet Union and the Space Race, 1945 – 1974.Washingon: National Aeronautics and Space Administration, 2000.

[44] LUBRANO, L. The hidden structure of Soviet Science. *Science, Technology, and Human Values*, Los Angeles, v. 1, n. 2, p. 147-175, 1993.

Após a queda de Kruschev, em outubro de 1964, um novo "desvio" seria verificado no desenvolvimento científico do país. A partir de iniciativas do primeiro ministro Alexey Kosygin, com base em reformas econômicas de cunho parcialmente liberal, foi estimulado a consolidação de estudos sobre definição de parâmetros para o prognóstico do desenvolvimento científico, culminando, em 1969, com a criação da Associação Soviética de Prognósticos Científicos (SANP)[45] e, no período entre 1966 e 1991, a produção de, aproximadamente, 500 livros, milhares de relatórios e artigos e a criação de dezenas de grupos de pesquisa relacionados a esse campo de estudo[46].

Nos anos 1970, o campo científico do país teve dois principais tipos de profissionais. O primeiro, em maior quantidade, formado por especialistas, pesquisadores e cientistas da Academia de Ciências ou em instituições científicas relacionadas. O segundo foi constituído por engenheiros ou profissionais ligados a atividades científicas fora da Academia de Ciências. Em 1973, cerca de 1,375 milhão de profissionais estavam envolvidos em atividades científicas ou em projetos de alta tecnologia[47].

Levantamentos indicam também que os soviéticos possuíam o dobro de pesquisadores estadunidenses que recebiam algum tipo de patrocínio do estado (1,3 milhão contra 680 mil nos Estados Unidos, em 1976), além de superioridade numérica de cientistas em atividade nas áreas de Física, Matemática, Astronomia, Medicina, Engenharia e em campos relacionados às Ciências Sociais[48]. Houve também considerável crescimento de institutos científicos na URSS, que passaram de 3.447, em 1950, para 5.327, em 1975[49].

Mas todo esse aparato, apesar de impor respeito tanto aos Estados Unidos como na Europa, estimulou também críticas e descontentamentos internos.

---

[45] Segundo Guth (2015, p. 360), o principal relatório produzido pelo organismo foi o "Programa sobre o progresso técnico científico e suas consequências socioeconômicas para os anos 1976-1990", reunindo entre 800 e 2 mil pesquisadores, instituído no início dos anos 1970 e apresentado preliminarmente no 25º congresso do partido comunista da URSS (1976), posteriormente atualizado para o período 1980-2000 e apresentado, também de forma preliminar, no 26º congresso do partido comunista (1981). Contudo, por diferentes fatores, o programa foi interrompido no início dos anos 1980.

[46] SANTOS JUNIOR, R. L. Os estudos cientométricos na antiga União Soviética e Rússia: origens, desenvolvimento e tendências. *In:* PINHEIRO, L. V.; OLIVEIRA, E. C. P. (org.). *Múltiplas facetas da comunicação e divulgação científicas:* transformações em cinco séculos. Brasília: IBICT, 2012. Vol. 1, p. 85-114.
BESTUZHEV-LADA, I. Futures studies in the USSR (1966-1991) and in Russia (1991-1999). *In:* NOVAKY, E.; VARGA, V. R.; KOSZEGI, M. K. (org.) *Future Studies in the European ex Socialist countries.* Budapeste: World Future Association, 2001.

[47] SANTOS JUNIOR, 2012, p. 284.

[48] Dados disponíveis em: NOLTING, L.; FESHBACH, M. R and D Employment in the USSR. *Science*, Washington, v. 207, p. 493-503, 1980.

[49] NOLTING, L.; FESHBACH, 1980, p. 494.

Primeiro, pesquisadores ressentidos criticavam um "afunilamento" dos campos científico e tecnológico soviéticos, que possuíam variedade de temas, mas não de locais de estudo ou meios e recursos para sua realização.

Outros começaram a questionar o custo humano, econômico e ambiental de tal sucesso, mostrando como algumas partes da URSS estavam pagando um preço alto nesses três aspectos[50]. Dois exemplos ligados à indústria nuclear expuseram, de forma explícita, esses problemas.

O primeiro foi na usina de Chelyabinsk-40, centro secreto localizado nos Urais, onde um tanque de detritos explodiu em 1957, vazando 76 milhões de metros cúbicos de lixo radioativo, obrigou o governo a evacuar 10 mil pessoas e destruir 23 aldeias, além de contaminar grande parte do rio Ural (um dos principais da URSS)[51].

O segundo ocorreu na usina de Chernobyl, perto da cidade ucraniana de Pripyat. Em 26 de abril de 1986, a 1:23 da madrugada, um dos reatores explodiu, liberando 120 milhões de curies (100 vezes maior que a radiação de Hiroshima e Nagasaki juntas) de material radioativo que se espalhou pela Ucrânia, Escandinávia e Europa Ocidental, expondo, aproximadamente, 5 milhões de pessoas à radiação (com estimativas de 30 mil mortos direta ou indiretamente ligados ao vazamento). Apesar da atuação abnegada de funcionários, bombeiros e soldados, a ingerência dos líderes políticos atrasou medidas efetivas de enfrentamento ao acidente, com resultados trágicos[52].

E, por último, cientistas dissidentes (como Zhores Medvedev e Andrei Sakharov) se opunham à forma autoritária e repressiva – em casos extremos, com o uso de asilos psiquiátricos para internar oposicionistas – que o partido comunista empregava para tratar pesquisadores que mostravam oposição ao regime[53].

---

[50] Exemplos desses resultados podem ser vistos no lago Baikal (Sibéria), sofrendo com forte poluição advinda de centros industriais e do mar Aral (Uzbequistão), antigo quinto maior lago do mundo, que praticamente deixou de existir devido a intervenções humanas e problemáticos projetos de irrigação entre os anos 1960 e 1990. Maiores informações em: JOSEPHSON, P. R. *Would Trotsky Wear a Bluetooth?*: Technological Utopianism under Socialism 1917-1989. Baltimore: The John Hopkins University Press, 2009. Capítulo 5. ALADIN, N. K.; PLOTINIKOV, I. (org.) The Aral Sea: The Devastation and Partial Rehabilitation of a Great Lake. Berlim: Springer, 2014.

[51] SEMBRITZKI, L. Maiak 1957 and its Aftermath: Radiation Knowledge and ignorance in the Soviet Union. *Jahrbücher für Geschichte Osteuropas*, Berlim, v. 66, p. 45-64, 2018.

[52] Um informativo e sombrio relato de Chernobyl pode ser encontrado em: ALEKSIÉVITCH, S. *As últimas testemunhas*. São Paulo: Companhia das Letras, 2019. Apesar de algumas partes ficcionais e "adaptações" históricas, um fidedigno relato sobre o acidente pode ser visto na premiada minissérie *Chernobyl* (Direção Johan Renck. HBO/Sky/Sister Pictures/Might Mint/Word Games, 2019).

[53] SANTOS JUNIOR, 2012, p. 285.

3.

A CIBERNÉTICA SOVIÉTICA[54]

Quando é analisada a evolução histórica das tecnologias da informação, muitas vezes, seu foco é direcionado ao desenvolvimento dos equipamentos e autômatos a partir da primeira metade do século XX. Inicialmente, apresentam-se os computadores analógicos, como os estadunidenses Analisador Diferencial (1931) e Harvard Mark I (1944), o alemão Z3 (1941) e o inglês Colossus (1943). A partir desses modelos, e com estímulo do setor militar envolvido com a Segunda Guerra Mundial, os primeiros computadores digitais se consolidaram nos Estados Unidos, a exemplo do Computador Integrador Numérico Eletrônico – ENIAC (1946), do Computador Binário Automático – BINAC (1949) e do Computador Universal Automático – UNIVAC I (1951) – esse último foi o primeiro usado comercialmente. Esses projetos foram liderados pelos engenheiros John Mauchly e Presper Eckery[55].

Contudo, um aspecto, nem sempre lembrado, sobre a base teórica para a consolidação da informática e sua inserção e aceitação na sociedade contemporânea é da contribuição da Cibernética, área que obteve grande influência não somente no campo científico, mas em gerações de autores ligados à ficção científica, a partir do início dos anos 1950[56].

---

[54] Uma versão expandida desse subtópico está em: SANTOS JUNIOR, R. L. Análise histórica sobre a evolução da cibernética na União Soviética (anos 1920-1970). *Revista Brasileira de História da Ciência*, Rio de Janeiro, v. 16, n. 1, p. 252-267, 2023.

[55] A partir dos anos 1990, pelo menos em língua inglesa, a literatura sobre a história da computação mostra-se com considerável produção, oferecendo abordagens que se afastam de uma visão excessivamente centrada na estadunidense. Para uma análise recente sobre a temática, cita-se: HAIGH, T.; CERUZZI, P. *A new history of modern computing*. Cambridge/Londres: MIT Press, 2021. No Brasil, o tema ainda está pouco explorado, contudo havendo exceções, como :
FONSECA FILHO, C. *História da computação:* O Caminho do Pensamento e da Tecnologia. Porto Alegre: EDIPUCRS, 2007.
VIANNA, M.; PEREIRA, L. A.; PEROLD, C. (org.). *Histórias da informática na América Latina:* Reflexões e experiências (Argentina, Brasil e Chile). Jundiaí: Paco editorial, 2022.

[56] Dessa vertente, destacam-se autores como Arthur C. Clarke (1917-2008), Isaac Asimov (1920-1992), Frank Herbert (1920-1986), Philip K. Dick (1928-1982) e William Gibson, todos eles indicando as ideias da cibernética como uma de suas influências.

Cibernética: evolução e características

Figura 2 – Capa da primeira edição do livro *Cibernética: ou controle e comunicação no animal e na máquina,* de Norbert Wiener (1948)

Fonte: Wikimedia Commons

As origens da Cibernética surgem em pesquisas e experimentos realizados pela *Bell Laboratory*, empresa estadunidense que tinha contratos com o ministério da defesa dos Estados Unidos, ligadas à programação de máquinas e a computadores analógicos, relacionando-os com mecanismos de controle para a artilharia antiaérea.

Durante os anos 1920, os pesquisadores Harry Nyquist e Ralph Hartley discutiram, a partir da troca de sinais via telefone, telégrafo e televisão, aspectos sobre a forma como esses dados eram transmitidos e interpretados, desenvolvendo um rudimentar, porém influente, modelo matemático universal para as trocas comunicacionais[57].

Esse modelo seria aperfeiçoado em duas vertentes de análise a partir dos anos 1930. De um lado, engenheiros como Homer Dudley, em trabalhos sobre a criação do Vocoder – instrumento capaz de sintetizar a voz humana – e o aprimoramento da criptografia, discutiu a interpelação entre comunicação humana e transmissão de sinais. De outro, o físico austríaco Erwin Schrödinger, no influente livro *What is Life?* (1944), ao oferecer uma nova interpretação sistemática dos fenômenos biológicos a partir de termos da física (saindo de uma abordagem meramente matemática)[58], ofereceu ideias que foram aproveitadas posteriormente sobre trocas informacionais e comunicacionais entre humanos e autômatos.

Foi durante a Segunda Guerra Mundial, com a consolidação de projetos em computação analógica/digital e sobre intersecção entre essas tecnologias com programas de grande porte ligados à indústria nuclear e a armamento, que a Cibernética começou a desenvolver seu corpo prático e teórico.

Cita-se, em especial, as iniciativas do neuro anatomista Warren McCulloch, o qual realizou, a partir de 1943, trabalhos precursores em identificar relações entre redes neurais com um ainda embrionário conceito de inteligência artificial. McCulloch organizou também conferências na fundação Francis Macy Jr., ocorridas entre 1946 e 1953, nas quais se discutiu aspectos ligados à computação e às relações interdisciplinares com a Sociologia, Biologia, Física e Comunicação. Foram nesses eventos que as pesquisas que serviram de base para a cibernética foram debatidas e posteriormente publicadas[59].

Entre essas ideias, cita-se as do engenheiro e matemático Claude Shannon (1916-2001). Em seu livro *A teoria matemática da informação*, escrito em conjunto com Warren Weaver e publicado originalmente em 1949, foram apresentadas propostas e ideias desenvolvidas nos laboratórios da

---

[57] PENA, A. B.; SILVA, C. C. Da comunicação à informação: quando a prática se sobrepõe à teoria. *Revista Brasileira de Ensino de Física*, São Paulo, v. 44, p. 1-12, 2022.

[58] SCHRODINGER, E. *O que é vida?* O aspecto físico da célula viva: Seguido de "Mente e matéria" e "Fragmentos autobiográficos". Marília: Editora UNESP, 2007.

[59] BOWKER, G. C. How to Be Universal: Some Cybernetic Strategies, 1943–1970. *Social Studies of Science*, v. 23, Londres. 107–127, 1993.

Bell Company durante a Segunda Guerra Mundial. Essa teoria, entre outros conceitos, identifica elementos informacionais de uma fonte que passa a informação a um transmissor inserido em um canal (mais ou menos sujeito a ruído) e desse a um receptor que a passa a um destinatário, característica que permitiu o desenvolvimento de conceitos relacionados à quantidade de informação, quantidade mínima de informação (Bit), redundância e ruído[60].

Essas análises tiveram grande importância para identificar a troca informacional entre humanos e autômatos, da forma em que esses dados produzidos poderiam ser trabalhados, sendo amplamente utilizadas e reinterpretadas nas décadas seguintes (muitas vezes, com certo desagrado de Shannon, que discordava dessa "ampliação" teórica de suas pesquisas)[61].

As ideias de McCulloch tiveram sua expansão com os trabalhos do matemático Joseph Von Neumann (1903-1957). Ao participar do projeto de construção dos computadores ENIAC e EDVAC, a pedido de Warren Weaver, o pesquisador escreveu textos nos quais realizou a comparação entre a transmissão de dados cerebrais com os componentes eletrônicos dos computadores. Para o autor, os computadores digitais poderiam, a partir dessa analogia, apresentar uma linguagem ou elementos lógicos que podem descrever o funcionamento tanto das atividades neurais humanas quanto dos tubos de vácuo para computadores, em que a lógica humano-cerebral e computacional estariam interligadas[62].

O grande nome de consolidação da disciplina foi o matemático e filósofo estadunidense Norbert Wiener (1894-1964). Criança-prodígio (graduando-se aos 14 anos) e com profícua produção nos anos 1920 e 1940, a partir de projetos ligados ao exército, focou seus estudos sobre a produção de equipamentos e, principalmente, sua inserção social.

Em 1943, junto de Julian Bigelow e Arturo Rosenblueth, Wiener, em programas sobre a consolidação de maior precisão das armas antiaéreas, desenvolveu uma complexa ideia de controle e delimitação de cálculos relativos a informações estatísticas incompletas ou em produção, podendo servir de base a uma teoria do controle autocorretivo, que poderia ser aplicado tanto às máquinas quanto aos seres vivos.

---

[60] SHANNON, C.; WEAVER, W. *The Mathematical Theory of Communication.* Illinois: University of Illinois Press, 1949.

[61] Sobre essas diferentes abordagens, ver: LÉON, J. Information Theory: Transfer of Terms, Concepts and Methods. *In:* LÉON, J. (org.). *Automating Linguistics.* Berlim: Springer, 2021. p. 49-67.

[62] Von Newmann também é considerado o principal nome de consolidação da programação armazenada ou arquitetura, composta pela Unidade de Processamento Central, Sistema de memória e Sistema de entrada e saída. Um resumo dessas ideias está em: VON NEWMANN, J. *The Computer and the Brain.* Yale: Yale University Press, 1958.

A partir dessas análises, em 1948, Wiener publicou o livro *Cyberne-tics: or the Control and Communication in the Animal and the Machine*, que definiu os conceitos do campo de pesquisa denominado por ele e Arturo Rosenblueth de Cibernética. Para os autores, a Cibernética seria um campo de estudo com vasto escopo de análise, incluindo o estudo da linguagem e mensagens como meios de dirigir, coordenar ou interceder na interrelação entre a maquinaria e a sociedade, auxiliando, assim, no desenvolvimento de computadores e outros autômatos, incluindo também reflexões acerca da Psicologia e do sistema nervoso e sua inserção em uma abordagem compa-rativa à estrutura interna dos computadores – seja nos equipamentos, seja nas linguagens de programação –, estimulando uma nova teoria conjetural do método científico, isto é, inserido elementos tecnológicos (por vezes, a partir de equações matemáticas) nessas pesquisas[63].

Ainda segundo Wiener, ao publicar o livro *Human Use of Human Beings* (1950), foi sugerida também uma realidade onde humanos e máqui-nas automatizadas, em poucas décadas, teriam uma relação cada vez mais interdependente, com a computação servindo de base para uma nova socie-dade baseada em informação, comunicação e controle. Essa obra, além de estimular estudos sobre a interação humano-computador, também serviu de influência para uma geração de pesquisadores que, anos depois, cunharam o termo "sociedade da informação"[64].

Por fim, cita-se o matemático e criptoanalista inglês Alan Turing (1912-1954), principal precursor da Computação britânica, o qual desempenhou papel crucial na quebra de mensagens codificadas alemãs que permitiram aos Aliados derrotar os nazistas na frente ocidental, na construção de modelos computacionais, como o mecanismo de computação automática, oferecendo suporte à produção do EDSAC (1949), primeiro computador digital europeu[65].

Em artigos e pesquisas nos anos 1930 e 1940, Turing apresentou a ino-vadora proposta de construção de procedimentos lógicos computacionais que imitam dados matemáticos oferecidos por humanos. Essas ideias foram aprimoradas no influente artigo "Computing Machinery and Intelligence",

---

[63] WIENER, N. *Cibernética:* ou controle e comunicação no animal e na máquina. São Paulo: Perspectiva, 2017.

[64] WEINER, N. *Cibernética e sociedade:* o uso humano dos seres humanos. São Paulo: Cultrix, 1970. Para a visão precursora de Wiener sobre a "sociedade da informação". ver: GONZÁLEZ, I. S. Cibernética y sociedad de la información: el retorno de un sueño eterno. *Signo y Pensamiento*, Bogotá, v. 26, n. 50, p. 84-99, 2007.

[65] Apesar dessas contribuições, sua carreira teve um fim abrupto, sendo julgado por condutas homossexuais, sofrendo castração química em 1952, levando a seu suicídio dois anos depois. Um bom resumo biográfico sobre sua vida e obra encontra-se no filme *O jogo da imitação* (direção Morten Tyldum Black Bear Pictures/Filmnation/ The Weinstein Company, 2014).

publicado na revista *Mind*, em outubro de 1950, no qual o pesquisador apresentou cálculos na tentativa de definir um padrão para uma máquina ser considerada "inteligente", isto é, afirmar, a partir de dados matemáticos, que um computador "pensa" e que um interrogador não pudesse diferenciá-lo de um ser humano. Essas propostas, denominada de "teste de Turing", se tornaram um dos marcos iniciais do que veio a ser conhecido como Inteligência Artificial[66].

Origens russas: Gastev, Pavlov, Bernshteyn e Kolmogorov

Figura 3 – Ivan Pavlov (esquerda) e Andrey Kolmogorov (direita)

Fonte: Wikimedia Commons

Visões identificando a inserção tecnológica na sociedade soviética, eram discutidos na URSS desde os anos 1920. O tema da "engenharia social" ou do "novo homem soviético", educado em inserido em uma sociedade científica, era propagado desde o final dos anos 1910 [67].

Lenin, admirador das ideias do engenheiro Frederick Taylor – que usava estudos de tempo para subdivisão e automatização de tarefas industriais – e dos métodos de produtividade do empresário Henry Ford, imaginou, em um futuro não muito distante, remodelar a sociedade russa segundo parâmetros mecânicos[68]. Coube ao engenheiro e poeta Alexei Gastev (1882-1939) a

---

[66] TURING, A. M. Computing Machinery and Intelligence. *Mind*, Oxford, v. LIX, n. 236, p. 433-460, 1950.
[67] SANTOS JUNIOR, 2017.
[68] PECI, A. Taylorism in the Socialism that Really Existed. *Organization*, Los Angeles, v. 16, n. 2, p. 289-301, 2009. O líder russo chegou a solicitar que textos de Henry Ford fossem traduzidos e publicados no principal jornal soviético (*Pravda*) e entrou em contato com alguns executivos da empresa no início dos anos 1920.

implantação inicial dessas ideias, a partir do Instituto Central do Trabalho, criado em 1920, no qual desenvolveu experiências em que os trabalhadores agiriam como máquinas, fazendo do operário um "robô humano" (derivando do russo *rabotat*, ou trabalhar)[69].

Gastev imaginou uma sociedade onde o coletivismo mecanizado substituiria a personalidade individual, na qual as emoções seriam substituídas por equipamentos como medidores de pressão ou velocímetros. Na prática, seus experimentos consistiam em utilizar centenas de voluntários, vestidos iguais, marchando em colunas e realizando tarefas a partir dos zumbidos dos motores e internalizando o ritmo mecânico das atividades[70].

Apesar de bem recebido pelos bolcheviques, e chegando a reunir cerca de 50 mil trabalhadores em 1925, as visões de Gastev receberam tímidas, porém enfáticas, críticas sobre uma pretensa "maquinização" da sociedade soviética[71]. Muitas delas podem ser visualizadas no romance distópico *Nós*, de Iêvgueni Zamiátin, no qual o trabalhador D-503 precisa sobreviver em um sistema de trabalho brutalmente controlado e sistematizado, ao ponto de as atividades do seu dia serem minuciosamente registradas em diferentes relatórios[72], e, de forma indireta, na peça *R.U.R* (1921), do Tcheco Karl Çapek, que relata uma rebelião de robôs em uma fábrica no pacífico sul[73].

Em paralelo a essa visão "robótica", as ideias do fisiologista Ivan Petrovitch Pavlov (1849-1936), ícone da ciência russa/soviética, ofereceram bases sólidas para a posterior consolidação da cibernética.

Para o pesquisador, as tecnologias eram sinônimo de sofisticação, e podiam ser amplamente inseridas em seus laboratórios e incluídas em experimentos ligados ao condicionamento humano. Pavlov utilizava complexas leis estatísticas e quantitativas para a análise dos fenômenos fisiológicos, cuja funcionalidade era medida a partir das "regularidades mecânicas", ou seja, o organismo sendo visualizado como uma complexa máquina ou equipamento[74].

---

[69] FIGES, O. *A tragédia de um povo:* a revolução russa 1891-1924. Rio de Janeiro: Record, 1999. PIPES, R. *Russia under the Bolshevik Regime.* Nova York: Vintage Books, 1995.

[70] FIGES, 1999, p. 914; PIPES, 1995, p. 290-291.

[71] Em 1938, Gastev foi preso durante os expurgos promovidos por Stalin, tendo suas ideias acusadas de "antirrevolucionárias", sendo executado no ano seguinte.

[72] ZAMIATIN, I. *Nós.* São Paulo: Aleph, 2017. A obra foi publicada na URSS, de forma independente, em 1920 e 1924, mas foi logo proibida, somente publicada oficialmente no país em 1988.

[73] ROBERTS, A. *A verdadeira história da Ficção científica:* do preconceito à conquista das massas. São Paulo: Seoman, 2018. p. 335.

[74] GEROVITCH, S. Love-Hate for Man-Machine Metaphors in Soviet Physiology: From Pavlov to "Physiological Cybernetics". *Science in Context*, Cambridge, v. 15, n. 2, p. 339-374, 2002.

Pavlov também utilizava comparações ou metáforas utilizando as tecnologias emergentes. Em seu mais conhecido experimento, referente ao reflexo condicionado, o autor comparava o sistema nervoso com a antiga mesa de operação de um telefone. Para ele, os reflexos relacionados a determinado estímulo (visão de um prato de comida), ou resposta, (salivação) podem ser comparados a uma central de telefone. Em relação ao reflexo condicionado[75], Pavlov os relacionou como os reflexos temporários de conexão entre pessoas (usuário-operador-receptor) na mesa de operação de telefone. Segundo o autor, se uma central telefônica resolve diversos problemas de comunicação, os mecanismos de reflexos condicionados ajudariam na reação do organismo a diferentes tipos de estímulo[76].

As ideias de Pavlov não somente se tornaram referência no campo científico da URSS, ao ponto de uma quase "canonização", mas sua influência se expandiu para o Ocidente capitalista. Tanto Shannon quanto Wiener citaram as ideias de condicionamento pavlovianas em seus estudos sobre trocas informacionais e inserção tecnológica na sociedade. Porém, houve vozes dissonantes a esses conceitos.

O primeiro deles, Nikolay Bernshteyn (1896-1966), apesar de não se opor diretamente a Pavlov, buscou unificar as ideias do fisiologista com práticas anteriormente propostas por Gastev, visto que, durante a segunda metade dos anos 1920, participou de projetos no Instituto Central do Trabalho.

Bernshteyn, diferente da Pavlov, que focou seus estudos no sistema digestivo, deu ênfase a aspectos ligados à locomoção, identificando que a atividade nervosa periférica realiza um papel importante na coordenação dos movimentos, e os movimentos musculares, a partir da realização de diferentes tarefas, são "construídos" como um ciclo de ações e correlações. Para o fisiologista, o sistema nervoso não seria comparado ao telefone, e sim a um "servomecanismo", que teria seu suporte a partir de ciclos periféricos e centrais, sendo que o ciclo central poderia ser comparado com dispositivos de controle ligados a autômatos[77].

Após sobreviver as intensas rivalidades em que a fisiologia sofreu no início dos anos 1950 e à reabilitação da cibernética pós Stalin, Bernshteyn,

---

[75] Experimento realizado entre os anos 1900 e 1920, que envolveu a salivação condicionada dos cães, sendo observado que, se um particular estímulo sonoro estivesse presente quando estes fossem apresentados à comida, esse estímulo deixaria de ser neutro, passando a ser condicionado. Informações podem ser vistas em: PAVLOV, I.; SKINNER, B. *Os Pensadores*. São Paulo: Abril Cultural, 1984.

[76] GEROVITCH, 2002, p. 343.

[77] GEROVITCH, 2002, p. 344-345.

estrategicamente, atualizou e adaptou suas ideias, relacionando o servome-canismo ao funcionamento dos computadores, identificando o organismo humano como uma máquina autorregulada, que, ao receber uma informa-ção externa, a codifica, programando suas ações, construindo assim seus movimentos[78].

Pëtr Kuz'mich Anokhin (1898-1974), aluno de Pavlov, ofereceu outro aprofundamento de suas teorias. A partir da análise do sistema nervoso dos cães, apresentou a concepção de um sistema funcional responsável pela locomoção, digestão e respiração, na qual enfatizou que as funcionalidades centrais e periféricas do sistema nervoso e a interrelação entre essas atividade, seriam de fundamental importância para entender os processos fisiológicos. Mesmo não obtendo a mesma atenção de Bernshteyn, as ideias de Anokhin também seriam adaptadas para um pretenso funcionamento computacional[79].

Porém, o grande nome de consolidação da Cibernética soviética veio de um de seus mais notáveis matemáticos, Andrey Kolmogorov (1903-1987). Como Wiener, também foi um aluno prodígio – aos 18 anos, realizou gra-duação em Harvard e Cambridge e, com 19, apresentou trabalhos ligados à matemática na Universidade Estatal de Moscou, sendo professor de Mate-mática nesse local por 56 anos –, nos anos 1930, realizou pesquisas ligados a teorias probabilísticas que se tornaram referência internacional[80].

Nesse período, Kolmogorov realizou estudos ligados à aplicação da Matemática na Biologia, mas especificamente na utilização de métodos estatísticos na Genética. Com essas ideias, o pesquisador teve polêmicas com Lysenko, fazendo-o afastar-se da Biologia, porém dando base para análises mais aprofundadas nos anos seguintes, chamando a atenção dessas aplicações em pesquisadores no Ocidente, como Wiener (que manteria rela-ção próxima e elogiosa a Kolmogorov), que começavam a realizar estudos unindo a Matemática com a Engenharia[81].

Após anos em uma carreira premiada no campo militar durante a Segunda Guerra e nos últimos anos do stalinismo, Kolmogorov, em confe-rências e artigos entre 1956 e 1957, apresentou uma versão da cibernética, afastando-se de conceitos ligados a Wiener e Alexei Lyapunov, criticadas por

---

[78] GEROVITCH, 2002, p. 356-357.
[79] GEROVITCH, 2002, p. 345.
[80] GEROVITCH, S. The Man Who Invented Modern Probability: Chance Encounters in the Life of Andrei Kol-mogorov. *Nautilus*, 12 ago. 2013. Disponível em: https://nautil.us/the-man-who-invented-modern-probability-934/
[81] GEROVITCH, 2013.

serem muito ecléticas e, por vezes, centralizarem numa visão computadorizada, em que a disciplina, tendo a informação como seu principal vetor, separada em vertentes comunicacionais – recebimento, armazenamento e transmissão da informação –, e controle – processo de recebimento da informação via sinais –, definida como "métodos de recebimento, processamento e uso da informação em máquinas, organismos vivos e suas associações"[82].

Mesmo essa definição sendo criticada nos anos seguintes por outros pesquisadores, as definições de Kolmogorov, seja em suas propostas estatísticas apresentadas nos anos 1930-1940, seja em definições mais precisas sobre a cibernética nos anos 1950, são consideradas um dos principais pontos de consolidação do campo na URSS.

Entre a "rejeição" e a utilização: a Cibernética no fim do stalinismo

Figura 4 – Artigo "Cibernética – a ciência do obscurantismo", escrito pelo psicólogo Mikhail Yaroshevsky, publicado no periódico *Literaturnaia gazeta,* em abril de 1952.

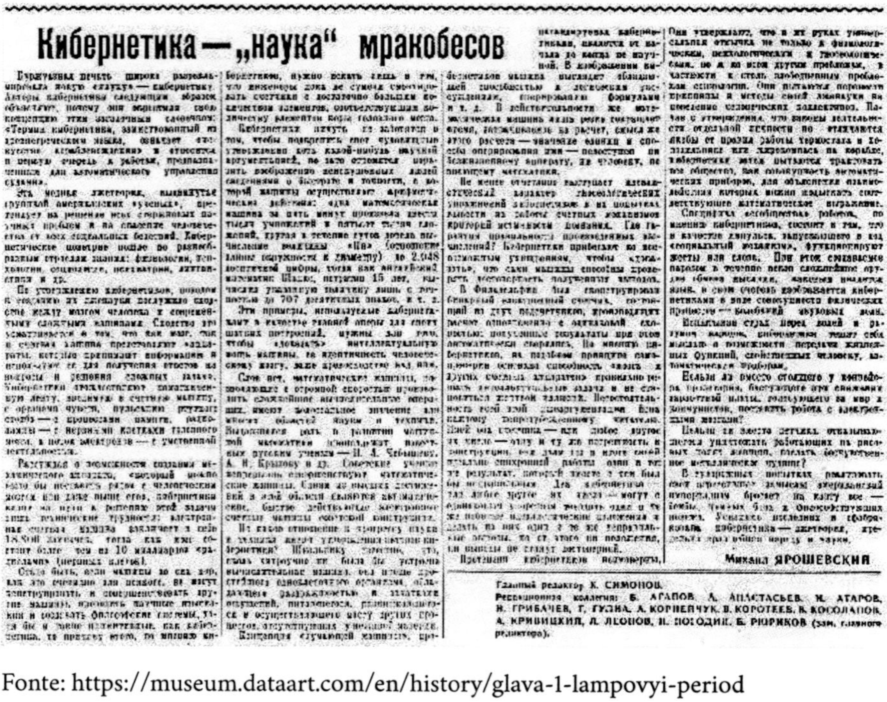
Кибернетика — „наука" мракобесов

Михаил ЯРОШЕВСКИЙ

Главный редактор К. СИМОНОВ.
Редакционная коллегия: Б. АГАПОВ, А. АНАСТАСЬЕВ, Н. АТАРОВ, Н. ГРИБАЧЕВ, Г. ГУЗНА, А. КОРНЕЙЧУК, В. КОРОТЕЕВ, В. КОСОЛАПОВ, А. КРИВИЦКИЙ, Л. ЛЕОНОВ, Н. ПОГОДИН, Б. РЮРИКОВ (зам. главного редактора).

Fonte: https://museum.dataart.com/en/history/glava-1-lampovyi-period

[82] GEROVITCH, S. The Cybernetics Scare and the Origins of the Internet. *Baltic Worlds,* v. 2, 2009. Disponível em: https://balticworlds.com/wp-content/uploads/2010/02/32-38-cybernetik.pdf. p. 247-250.

A recepção inicial da Cibernética na União Soviética dividiu-se entre a hostilidade e (muitas vezes em segredo) a utilização interna.

Apesar de não citar diretamente a disciplina, destaca-se o artigo "MarK III, a calculadora" – em resposta à matéria do periódico semanal estadunidense *Time*, de janeiro de 1950 –, publicado no *Literaturnaia gazeta*, escrito por seu editor Boris Agapov, como a primeira a tratar em língua russa de aspectos ligados ao campo de pesquisa. Agapov, em tom irônico, indica que Norbert Wiener figura entre os charlatões e obscurantistas ocidentais, e o sucesso dos computadores dos Estados Unidos como uma grande campanha de desinformação para o público leigo. O impacto do artigo foi imediato: em poucos meses, o livro *Cibernética*, de Wiener, foi retirado das bibliotecas soviéticas (ficando apenas em algumas bibliotecas militares secretas), iniciando uma série de publicações hostis à cibernética[83].

Em 1951, publicações ligadas ao instituto de filosofia da Academia de Ciência da URSS classificaram a Cibernética como "idealismo e canibalismo semântico". Entre 1952 e 1953, o campo de pesquisa, em diferentes revistas e jornais, ganhou outros termos pejorativos como "ciência do obscurantismo", "pseudociência estadunidense" e "ciência dos escravocratas modernos"[84].

O ápice dos ataques veio com o artigo "a quem serve a cibernética?", publicado no *Voprosy filosofii*, em 1953, por um autor anônimo que se autodenominou "materialista", para o qual a Cibernética seria uma tentativa desesperada dos Estados Unidos em tentar obter a hegemonia tecnológica a partir dessa ciência mecanicista e idealista, e, em 1954, no *Kratkiĭ filosofskiĭ slovar'* (Conciso dicionário de filosofia), onde a Cibernética foi definida como "pseudociência reacionária", que representa a visão burguesa ocidental[85].

Em um primeiro momento, esses ataques sugerem uma ação coordenada destinada a sabotar e desacreditar a Cibernética na URSS, reverberando o clima de competição e controle científico característico do início dos anos 1950. Contudo, deve-se indicar cautela ao analisar de forma mais aprofundada a questão.

Slava Gerovitch, ao discutir a dinâmica dessas matérias, identifica que, ao contrário de uma articulação bem-planejada, boa parte desses ataques vieram muito mais de desinformação, a partir de dados oriundos de

---

[83] GEROVITCH, S. "Russian Scandals": Soviet Readings of American Cybernetics in the Early Years of the Cold War. *Russian Review*, Nova Jersey, v. 60, p. 545-568, 2001.

[84] GEROVITCH, 2001, p. 559-563.

[85] PETERS, B. Normalizing Soviet Cybernetics. *Information & Culture*, Austin, v. 47, n. 2, p. 145-175, 2012.

fontes secundárias pouco confiáveis. Boris Agapov e Mikhail Iaroshevskii, os primeiros a criticarem a Cibernética, admitiram na época conhecerem quase nada sobre a disciplina ou das ideias de Wiener, usando de artigos esparsos ou matérias opinativas para basear suas análises. A partir daí, uma "bola de neve" de ataques formou-se, com autores se aproveitando dessa brecha e, alimentados por um tom "anti-imperialista", aumentando o tom das críticas. Porém, o clima seria muito mais de propaganda do que um real "linchamento" científico[86].

Ao mesmo tempo, de forma secreta, o governo soviético, em especial o setor militar, faria, muitas vezes indiretamente, utilização da Cibernética na construção de computadores no país. Na verdade, Stalin, diferente de outros campos no qual estimulou rixas e perseguições internas, não se opôs à inclusão da disciplina nos projetos de consolidação dos centros em automação no país, em fins dos anos 1940. Apesar de não sabermos a opinião do líder soviético sobre a Cibernética, diferentes personalidades políticas, como Iurii Zhdanov, chefe do departamento de ciências do comitê central do partido comunista entre 1951 e 1953, afirmaram que ele não mostrou oposição a esse campo e deu suporte à consolidação financeira e material aos projetos de automação[87].

Mas os ataques tiveram seu impacto na Computação do país nesse período. O exército, em parte devido às críticas e em parte por querer manter certa prevalência na utilização dos computadores construídos, evitaram expor publicamente análises ligadas à Cibernética. Serguei Lebedev, Isaak Bruk e Yuri Bazilevskii, líderes dos projetos dos primeiros computadores no país, evitavam citar a Cibernética em seus trabalhos, ou substituíram termos da área como forma de evitar possíveis ataques. Institutos ligados à informação científica ou Computação seguiram ou por caminho parecido ou em astutas alternativas, como de Dimitrii Panov, diretor do Instituto Estatal de Informação Científica e Técnica, que, em relatório secreto produzido em 1953, no qual discutiu a utilização dos computadores na URSS, evidenciou potencial comercial e de utilização prática da Cibernética na rápida construção de caças ou artefatos nucleares[88].

---

[86] GEROVITCH, S. *From Newspeak to Cyberspeak:* A History of Soviet Cybernetics. Cambridge/Londres: MIT Press, 2004.

[87] GEROVITCH, 2004, p. 131.

[88] GEROVITCH, 2004, p. 138-139.

O ponto de virada veio em 1955, a partir de dois artigos publicados na mesma edição do *Voprosy filosofii*, ambos, em caminhos diferenciados, defendendo a Cibernética e evidenciando suas potencialidades.

O primeiro deles, "As principais características da Cibernética", escrito por Sergei Sobolev, Aleksei Lyapunov e Anatoliy Kitov, não só buscava reabilitar a Cibernética no contexto científico pós-Stalin, mas também realizar adaptações desse campo de estudo para a realidade soviética. Resume-se a definição dos autores sobre a Cibernética em três pontos principais.

1. Teoria da informação, especialmente uma teoria estatística de processamento e transmissão de mensagens.

2. Teoria automática das máquinas eletrônicas de cálculo de alta velocidade, como uma teoria de auto-organização lógica de processamento similar aos pensamentos humanos.

3. Teoria dos sistemas de controle automático, especialmente ligada ao feedback, incluindo o estudo do sistema nervoso, sensorial e de outros órgãos[89].

Os autores também indicaram um viés anticapitalista na visão de Wiener, no qual uma "nova revolução industrial" poderia ocasionar a substituição de humanos por robôs. Comparações entre as ideias do autor americano com as pesquisas de Pavlov também são localizadas, indicando que o pesquisador russo foi o principal marco de consolidação da Cibernética, onde, por fim, indicam o papel da disciplina no combate ao capitalismo, a partir do uso da automação em potencializar o trabalho humano no bloco socialista[90].

O segundo artigo, "O que é a Cibernética", escrito por Ernest Kolman, apesar de optar por um caminho diferenciado, também ofereceu análises positivas sobre a disciplina.

O pesquisador iniciou por uma breve história da cibernética, passando pelo cientista francês André-Marie Ampére, nos anos 1830, o livro *Cibernética*, de Wiener, e da história da tecnologia na Rússia. Também apresentou que o autor estadunidense citou em sua obra pesquisadores russos (mesmo brevemente), e que trocas informacionais, mesmo que indiretas, entre pesquisadores soviéticos e ocidentais, justificam a reabilitação dessa ciência

---

[89] PETERS, B. Betrothal and Betrayal: The Soviet Translation of Norbert Wiener's Early Cybernetics. *International Journal of Communication*, Los Angeles, v. 2, p. 66-80, 2008.

[90] PETERS, 2008, p. 74-75.

no URSS. De forma habilidosa, o autor também identificou relações entre as teorias de Wiener sobre o estudo analítico das estruturas das mensagens em mecanismos, organismos e sociedade em visões localizadas de Marx e Engels sobre o papel da Estatística em prever condições econômicas[91].

Esse último artigo mostra-se curioso, advindo da intensa biografia de seu autor. Kolman (1892-1979), nascido em Praga, formado em Matemática, lutou contra os russos na Primeira Guerra Mundial, na qual foi preso e posteriormente se uniu aos bolcheviques. Entre os anos 1920 e 1930, ocupando cargos de direção em diferentes institutos científicos, realizou amplos ataques ideológicos nos campos da Matemática e Física, nos quais estimulou uma "renovação" nessas áreas a partir do expurgo de elementos hostis ao socialismo. Novamente preso na Tchecoslováquia, entre 1948-52, Kolman retornaria à URSS ocupando cargos no instituto de história das ciências e tecnologia da Academia de Ciências, ainda mantendo uma postura agressiva. Mas, em novembro de 1954, para a surpresa de muitos, realizou uma defesa da Cibernética em evento ligado à Academia de Ciências Sociais[92].

A biografia de Kolman e seu artigo indicam um aspecto que parcialmente explica como, após anos de ataques, a disciplina foi reabilitada. A partir de um clima de relaxamento político, onde os laços com o Ocidente capitalista começavam a ser recuperados, mudanças de postura indicando "reavaliações", em que se ignoram as críticas e potencializam pretensas interrelações entre a disciplina com autores russos e/ou socialistas, deram o tom de alguns desses trabalhos.

---

[91] PETERS, 2008, p. 75.

[92] Um breve resumo sobre sua vida e obra pode ser visto em seu artigo biográfico: KOLMAN, A. The Adventure of Cybernetics in the Soviet Union. *Minerva*, Berlim, v.16, n. 3, p. 416-424, 1978. Curiosamente, Kolman, a partir do início dos anos 1960, se mostrou cada vez mais decepcionado com o caráter autoritário do regime soviético, consolidado, com a invasão da URSS, a Tchecoslováquia, em 1968 (onde mantinha regular contato), estimulando, em 1976, sua saída do partido comunista e seu exílio na Suécia.

"A ciência do comunismo": a Cibernética nos anos 1950 e 1960

Figura 5 – Aleksei Lyapunov, Norbert Wiener e Gleb Frank durante visita de Wiener a Moscou (1960).

Fonte: Gerovitch, 2004, p. 244

A morte de Stalin e a utilização crescente dos computadores em projetos de grande porte foram importantes fatores de reabilitação da Cibernética, somados ao surgimento, ou à consolidação, de pesquisadores que defenderam publicamente a eficácia e importância da disciplina a partir de 1955. Pouco imaginaram, contudo, que a área não seria somente reavaliada, mas recebida de forma entusiástica, mesmo com tensões e disputas, por diversos campos científicos e pelo governo comunista, que adotaria, por vezes, de forma empolgada, a disciplina em comitês ou organismos dedicados exclusivamente a seu estudo. O principal nome da área, Norbert Wiener, seria recebido com entusiasmo em sua visita à URSS, em 1960, evidenciando o sucesso da disciplina no país.

No final dos anos 1950, definições "totalizantes" ligadas à Cibernética seriam promulgadas por diferentes teóricos e pesquisadores do campo. A Cibernética, de ciência problemática e burguesa, agora abarcava as principais virtudes que estimulariam o desenvolvimento tecnológico soviético. Esse campo, a partir do início dos anos 1960, se transformou em um complexo" guarda-chuva" teórico, buscando trocas interdisciplinares com a Matemática, Física, Biologia, Linguística, Psicologia, Química, Fisiologia, Economia e Direito. O objetivo dessas trocas, inicialmente, era oferecer para as ciências naturais e sociais maior variedade de temas de pesquisa, soltando, pelo menos parcialmente, as amarras impostas pelo governo durante o período stalinista[93].

O principal norteador teórico sobre essa visão veio das ideias de Aleksey Lyapunov (1911-1973), um dos grandes nomes da Matemática e Computação da URSS no pós-guerra e considerado o principal nome de consolidação da cibernética na URSS. Filho de uma família nobre de Moscou, com formação escolar em casa e intensa participação em projetos ligados à artilharia durante a Segunda Guerra, no início dos anos 1950, entrou para a divisão de matemática da Academia de Ciências da URSS, onde conheceu tanto os projetos de automação desenvolvidos no país quanto as ideias de Wiener.

Com ampla rede de contatos em diferentes campos de pesquisa na URSS e no exterior, a par das principais discussões ligadas à Cibernética no Ocidente, e um dos privilegiados a poder utilizar o modelo MESM na Academia de Ciências, Lyapunov, por quase uma década, realizou seminários, reunindo pesquisadores consagrados a novos talentos, que discutiram os conceitos e as principais vertentes da Cibernética. Esses seminários são considerados um dos principais pontos de consolidação da disciplina a nível internacional. Lyapunov manteve proeminência em oferecer análises sobre a Cibernética, seja em Moscou, seja, a partir de 1963, em Akademgorodok, onde adquiriu cargos de liderança e pôde realizar seus estudos com relativa tranquilidade.

Outro nome que, a partir de trocas teóricas e, muitas vezes, do suporte direto de Lyapunov, consolidou em âmbito institucional a Cibernética foi o engenheiro Aksel Berg (1893-1979). Militar da marinha em atividade desde o czarismo e, entre os anos 1920 e 1950, com ampla atividade no campo da engenharia, ocupou os cargos de ministro da defesa entre 1953-1957 e de planejamento científico estatal até 1960, quando seu amplo currículo o fez ser convidado como diretor do Conselho de Cibernética, ao qual, com relutância, aceitou.

O conselho, dividido em oito seções – matemática, engenharia, computadores, biologia, máquinas matemáticas, linguística, teoria da confiabilidade[94], e "seção especial" (aparentemente projetos militares) – expandindo a 15 em 1967, foi responsável pelo suporte e pela implantação de institutos

---

[93] GEROVITCH, 2004, p. 201.

[94] Parte da estatística que avalia se determinado erro (não aleatório) em uma observação é detectável pelo procedimento de teste utilizado e se a influência desse erro nos resultados do ajustamento, quando não detectado, segue os níveis de probabilidade que foram estipulados para o teste. TEIXEIRA, N. N.; FERREIRA, L. D. D. Análise da confiabilidade de Redes Geodésicas. *Boletim de Ciências Geodésicas*, Curitiba, v. 9, n. 2, p. 199-216, 2003.

INFORMÁTICA VERMELHA: HISTÓRIA DA COMPUTAÇÃO NA UNIÃO SOVIÉTICA (1948-1991)

regionais de Cibernética pelo país e pela delimitação das seções ligadas à coordenação dos projetos em computação. O conselho se tornou o principal organismo em Cibernética na URSS, mesmo que críticas sobre uma militarização excessiva do órgão e de visões excessivamente positivistas da Cibernética fossem feitas por pesquisadores localizados.

Berg, quase imediatamente ao assumir o posto, buscou consolidar a ascensão da Cibernética, a partir da publicação de livros exaltando o potencial de renovação tecnológica oferecida pela disciplina, e em extensas participações na televisão soviética via entrevistas ou palestras. O principal exemplo veio da publicação *Cibernética – a ciência do comunismo* (1961) junto do 22º congresso do partido comunista, onde a disciplina foi consagrada como uma das bases do regime, e os computadores identificados como "máquinas do comunismo"[95].

Quatro pontos identificam a consolidação da cibernética na ciência soviética dos anos 1950 e 1960.

O primeiro, que tomou forma a partir da visita do linguista Roman Jakobson, que estimulou congressos realizados por seus pupilos Vladimir Uspenskii e Vyacheslav Ivanov, em 1956, e em cursos realizados a partir do ano seguinte, vislumbravam a Cibernética como uma forma de renovação da Linguística, em especial, tópicos ligados a trocas entre o processamento de texto computacional com fenômenos linguísticos. A teoria da informação, a partir dessa abordagem, poderia ser inserida como parte da "matemática linguística", popularizada pelos pesquisadores Isaac Revzin, e uma linguística estrutural, com foco nas linguagens de programação[96].

Outro caminho seguido foi a da linguagem semiótica a partir da computação e da tradução automatizada via programas computacionais. Contudo, a reduzida utilização desses equipamentos – por vezes, apenas 10 minutos por dia – e a resistência do exército na inclusão dessas pesquisas para o aprimoramento da programação desses modelos dificultaram um maior aprofundamento das análises e uma sofisticação dos estudos sobre tradução automatizada, somente consolidada na segunda metade dos anos 1960[97].

O terceiro seria uma cibernética fisiológica, em conceitos ligados à relação entre o computador e o cérebro humano. Com a interrelação entre Cibernética e Fisiologia, paralelos foram apresentados sobre impulsos nervo-

---

[95] GEROVITCH, 2004.
[96] GEROVITCH, 2004.
[97] GEROVITCH, 2004.

sos e trocas informacionais, entre performar um movimento e executar um programa e entre pensar e computar, oferecendo abordagens relacionadas a teorias comportamentais, cujo principal expoente foi o citado neurofisiologista Nikolay Bernshteyn. Isso causou discussões, por vezes agressivas, entre fisiologistas que utilizavam conceitos da cibernética e os ligados a uma visão pavloviana "clássica", visíveis no congresso de fisiologia e psicologia, ocorrido em Moscou, em maio de 1962, onde ambas as correntes trocaram amargas acusações de deturpação de ideias e teorias. Apesar das polêmicas, parte dessas ideias foi aceita por engenheiros e matemáticos, que incluíram estudos fisiológicos em suas análises computacionais, em especial, na interação homem-máquina, em aspectos ergonômicos e ligados à Cosmonáutica[98].

Por fim, a cibernética matemática, apresentada a partir de 1961 em palestras e publicações relacionadas, principalmente, a Kolmogorov, Lyapunov e ao biólogo Nikolaj Timofeev-Resovskij, sugeriram que, por um lado, o pensamento humano, a partir de cálculos estatísticos, poderia inter-relacionar-se com construções artificiais e automáticas de dados e informações e, de outro, adaptar a Genética em um complexo sistema aforístico e axiomático da informação, ou seja, identificando um complexo sistema organizacional baseado em quatro hierarquias – célula, organismo, população e biocenoses –, onde a Cibernética e automação ajudariam na construção quantitativa e matemática desse sistema[99].

Lyapunov e Sobolev, em artigos e congressos a partir de 1958, afirmaram que a Genética poderia ser interpretada também como um aprimoramento cibernético da Biologia, onde o estudo do código genético também poderia ser relacionado à programação informacional. Isso criou oposição direta à visão de Lysenko, que, junto de seus apoiadores, iniciou uma disputa interna em diferentes periódicos, eventos e institutos ligados à Biologia, tentando desacreditar a visão de Lyapunov, disputa que se estendeu até a destituição de Lysenko, em 1964[100].

---

[98] GEROVITCH, 2004.

[99] GEROVITCH, 2004, p. 214-218. VUCINICH, A. Soviet Mathematics and Dialectics in the Post-Stalin Era: New Horizons. *Historia Mathematica*, v. 29, p. 13-39, 2002.

[100] GEROVITCH, 2004, p. 211-214. Para uma abordagem aprofundada desse embate entre a biologia ligada a Lysenko e os geneticistas entre os anos 1950 e 1960 e suas ramificações na Acade Demasiadomia de Ciências e até no partido comunista, ver: PTUSHENKO, V. The pushback against state interference in science: how Lysenkoism tried to suppress Genetics and how it was eventually defeated. *Genetics*, Oxford, v. 219, n. 4, p. 1-12, 2021.

Mas se esse sucesso deu amplos poderes à disciplina, também faria a Cibernética cair em uma armadilha de um escopo teórico e prático demasiado extenso, que a vitimou a partir da segunda metade dos anos 1960.

Apogeu, declínio e dispersão: a Cibernética soviética nos anos 1960 e 1970

Figura 6 – Jermen Gvishiani (esquerda) e Viktor Afanasiev (direita), importantes pesquisadores da Cibernética na URSS a partir dos anos 1960.

Fonte: Wikimedia Commons

Conforme citado, o sucesso da Cibernética na segunda metade dos anos 1960, apesar de oferecer considerável poder político ao campo, também se mostrou problemático. A disciplina se transformou em uma arma comumente usada a desafetos ou opositores que não conseguiam inserir elementos da disciplina em seus estudos.

Esse sentimento atingiu um de seus principais teóricos, Lyapunov, que, não escondendo a decepção e o ressentimento pelo caminho trilhado pela disciplina, mais de uma vez afirmou que a Cibernética na URSS havia se perdido, tornando-se uma "colcha de retalhos disciplinar", onde os limites de atuação estavam obscurecidos (o que soa irônico, visto que Lyapunov foi um dos principais apoiadores da expansão interdisciplinar da área). O pesquisador, no final da vida, se afastou dos seus populares seminários e evitou discutir sobre a Cibernética, dedicando-se quase exclusivamente à Computação[101].

No fim dos anos 1960 e início dos 1970, o campo sofreu um racha de pesquisadores que apoiaram essa nova abordagem, uns se beneficiando

---
[101] PTUSHENKO, 2021, p. 288-289.

via ascensão política e obtendo cargos em órgãos do partido, e outros que manteriam uma postura independente e crítica, acusando a Cibernética de virar mero títere governamental, com alguns sofrendo represálias por essa atitude. Autores importantes da área, como Igor Melchuk, Alexander Lerner e Valentin Turchin, partiram para o exílio durante os anos 1970, enquanto outros, de forma abrupta, mudaram suas pesquisas para diferentes áreas e institutos. Muitas dessas polêmicas foram bem representadas no bem-sucedido romance satírico *Exageros escancarados/Ziyayushchiye Vysoty* (1976), de Alexander Zinoniev, o qual, a partir da cidade científica fictícia de Ibansk, ridicularizou a panaceia que a Cibernética acabou se transformando[102].

Três abordagens identificam o ápice da inserção da Cibernética na realidade científica soviética, mas, também, de formas diferenciadas, expuseram as contradições e ambiguidades que, no fim, fariam a disciplina cair em desuso.

A primeira veio do filósofo e jornalista Viktor Afanasiev (1922-1994). Em seus livros *A administração científica da sociedade* (1967) e *Informação social e o controle da sociedade* (1975), apresentou a cibernética ligada a uma "sociedade cientificamente controlada". Em resumo, a Cibernética seria um complexo "sistema analítico ferramental", cujo principal objetivo é a manutenção da estabilidade econômica e social soviética. Essa "versão cibernética" permitiria que o sistema social existente funcionasse de forma eficiente sem modificar suas características principais. Em resumo, todas as atividades administrativas, desde a construção de uma fábrica ao estudo do comunismo, seguiriam por um ciclo de controle cibernético[103].

A segunda, ligada diretamente a uma "hibridização" da Cibernética, veio dos trabalhos do sociólogo e filósofo georgiano Jermen Gvishiani (1928-2003). O autor, que ocupava cargos de prestígio na Academia de Ciências da URSS e em organismos internacionais, em trabalhos publicados a partir de 1966, alertava para que a Cibernética não tivesse sua utilização somente focada em aspectos técnicos ou administrativos[104].

A hibridização, segundo o pesquisador, se dividia em dois pontos principais: o primeiro ligado à realidade de planejamento econômico, em que a Cibernética estava sendo inserida nos anos 1960 e 1970, porém com a

---

[102] PTUSHENKO, 2021, p. 289-291.

[103] PTUSHENKO, 2021, p. 285-6.

[104] RINDZEVICIUTE, E. Purification and Hybridisation of Soviet Cybernetics. The Politics of Scientific Governance in an Authoritarian Regime. *Archiv für Sozialgeschichte*, Berlim, v. 50, p. 289-309, 2010.

Computação tendo pouca inserção além do âmbito militar; e a segunda, de caráter semiótico, focou na questão da possibilidade de a Linguística e análise sistemática-estatística ainda poderem ser aproveitadas pela Cibernética, mesmo com os ventos de oposição ocorridos no fim da década de 1960[105].

Como membro do como o Instituto Internacional de Análise de Sistemas Aplicados (IIASA) – criado na Áustria, em 1972, e um dos principais locais de troca científica entre os blocos capitalista e comunista –, Gvishiani buscou colocar em prática suas ideias ao criar o Instituto de Pesquisas em Sistemas, em 1976, uma espécie de filial soviética, o IIASA, onde tentativas de unir teoria e prática da Cibernética foram discutidas[106].

Por fim, cita-se a "Cibernética econômica" do economista bielorrusso Nikolay Veduta (1911-1998). Ligado à Academia de Ciências da Bielorrússia e diretor de organismos como o Instituto Central de Pesquisa em Técnica Administrativa, o qual organizou o primeiro sistema automatizado de controle da produção de fábrica, Veduta, em trabalhos no início dos anos 1970, propôs uma ambiciosa inserção da Cibernética em uma "agência central de planejamento", onde a produção, o gerenciamento e a organização econômica da União Soviética poderiam ser totalmente centralizados e operacionalizados[107].

As três visões, apesar de suas particularidades, compartilham duas características em comum.

A primeira é a visão vaga que esses conceitos acabam apresentando, apesar de toda uma pretensa complexidade. "Hibridização", "Cibernética econômica" e "sociedade cientificamente controlada", mesmo, em um primeiro momento, sugerirem amplo escopo de pesquisa e atuação, no fim, pouco indicavam como seriam postas em prática, ou qual seu real impacto no campo científico e econômico soviético. Essas visões de um campo que poderia centralizar e planejar de forma eficiente as atividades realizadas no país, apesar de tentadoras, emperraram na falta de maiores informações sobre como poderia ser feito. A Cibernética poderia tudo, mas o que seria esse "tudo" não foi especificado.

A segunda é que essas análises aparentemente tentavam adaptar-se a uma realidade econômica delicada em que a URSS se encontrava, e das tentativas em contornar essa situação. Conforme será discutido no Capí-

---

[105] RINDZEVICIUTE, 2010, p. 299-300.

[106] RINDZEVICIUTE, 2010.

[107] WEST, D. K. Cybernetics for the command economy: Foregrounding entropy in late Soviet planning. *History of the Human Sciences*, Los Angeles, v. 33, n.1, p. 36-51, 2020.

tulo 8, a União Soviética, entre os anos 1960 e 1980, estava atrelada ao que foi chamado de "economia de comando", regada a uma não linear linha de comando econômico, marcada por conflitos administrativos, obscuras práticas de barganha e uma competição informal dentro dos órgãos de governo.

Essa situação estimulou propostas de criação de uma rede/sistema computadorizado que, de formas variadas, atenuariam as tensões e eliminariam os gargalos entre os serviços/produtos com os organismos estatais. As ideias apresentadas nessas abordagens (junto às de autores que serão discutidos posteriormente, como Viktor Glushkov) indicam uma realidade onde essas questões econômicas seriam resolvidas a partir da Cibernética. Contudo, essas abordagens novamente sofrem da falta de aprofundamento ou visão estratégica de como esses problemas seriam analisados e resolvidos a partir de diretrizes mais precisas.

4.
ENGENHARIA, MATEMÁTICA E OS PRIMEIROS CENTROS DE AUTOMAÇÃO

Figura 7 – Decreto n.º 2369 do conselho de ministros da URSS, instituindo a criação do Instituto de Mecânica Precisa e Engenharia de Computação (ITMVT), em 1948.

Fonte: Wikimedia Commons

A consolidação de organismos ligados à automação na URSS nos anos 1940-1950 relaciona-se diretamente tanto pela Matemática e Engenharia, disciplinas que tiveram sua consolidação nas primeiras décadas do comunismo, quanto em institutos e grupos de pesquisa onde seus participantes foram realocados para projetos computacionais.

O primeiro fenômeno se liga à expansão educacional e científica promovida pelos bolcheviques a partir dos primeiros anos pós-revolução, intensificados a partir de meados dos anos 1920. Estatísticas oficiais indicam um considerável aumento – de 543 mil em 1928 para mais de 2 milhões e 500 mil em 1941 – do número de profissionais ligados à intelectualidade ou com formação superior no país[108].

O segundo veio a partir de 1928 com o surgimento dos planos quinquenais, consolidando as bases do planejamento centralizado da economia soviética. Por um lado, consolidaram-se pesados investimentos em áreas ligadas à energia (eletricidade e extração de carvão e petróleo), indústria pesada (construção mecânica e metalurgia) e infraestrutura de transportes (estradas de ferro e canais), mas, principalmente, no campo da defesa, que chegou a consumir quase 40% do orçamento soviético. De outro, realizaram-se projetos grandiosos ligados a hidrelétricas (em especial a de Dneprostroi), imensas fábricas (em especial, nas cidades de Magnitogorsk e Kuznetsstroi) e de infraestrutura (metrô de Moscou e o canal do mar branco-báltico) [109].

Duas consequências dessas iniciativas foram percebidas. A primeira foi a expansão do número de indústrias no país, permitindo o surgimento de novos setores relacionados à química, aeronáutica, eletrotécnica e construção de máquinas[110]. A segunda, diretamente ligada à anterior, foi a criação de uma base técnica para a automação tecnológica a partir dessa expansão, seja a partir de planos governamentais, seja de organismos inserindo engenheiros e/ou matemáticos em seus quadros.

Para alguns autores, as raízes remontam também na instalação da Comissão do Estado para Eletrificação da Rússia (Goelro), formulada entre 1920-1921, que propôs, como forma de recuperar a Rússia da recém-encerrada guerra civil, um ambicioso projeto de eletrificação e mecanização no país. Apesar de uma instável utilização de recursos, suas diretrizes serviram de base para diferentes projetos tecnológicos até o final da URSS[111].

Sob a liderança de Gleb Krzhizhanovsky (1872-1959), amigo pessoal e colega de formação de Lenin, responsável pelo planejamento de vários dos grandes projetos soviéticos em infraestrutura, foi criado, em novembro de

---

[108] SANTOS JUNIOR, 2012, p. 281-282.

[109] SANTOS JUNIOR, 2012.

[110] SANTOS JUNIOR, 2012.

[111] Informações gerais, não somente sobre o projeto, mas de como ele foi modificado e expandido nas décadas de 1920 a 1990, podem ser vistos em: MAKAROV, A. A.; MITROVA, T. A. Centenary of the GOELRO Plan: Opportunities and Challenges of Planned Economy. *Thermal Engineering*, Berlim, v. 67, n. 11, p. 779–789, 2020.

1931, o Conselho de Engenharia Científica e de Sociedade Técnica (AUC-SETS), responsável pela criação de um "sistema de engenharia técnica", em que realizaria a inclusão da automação nas indústrias do país, que, após pressão de Krzhizhanovsky, foi transformado no Comitê de telemecânica e automação na Academia de Ciências da URSS, em 1934[112].

Entre 1934-1938, os principais teóricos do comitê, A. A. Chernyshev, S. Lebedev e V. S. Morozov, apresentaram as principais metas a serem seguidas pelo organismo, entre eles a inclusão de um plano quinquenal diretamente relacionado à introdução da automação e do controle remoto no país, a partir de uma terminologia unificada, com isso, corrigindo problemas de produção e treinamento em máquinas. Em 1935, foi realizado o primeiro congresso nacional de automação, telemecânica e controle, com 600 delegados, no qual se delineou políticas de inserção tecnológica em variados ramos industriais do país, além da criação de canais de comunicação entre pesquisadores[113].

Uma das áreas que se beneficiou dessa expansão educacional e industrial, mesmo com reveses nos anos 1930, foi a Matemática.

Em relação ao campo teórico, a Matemática russa serviu de base para duas gerações de pesquisadores que estimularam a criação de locais de produção de hardwares e softwares na URSS. Contudo, a história da área no país encontrou muitas vezes tensões, resistências e, em alguns momentos, hostilidade.

Apesar de suas origens datarem da segunda metade do século XIX, seria nos últimos anos do czarismo que a Matemática teria, por um lado, locais de pesquisa inseridos nas cidades de Moscou e São Petersburgo e, de outro, pesquisadores que puderam criar centros de estudo, formando turmas e seguidores de suas ideias e experimentos.

Em Moscou, os pesquisadores Dimitri Egorov (1869-1931) e Nikolai Lusin (1883-1950), ambos com estudos interdisciplinares e adeptos a novas teorias matemáticas produzidas em diferentes regiões da Europa, criaram grupos de estudo e cursos de formação que conseguiram manter a área em funcionamento nos instáveis anos finais do regime czarista e da consolidação bolchevique, em especial, na Universidade Estatal de Moscou e na Sociedade Matemática de Moscou, criada em 1923, com Egorov como seu diretor. Entre diferentes alunos ligados a esses pesquisadores, que expandiriam as

---

[112] APOKIN, I. A.; CHAPOVSKI, A. Z. The origins of the first scientific center for automation. *History and Technology*, Londres, v. 8, n. 2, p. 133-138, 1992.

[113] APOKIN, CHAPOVSKI, 1992.

pesquisas matemáticas no país nas décadas seguintes, citam-se Pavel Urishon (1898-1924), Nina Bari (1911-1961) e Alexander Konrov (1921-1986) – os dois últimos com papel importante para a programação e computação soviética – e os já citado Andrei Kolmogorov[114].

Em São Petersburgo (a partir de 1924 Leningrado), liderados pelos pesquisadores Andrei Markov (1856-1922) e Vladimir Steklov (1864-1926), gerações de matemáticos, alguns ligados à academia de Ciências, da Universidade Estatal, ou em trocas informacionais com institutos de matemática ucranianos, consolidaram um segundo campo de pesquisa na URSS. Entre vários "pupilos" criados pela escola de Leningrado, Sergey Sobolev e Andrei Markov Jr. (1903-1979) teriam relação direta com pesquisadores ligados à automação, focando na inserção de equipamentos digitais e oferecendo discussões sobre a cibernética[115].

Ambas as vertentes sofreram com os primeiros expurgos promovidos por Stalin no início dos anos 1930. Em Moscou, uma longa campanha que se manteve por quase toda a década – orquestrada por Ernst Kolman – vitimou Egorov, preso em 1930 e morrendo no ano seguinte, e Lusin, que sofreu longa campanha de difamação entre 1935-1938, mas sobrevivendo aos expurgos. Em Leningrado, campanhas ocorridas entre 1928 e 1941 tentaram incluir uma (vaga) matemática materialista, em que se pretendia criar uma (estranha) relação entre cálculos e equações com visões teóricas de Marx e Lênin nos currículos das faculdades, criando contendas e expurgos que atingiram parte considerável de seus pesquisadores[116].

Contudo, apesar dessas tensões, dois aspectos merecem atenção. O primeiro é o de que Lusin, logo após a campanha sofrida contra suas pesquisas, estrategicamente se filiou ao Instituto Central de Aerodinâmica (TsAGI) e no instituto de automação e controle remoto (IPU), criado em 1939, ambos referência na construção de equipamentos tecnológicos, o que lhe garantiu prestígio (e proteção a futuros ataques) nesses locais.

O segunda, diretamente ligado ao anterior, foi que seus alunos (e uma nova geração de engenheiros formados em Leningrado), que estavam distantes dessas campanhas difamatórias, foram rapidamente aproveitados nesses institutos em uma variada gama de pesquisas de cunho tecnológico

---

[114] Um informativo relato sobre esse campo da URSS está em: LORENZ, G. G. Mathematics and Politics in the Soviet Union from 1928 to 1953. *Journal of Approximation Theory*, Amsterdam, v. 116, p. 169-223, 2002.

[115] LORENZ, 2002.

[116] LORENZ, 2002.

ligadas à mecânica dos fluidos, hidrodinâmica, balística, redes elétricas e de rádio, entre o final dos anos 1930 e durante a Segunda Guerra Mundial. Grande parte dos líderes de pesquisa desses centros seriam importantes, por um lado, na construção de computadores analógicos na primeira metade dos anos 1940 e, de outro, em dar suporte na consolidação da Cibernética durante a década seguinte[117].

Entre 1958-1961, vários desses matemáticos, ocupando cargos estratégicos na Academia de Ciências, nas forças armadas, nos institutos e mas universidades, conseguiram, além de uma reforma curricular que inseriu matérias ligadas à Matemática no ensino secundário, implantar cursos de programação computacional em diferentes centros de ensino e escolas em Moscou, Leningrado, Odessa, Gorki, Tartu, Kharkov, Kiev, Saratov e Chelyabinsk, onde, em seus primeiros anos, tiveram número considerável de alunos (de centenas a alguns milhares). Nos anos seguintes, apesar de algumas limitações impostas pelo governo, cursos parecidos foram expandidos para as repúblicas da Armênia, Cazaquistão, Geórgia e Lituânia [118].

Cita-se também que, dessa geração de matemáticos, muitos foram inseridos, a partir de 1944-1945, nos programas ligados à bomba atômica e aeroespacial. Isso se mostrou estratégico para a consolidação da automação soviética durante os anos 1950. O pesquisador Serguei Sobolev, por exemplo, diretamente em contato com o líder do programa nuclear Igor Kurchatov, conseguiu, a partir de habilidoso lobby, que o programa nuclear demandasse por equipamentos computacionais de cálculo. Demandas parecidas começaram a ser feitas em outros setores, e o exército soviético aos poucos passou a apoiar a produção dos computadores digitais[119].

A criação dos modelos ENIAC nos Estados Unidos e EDSAC na Inglaterra não somente chamou a atenção de matemáticos, físicos e engenheiros soviéticos, como também serviu de "combustível" para demandas de atualização tecnológica no país.

A busca de informações sobre esses computadores digitais iniciou-se quase imediatamente com a divulgação dos modelos. Fontes indicam que informações sobre a construção desses equipamentos tentaram ser obtidas pelos serviços secretos soviéticos entre 1943-1946. Cerca de 20 mil páginas

---

[117] LEEDS, A. Dreams in Cybernetic Fugue: Cold War Technoscience, the Intelligentsia, and the Birth of Soviet Mathematical Economics. *Historical Studies in the Natural Sciences*, Los Angeles, v. 46, n.5, p. 633-668, 2016.

[118] GEROVITCH, S. "We Teach Them to Be Free": Specialized Math Schools and the Cultivation of the Soviet Technical Intelligentsia *Kritika: Explorations in Russian and Eurasian History*, Washington, v. 20, n. 4, p. 717-54, 2019.

[119] GEROVITCH, 2019.

sobre o desenvolvimento do computador estadunidense chegaram a ser localizadas por agentes soviéticos nas empresas privadas RCA, Western Electric, Westinghouse e General Electric. Contudo, dados precisos sobre o que foi obtido nesse material não foram localizados[120].

Ainda nessas tentativas, pedidos feitos pelo representante comercial soviético A. P. Malyshev para obtenção de informações sobre o ENIAC e de possíveis projetos de parceria para construção de modelos foram feitos em abril de 1946, recebendo uma resposta simpática, porém rejeitados[121].

Na Europa, O. A. Bogomolets, na época um dos poucos cientistas soviéticos com o privilégio de viajar para o Ocidente, obteve informações sobre computadores digitais, em especial, as pesquisas realizadas pelo alemão Konrad Zuse e publicados em periódicos alemães e suíços entre 1946-1948, enviando-os para Sergey Sobolev. Mesmo que muitos dos dados se mostrassem incompletos, pois os primeiros modelos produzidos por Zuse só seriam construídos no início dos anos 1950, seus relatórios serviram de estímulo para discussões sobre a inserção da automação digital no país[122].

Na URSS, periódicos como o *Uspekhi Matematicheskikh Nauka* (Pesquisas em ciência matemática) – principal periódico em matemática no país, criado em 1936 – dedicaram generosos espaços sobre as "máquinas/equipamentos matemáticos" estadunidenses, traduzindo artigos ou produzindo longas matérias durante a segunda metade dos anos 1940 e início da década seguinte. Em 1946, sobre a coordenação de Nikolai Bruevich, foi realizado um dos primeiros congressos sobre computadores, onde, apesar do foco ser nos equipamentos analógicos, se chegou a realizar análises localizadas sobre a possibilidade da produção e inserção de modelos digitais no país[123].

Um importante nome que conseguiu, a partir da reunião dessas informações acumuladas, conscientizar o partido comunista na criação de organismos e no suporte aos projetos de construção de autômatos foi o matemático Mikhail Lavrentiev (1900-1981). Pupilo de Luzin e com uma carreira proeminente em organismos científicos nas repúblicas cazaque e ucraniana, nesta última sendo eleito vice-presidente de sua Academia de Ciências, ainda em 1945, por saber da existência de projetos em andamento

---

[120] KRAINEVA, I.; PIVOVAROV, P.; SHILOV, V. Soviet Computing: Developmental Impulses. Fourth International Conference on Computer Technology in Russia and in the Former Soviet Union. SoRuCom 2017. *Proceedings.* Moscou: IEEE, p.13-22, 2018.

[121] KRAINEVA; PIVOVAROV; SHILOV, 2018.

[122] KRAINEVA; PIVOVAROV; SHILOV, 2018.

[123] KRAINEVA; PIVOVAROV; SHILOV, 2018.

nos EUA, solicitou relatórios e organização de eventos para discutir sobre a substituição dos equipamentos analógicos por digitais.

Em outubro de 1947, em reunião com a cúpula da Academia de Ciências da URSS, Lavrentiev, em longo discurso, afirmou que a distância entre os soviéticos e estadunidenses na construção dessas "máquinas matemáticas" além de longa, poderia mostrar-se cada vez mais difícil de ser superada, em que o pesquisador demandou, de forma urgente, a criação de um instituto ligado à matemática aplicada e tecnologia computacional. Rapidamente suas demandas foram ouvidas não somente pela Academia, mas pela própria cúpula do partido comunista, e, em junho do ano seguinte, o Instituto de Mecânica Precisa e Tecnologia de Computação (ITMVT) foi instituído, com o general Nikolai Bruevich sendo seu primeiro diretor[124].

Contudo, o andamento desse instituto, em seus primeiros anos, mostrou-se problemático, devido à centralização inicial dos projetos para a computação analógica em detrimento aos equipamentos digitais, o que ocasionou intensos debates entre o ITMVT e a Academia de Ciências da União Soviética[125].

A partir desses entraves, Lavrentiev enviou uma carta a Stalin, em 1950, não somente detalhando a evolução dos projetos em computação na URSS, mas também pedindo ao líder soviético que lhe desse maior poder de decisão nos organismos onde esses projetos estavam subordinados. Para sua surpresa, não somente Stalin assentiu com as demandas (em parte por estar a par das reuniões ocorridas no ITMVT nessa época), como nomeou o pesquisador diretor do ITMVT.

Outro instituto criado para construção de autômatos foi o Bureau Especial de Design número 245 (SKB-245), instituído em dezembro de 1948, inicialmente focado na construção de modelos analógicos para projetos militares em foguetes e jatos. O organismo também enfrentou, em seus primeiros anos, uma relativa instabilidade, devido às demandas para a construção de computadores digitais obterem respostas negativas, subaproveitando importantes funcionários. O órgão, em 1950, seguindo as mudanças ocorridas no ITMVT e influenciado por diretrizes apresentadas por Stalin, reorganizou sua estrutura, inserindo projetos de produção de computadores digitais[126].

---

[124] KRAINEVA; PIVOVAROV; SHILOV, 2018.

[125] KRAINEVA; PIVOVAROV; SHILOV, 2018. Para esses debates, ver o capítulo seguinte.

[126] PROKHOROV, S. The first steps of Soviet computer Science. 2014 International Conference on Engineering and Telecommunication (EnT). *Proceedings*, Moscou, p. 92-96, 2014.

Outro fator importante foi a preparação de outros centros como forma de "complementar" e aproveitar os equipamentos produzidos a partir da segunda metade dos anos 1950.

Nesse sentido, o principal organismo, instituído em 1954 pelo ministério da defesa, foi o Centro de computadores número 1. Inicialmente secreto, com a liderança do tenente-coronel Anatoly Kitov, proeminente nome da Computação soviética (ver Capítulo 8), o local reuniu número considerável de profissionais relacionados à engenharia de hardwares e programadores. Estimativas indicam que, durante a segunda metade dos anos 1950, o organismo teve vínculo com 160 programadores, 85 analistas de informação, 40 matemáticos, além de centenas de especialistas ligados, direta ou indiretamente, aos principais projetos de computação na URSS[127].

Durante os anos 1950, o centro foi o principal local ligado à coordenação de projetos de construção de computadores e de sua inserção nos programas aeroespaciais e armamento. Cita-se, a partir de ditames e negociações intermediadas pelo centro, a definição de diretrizes dos computadores para cálculos das órbitas das estações espaciais e satélites, com foco nos programas Sputnik e Vostok, e definição de procedimentos em equipamentos dos projetos ligados à artilharia, à inteligência, a mísseis estratégicos e de grande porte, em que não somente cálculos, mas também informações de cunho administrativo e econômico seriam produzidos e armazenados. Apesar de o centro entrar em um período instável a partir dos anos 1960, devido à abrupta saída de Kitov, o instituto manteve seu caráter estratégico na Rússia pós comunista[128].

Quase imediatamente após a morte de Stalin, os dirigentes do partido comunista, objetivando maior descentralização e melhor direcionamento sobre o desenvolvimento dos projetos tecnológicos, mantiveram o papel da Academia de Ciências, dos organismos SKB-245 e ITMVT e grupos menores, como de Isaac Bruk (ver capítulo a seguir), como importantes locais de produção automatizada e reordenaram alguns centros de pesquisa, tirando-os do ministério da defesa, evitando sua sobrecarga, criando ministérios próprios e oferecendo assim maior autonomia[129].

---

[127] KITOV, V. A.; SHILOV, V. Anatoly Kitov – Pioneer of Russian Informatics. *In:* TATNALL, A (org.). *HC 2010, IFIP AICT 325.* Berlim: Springer, 2010. p. 80-88.

[128] KITOV; SHILOV, 2010.

[129] KRAINEVA; PIVOVAROV; SHILOV, 2018.

Dentre eles, citam-se os ministérios de indústria de rádio (*Minra-dioprom*) – estabelecido em 1954 –, o de fabricação de instrumentos, dispositivos de automação e sistemas de controle (*Minpribor*) – estabelecido em 1959 – e o de indústria eletrônica (*Minelektronprom*) – estabelecido em 1961 –, incumbidos na organização, no planejamento e na fiscalização da produção de modelos autômatos na URSS. Os resultados, apesar de inicialmente bem-sucedidos, se mostraram paradoxais.

Por um lado, esses ministérios indicaram que tanto o partido comunista quanto as forças armadas entenderam o caráter estratégico da Computação nos projetos tecnológicos e científicos do país, criando assim organismos políticos para seu gerenciamento. Nas décadas seguintes, fábricas e centros ligados à Computação puderam ser mais bem distribuídos pela URSS, diminuindo diferentes entraves burocráticos. De outro, a partir de uma cada vez maior proeminência, esses organismos demandaram prioridade nos investimentos e desenvolvimento dos projetos de automação na URSS, sugerindo uma definitiva "militarização" desse setor, em detrimento das iniciativas desenvolvidas pelos institutos civis. Iniciava-se uma, muitas vezes agressiva, contenda entre esses dois campos (infelizmente com seu desenrolar e bastidores pouco documentados), que se arrastou por quase toda a década de 1960, conforme será discutido, definindo os rumos da Computação soviética.

PARTE DOIS

A INDÚSTRIA COMPUTACIONAL SOVIÉTICA

5.

OS PRIMEIROS COMPUTADORES SOVIÉTICOS

Figura 8 – Engenheiros responsáveis pelos principais projetos computacionais soviéticos nos anos 1950 e 1960: Sergei Lebedev (acima, à esquerda), Yuri Bazilevsky (acima, à direita), Isaac Bruk (abaixo, à esquerda) e Bashir Rameev (abaixo, à direita).

Fonte: Wikimedia Commons

Em 6 de julho de 1949, a divisão de tecnologia da Academia de Ciências da URSS realizou, após minuciosa inspeção interna ocorrida em abril, uma reunião com diferentes líderes científicos ligados aos projetos tecnológicos do país, em especial os relacionados à construção de "equipamentos eletrônicos matemáticos"[130].

---

[130] Infelizmente, informações sobre o desenrolar e as discussões da reunião mostram-se fragmentadas. Dados mais aprofundados, a partir de documentos ligados ao arquivo da Academia de Ciências Russa, podem ser vistas em: PROKHOROV, S. A Meeting of the USSR Academy of Sciences Technology Division Bureau and Its Role in the History of Soviet Computer Engineering. 2016 International Conference on Engineering and Telecommunication (EnT), *Proceedings*, Moscou, p. 114-118, 2016.

A reunião não foi somente uma formalidade ou para apresentar os resultados obtidos. Essa divisão da Academia, relacionada diretamente à alta cúpula do partido comunista, discutiria a situação em que o principal organismo de produção de modelos autômatos, o Instituto de Mecânica Precisa e Engenharia de Computação (ITMVT), encontrava-se, além de oferecer diretrizes que o campo informático soviético deveria seguir.

O líder da equipe de inspeção, Mstislav Keldysh[131], estava responsável pelos programas de inserção computacional tanto no projeto atômico quanto de mísseis intercontinentais. Ninguém melhor que ele a saber da necessidade da construção e inserção de computadores digitais nos projetos de grande porte no país e do atraso da União Soviética na produção desses equipamentos, apesar dos primeiros modelos, de forma descentralizada e independente, estarem sendo desenvolvidos. Mesmo Stalin, que se opunha a projetos científicos de grande porte realizados em paralelo, apoiou diretamente essas iniciativas e, via Keldysh e Lavrentiev, pretendia dar maior direcionamento aos projetos.

O resultado da inspeção, apresentado em relatório discutido nessa reunião, mostrou críticas incisivas ao funcionamento e, principalmente, à forma como o instituto era constituído. Em resumo, o destaque dado ao campo da mecânica aplicada, da utilização de seus funcionários em áreas dispersas e da não criação de setores ligados à eletrônica foram as ressalvas destacadas por Keldysh. Cartas de apoio, como do eminente pesquisador Ivan Oding[132] e do economista Leonid Kantorovich, que ressaltaram o equívoco da Mecânica Precisa estar à frente da Engenharia da Computação, foram citadas[133].

Iniciou-se então uma polêmica que marcou as discussões dessa reunião. Keldysh se mostrou enfático à ideia de que não somente que o instituto mudasse sua denominação, estrutura e seu funcionamento, mas que a construção de computadores eletrônicos digitais tivesse prioridade a partir de 1950, baseada nas resoluções feitas pelo governo comunista. A oposição às propostas, contudo, mostrou-se mais numerosa. Boa parte dos presentes classificou as críticas como arbitrárias, defendendo que tanto equipamentos

---

[131] Keldysh (1911-1978), matemático, acadêmico e diretor da Academia de Ciências Soviética, entre 1961 e 1975, foi um importante nome de consolidação da indústria espacial da URSS e da inserção da cibernética no escopo científico do país. Algumas informações sobre sua atuação na computação, com alguns dados sobre sua participação na reunião de 1949, podem ser vistas em: AFENDIKOVA, N. G. в некоторые ключевые моменты становления отечественной вычислительной техники. *Препринты ИПМ им. М.В.Келдыша*, v. 57, n. 12, p. 1-12, 2017. Disponível em: http://library.keldysh.ru/preprint.asp?id=2017-58.

[132] (1896-1964), metalurgista, um dos principais nomes da Academia de Ciências da URSS entre os anos 1940 e 1960.

[133] PROKHOROV, 2016.

mecânicos quanto eletrônicos deveriam ter prioridade nos projetos científicos, mostrando dúvidas sobre a real confiabilidade e eficiência das válvulas/tubos de vácuo – uma das principais bases dos primeiros computadores digitais – para o armazenamento e/ou a produção de dados matemáticos e estatísticos[134].

A divisão de tecnologia, após essas contendas, optou, em sua resolução final, por um meio-termo. Apesar de as críticas ao ITMVT e a seu diretor não serem incluídas no relatório, a construção de computadores eletrônicos digitais foi eleita como prioritária nos próximos anos.

Mesmo com reveses, Keldysh pôde aproveitar esse resultado e impor uma agenda que facilitou o patrocínio e suporte aos projetos computacionais em atividade na URSS. Também permitiu que a divisão de tecnologia, na segunda metade de 1949, realizasse outra inspeção em diferentes organismos de pesquisa, oferecendo diretrizes e, principalmente, locais onde os primeiros modelos de computadores poderiam ser testados e aproveitados no âmbito militar, científico e tecnológico. Outra consequência foi a troca de direção do ITMVT em 1950, saindo o general Nikolai Bruevich, que privilegiava a construção de equipamentos mecânicos, entrando Mikhail Lavrentiev e Sergei Lebedev (ambos presentes na reunião), que logo aceleraram os projetos de construção dos computadores digitais.

A reunião deu base para que os projetos tivessem suporte na Academia de Ciências Soviética e, consolidado seu funcionamento, pudessem ser imediatamente inseridos na indústria nuclear, aeroespacial (onde seus líderes demandaram, de forma urgente, a inserção de autômatos como forma de agilizar os complexos cálculos matemáticos oferecidos nesses programas) ou em diferentes organismos de grande porte soviéticos.

Outro marco de consolidação a partir dessa reunião e da pressão exercida por Keldysh e Lavrentiev – e paralelamente de pesquisadores como Serguei Sobolev –, veio com decretos e resoluções oferecendo a base legal para os projetos computacionais.

O decreto número 1.358, de "mecanização do trabalho computacional e contabilidade a partir do desenvolvimento de máquinas de cálculo, matemáticas e cálculo-analíticas", de 6 de abril de 1949, apesar de seu escopo focar em equipamentos analógicos, apresentou brechas (ou seja, artigos localizados) que permitiram a inclusão dos computadores digitais. Duas resoluções do

---

[134] PROKHOROV, 2016.

conselho de ministros, respectivamente publicadas em fevereiro de 1950 e maio de 1951, ligadas a "trabalhos de design do projeto RDS-6 (motor a jato espacial)", tiveram a inserção de computadores em artigos específicos. Ambas as legislações, mesmo com limitações, ofereceram o espaço no qual os autômatos puderam ser inseridos[135].

A principal consolidação legal veio em julho de 1952, na resolução 3088-1202ss/op, "plano de pesquisa para os principais direcionamentos do conselho de ministros da URSS no período 1952-53", na qual a computação digital foi considerada parte integrante do campo científico e tecnológico do país. Em um apêndice, tanto o SKB-45 quanto o ITMVT receberam diretrizes específicas, o primeiro focando na construção de calculadores analógicos e digitais de grande porte e na realização de métodos de cálculo mais eficientes, e o ITMVT na construção e produção do modelo BESM e suporte ao Strela – esse último ligado ao SKB-45, mas com componentes produzidos em outros locais. A resolução, assinada por Stalin, identifica Lebedev (para o BESM) e Yuri Bazilevsky (para o Strela) como líderes dos projetos[136].

Com essa consolidação institucional e legal, três projetos, por vezes encontrando competição e tensões entre seus líderes, consolidaram a primeira geração de computadores produzidos na Europa continental. Aparentemente, a dinâmica de projetos científicos realizados com rivalidades fazia parte da dinâmica stalinista. O líder soviético, durante boa parte de seu governo, instigou lutas internas ou confronto entre facções pelo poder, como uma forma de manter centralizado sua dominância política[137].

Contudo, os motivos da cúpula comunista mostram-se mais pragmáticos, buscando suprir a demanda por equipamentos eletrônicos de computação em diferentes projetos inseridos na agressiva competição científica dos primeiros anos da Guerra Fria, estimulando que mais de um programa fosse promovido, e, à medida que os modelos ficavam prontos, logo eram postos em atividade.

---

[135]   KRAINEVA; PIVOVAROV; SHILOV, 2018.

[136]   KRAINEVA; PIVOVAROV; SHILOV, 2018.

[137]   Esse aspecto apresenta consenso nas biografias (sejam elas de direita ou esquerda) sobre a dinâmica de poder exercida pela secretário geral. Duas abordagens diferenciadas que acabam convergindo nesse aspecto estão, por exemplo, em: MONTEFIORE, S. S. *Stálin* – a Corte do Czar Vermelho. São Paulo: Companhia das Letras, 2006. LOSURDO, D. *Stalin*. História Crítica de Uma Lenda Negra. Rio de Janeiro: Revan, 2010.

Primeiros modelos: MESM, BESM e M-20

Figura 9 – Quatro dos principais modelos produzidos por Sergei Lebedev e o ITMVT: acima MESM (esquerda) e BESM (direita). Abaixo M-20 (esquerda) e BESM-6 (direita)

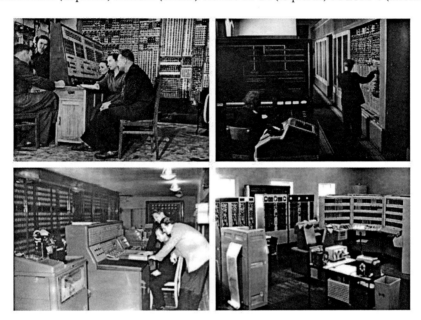

Fonte: https://www.besm-6.su/besm-series.html#content

Existe consenso que os primeiros computadores produzidos na URSS vieram dos projetos liderados por Sergei Alexeevich Lebedev (1902-1974), considerado um dos grandes nomes da computação soviética.

Nascido em Nizhny Novgorod, de uma família de professores, Lebedev, após sua formação em Engenharia Eletrônica (1928), foi quase imediatamente aproveitado como professor no Instituto Estatal de Engenharia Elétrica V. I. Lenin e no Instituto de Energia de Moscou, ligado ao departamento de automação, onde defendeu seu doutorado (1939), dedicando suas pesquisas durante a Segunda Guerra Mundial na estabilização, a partir de cálculos aritméticos, da mira dos tanques e lançadores de mísseis[138]. Em 1933, publicou o influente livro, em parceria com o professor Petr Zhadnov, *Estabilidade da funcionalidade*

---
[138] MALINOVSKY, B. *Pioneers of Soviet Computing.* 2. ed. 2010. Disponível em: www.sigcis.org/files/malinovsky2010.pdf.

paralela dos sistemas eletrônicos, considerado uma das primeiras obras que vislumbraram a construção de equipamentos automatizados mecânicos[139].

Além dessas iniciativas, durante os anos 1930-1940, Lebedev dividiu sua atenção entre a docência com projetos ligados à produção de computadores mecânicos analógicos, com foco na resolução de equações para a Engenharia, oferecendo a inovadora proposta de inserir um sistema de linguagem binário para esses computadores.

O cientista da computação e historiador da ciência Boris Malinovisky descreve Lebedev como uma pessoa magra, baixa, de voz rouca e com um perfil de apresentação discreto, ligado a um administrador ou vendedor, perfil esse reforçado por um grosso par de óculos, mas também regado a ocasionais gargalhadas[140]. Seria esse perfil contido, porém expansivo quando necessário, que fez Lebedev conseguir negociar diretamente com diferentes autoridades científicas, convencendo-as do investimento em seus projetos.

A odisseia de Lebedev para a construção de seus computadores iniciou em maio de 1946, ao ser transferido para o Instituto de Energia da Academia de Ciências da Ucrânia, em Kiev. Apesar de as motivações e o contexto de sua mudança nunca terem sido totalmente esclarecidos, foi a partir dessa transferência que a Computação soviética começava a dar seus primeiros passos[141].

Nos dois anos seguintes, seminários foram feitos analisando a utilização de computadores analógicos, com a participação de um número considerável de engenheiros e matemáticos. Foi a partir deles que os computadores digitais seriam discutidos pela primeira vez na União Soviética, com intensos debates sobre o que estava sendo realizado nos Estados Unidos e na Inglaterra e a possibilidade de um modelo nacional ser construído, sendo aproveitados vários de seus participantes nos projetos subsequentes[142].

Mas Lebedev, por motivos não totalmente claros, somente se dedicou à produção do computador digital em meados de 1948. Nesse ano, o pesquisador, após longo período solicitando verbas aos seus projetos, recrutou

---

[139] KARPOVA, V.; KARPOV, L. History of the Creation of BESM: The First Computer of S.A. Lebedev Institute of Precise Mechanics and Computer Engineering. *In:* IMPAGLIAZZO, J. PROYDAKOV, E. (org.). *Perspectives on Soviet and Russian Computing. SoRuCom 2006. IFIP Advances in Information and Communication Technology*. Berlim: Springer, 2006. p. 6-19.

[140] MALINOVISKY, 2010, p. 1. As descrições de Malinovisky baseiam-se no primeiro encontro do autor com Lebedev, em evento ocorrido em 1950.

[141] CROWE G. D.; GOODMAN, S. S. A. Lebedev and the Birth of Soviet Computing. *IEEE Annals of the History of Computing,* Nova Iorque, v. 16, n. 1, p. 4-24, 1994.

[142] CROWE; GOODMAN, 1994, p. 5.

cerca de 10 funcionários (posteriormente aumentando para vinte), boa parte engenheiros com pouco conhecimento em computação, que tiveram que receber breve treinamento, subdivididos em grupos responsáveis por partes específicas do equipamento[143].

Em 1949, Lebedev elaborou seis requerimentos que serviram de base para seus primeiros modelos computacionais: possuir um dispositivo aritmético, controle, memória e unidade de entrada e saída; linguagem de programação escrita em códigos de máquina com seus números registrados na mesma memória; notação binária usada para representação de números e instruções; cálculos sendo realizados automaticamente; operações lógicas feitas em adição aos cálculos aritméticos; e a memória do computador tendo estrutura hierárquica[144].

A capital ucraniana Kiev foi a escolhida para construção do modelo.

A República Socialista Soviética da Ucrânia, na segunda metade dos anos 1940, ainda se recuperava dos efeitos da Segunda Guerra Mundial. A república foi uma das que mais sofreu durante a ocupação nazista entre 1941-1944, com várias de suas cidades em ruinas e a fome ocorrida em diferentes partes da URSS, entre 1946-1947[145], além de apresentar os mais duradouros e violentos conflitos de cunho separatista e anticomunista[146]. Sua capital, apesar da rápida reconstrução, ainda encontrava regiões empobrecidas e muito danificadas em sua infraestrutura.

Por um lado, Lebedev e seu grupo de pesquisa tiveram que lidar, além dos recursos financeiros inconstantes, em uma realidade onde teriam que literalmente tirar "leite de pedra" em relação à obtenção de material, com local e suporte humano e físico para a construção do computador. Mas, de outro, por estarem distantes do centro do sistema soviético, também tiveram uma bem-vinda liberdade e relaxamento para a realização do projeto, escapando, parcialmente, das tensões políticas desse período[147].

O local escolhido se ligou ao bairro/província de Feofania, nos arredores da capital. Segundo Boris Malinovisky, a província, entre 1948-1950,

---

[143] CROWE; GOODMAN, 1994.

[144] KARPOVA; KARPOV, 2006, p. 7.

[145] Dados aprofundados sobre a fome soviética de 1946-19477 ainda são escassos, com estimativas entre centenas de milhares a um milhão e meio de mortos. Algumas informações podem ser encontradas em: ELLMAN, M. The 1947 Soviet famine and the entitlement approach to famines. *Cambridge Journal of Economics*, Camdrige, v. 24, p. 603-630, 2000.

[146] Com o ápice dos confrontos entre 1944-1949, os últimos focos de resistência foram derrotados em 1959. Ver: ZHUKOV, Y. Examining the Authoritarian Model of Counter-insurgency: The Soviet Campaign Against the Ukrainian Insurgent Army. *Small Wars & Insurgencies*, Nova Iorque, v. 18, n. 3, p. 439-466, 2007.

[147] CROWE; GOODMAN, 1994, p. 5.

era de difícil acesso no inverno devido às ruas ainda marcadas pelo conflito (tendo que ser utilizado um caminhão para transporte, que muitas vezes atolava), porém ostentando, durante o verão, uma bela vegetação, marcada por generosos bosques de carvalhos, com a presença de pássaros, coelhos e abundantes morangos e cogumelos[148]. Apesar de essas qualidades terem sido um dos fatores de escolha de Lebedev, outro aspecto, mais decisivo, era de o local apresentar prédios históricos que, mesmo avariados, poderiam servir de espaço para a construção do computador.

O local escolhido foi o principal monastério da região. Foi calculado que o equipamento deveria ocupar 50 metros quadrados, fazendo com que fossem chamados pedreiros e construtores que quebraram paredes que separavam quartos e o teto entre o primeiro e segundo andares[149]. No final de 1949, a estrutura principal estava construída, onde, durante o ano seguinte, grupos em separado construíam as outras partes do computador.

Porém, diversos problemas foram percebidos durante a construção do modelo. O principal se relacionava aos tubos/válvulas de vácuo, sendo que vários tinham formatos e funcionalidades diferentes, criando padrões instáveis de funcionamento, o que foi resolvido deixando o equipamento funcionando 24 horas por dia (tendo um guarda noturno e equipes de pesquisadores revezando o horário, como prevenção caso o equipamento pegasse fogo). Outro problema era a alta temperatura exercida pelo computador, entre 30 e 40 graus, para a qual, sem ar-condicionado, fortes ventiladores eram usados ou, em casos extremos, a máquina precisava ser desligada temporariamente para que não entrasse em colapso[150].

Em 6 de novembro de 1950, mesmo com sua unidade aritmética não totalmente completa, o MESM (Pequena Máquina Eletrônica de Cálculo) começou a realizar cálculos matemáticos de adição. Nos meses seguintes, a memória do computador foi aperfeiçoada, com cálculos de divisão e multiplicação, como em equações como $x= \tan(x/h)$[13] (cálculos de autovalor ligados à matemática física), sendo feitos pelo equipamento[151].

Ao ficar pronto, entre 1950-51, o dispositivo de entrada da máquina era acompanhado de cartões perfurados, ou em códigos diretamente colocados nos acumuladores, ou em fitas magnéticas, e o de saída feito via fitas e uma

---

[148] MALINOVISKY, 2010, p. 1.
[149] CROWE; GOODMAN, 1994, p. 6-7.
[150] CROWE; GOODMAN, 1994.
[151] CROWE; GOODMAN, 1994.

impressora gráfica ou eletromecânica, possuindo 6 mil válvulas a vácuo, consumindo 25 kilowatts de energia, realizando 50 operações por segundo e ocupando 60 metros quadrados, 10 a mais do originalmente planejado.

O grande teste para a real implementação do equipamento ocorreu em 8 de janeiro de 1951, quando Lebedev apresentou as funcionalidades do MESM para um comitê ligado à Academia de Ciências ucraniana. A reunião, secreta e com diferentes personalidades científicas da república, discutiu não somente o funcionamento do MESM, mas aproveitou a ocasião para sanar dúvidas sobre computação digital e as reais potencialidades desse equipamento na realidade soviética. Pelos registros existentes, Lebedev soube aproveitar a chance. Após alguns questionamentos, o pesquisador identificou o estado da arte da automação nos Estados Unidos, explicou as diferenças entre as operações realizadas entre equipamentos estadunidenses e britânicos e as potencialidades do MESM, ocasião em que foram realizadas e imprimidas operações de adição, subtração e multiplicação[152]. A recepção foi positiva, e a Academia de Ciências da URSS, entre 1951-1953, em resoluções secretas, elogiou o desempenho do equipamento, sugerindo sua utilização em larga escala pelos organismos militares e científicos no país[153].

Em dezembro de 1951, o MESM foi posto em operação, armazenando e resolvendo complexos cálculos matemáticos e estatísticos, centralizados nas áreas da cosmonáutica e energia nuclear, com foco na integral de Fresnel, muito utilizada em ondas ópticas e na precisão dos radares[154], executando cerca de 50 milhões de operações, algumas delas com coordenação direta de Aleksey Lyapunov[155]. O computador foi utilizado de forma constante até 1956, quando foi transferido para o Instituto Politécnico de Kiev, no qual foi usado para treinamento de novos programadores. Desmontado em 1959, apenas algumas peças sobreviveram[156].

O sucesso do MESM indicou, em um primeiro momento, que Lebedev teria carta branca e facilidades para a produção de outros modelos na

---

[152] FITZPATRICK, A.; KAZAKOVA, T.; BERKOVICH, S. MESM and the Beginning of the Computer Era in the Soviet Union. *IEEE Annals of the History of Computing*, Nova Iorque, v. 28, n. 3, p. 4-16, 2006. Parte do que foi discutido nessa reunião pode ser lida em: MALINOVISKY, 2010, p. 4-8.

[153] FITZPATRICK; KAZAKOVA; BERKOVITCH, 2006, p. 7-8.

[154] FITZPATRICK; KAZAKOVA; BERKOVITCH, 2006.

[155] RABINOVICH, Z. V. The Work of Sergey Alekseevich Lebedev in Kiev and Its Subsequent Influence on Further Scientific Progress There. *In*: IMPAGLIAZZO, J. PROYDAKOV, E. (org.). *Perspectives on Soviet and Russian Computing*. SoRuCom 2006. IFIP Advances in Information and Communication Technology. Berlim: Springer, 2006. p.1-5.

[156] GOODMAN, S. The Origins of Digital Computing in Europe. *Communications of the ACM*, Washington, v. 46, n. 9, p. 21-25, 2003.

URSS. Na verdade, o pesquisador, apesar de se tornar profícuo construtor de computadores na União Soviética e de ocupar cargos estratégicos que, a princípio, o ajudaram na consolidação dos projetos, encontrou, até o final da vida, empecilhos ligados a diferentes setores do governo. O MESM, no máximo, atenuou as resistências sobre a necessidade da automação no país.

Logo após a construção do MESM, Lebedev adaptou o modelo para um equipamento com memória maior e velocidade de operações mais rápida. Contudo, novamente encontrou oposição e teve que entrar em amargas disputas internas enquanto produzia o autômato. Transferido para Moscou, como diretor do laboratório número 1 do instituto de eletromecânica, cargo que ocupou entre 1950-1953, Lebedev passou o primeiro semestre de 1951 com um grupo de pesquisa com cerca de 50 pessoas, construindo um modelo mais robusto e utilização mais ampla.

A estrutura desse computador foi baseada em uma máquina binária, de ponto flutuante com implementação paralela. O comprimento de palavras era de 39 bits, com a unidade aritmética, como no MESM, ligada a um circuito biestável – sinal dotado de dois estados lógicos estáveis: 0 et 1 – a partir de tubos a vácuo. Sua memória principal, ligada a tubo de raios catódicos, tinha capacidade inicial de 1.024 bits, com possibilidade de futura expansão para 2.048. Além desses componentes, cita-se que a memória ROM foi baseada em diodos semicondutores com capacidade de 376 palavras. A memória externa foi desenvolvida a partir de um tambor magnético com capacidade de 5.120 palavras e quatro entradas de fitas magnéticas com a capacidade de 30 mil palavras cada. Os dados eram registrados tanto por essas fitas quanto por cartões perfurados. A velocidade de operações foi proposta originalmente para 10 mil por segundo[157].

Com a estrutura pronta, Lebedev teve que lidar com problemas relacionados à falta de tubos de raios catódicos e de vácuo, resolvidos parcialmente graças a estratégicos convênios feitos com setores militares. Com uma primeira demonstração, experimental, realizada em maio de 1951, indicando o potencial de construção da máquina, o pesquisador realizou, de forma consideravelmente rápida, a produção do equipamento. No final de 1952, a Grande Máquina Eletrônica de Cálculo (BESM), com limitações, em especial ligadas à falta de tubos de raios catódicos, que reduziram suas operações matemáticas para 1 mil por segundo, estava praticamente pronta, tendo seus primeiros testes realizados no início de 1953, e aprovada para produção

---

[157] CROWE; GOODMAN, 1994.

pela Academia de Ciências da URSS em abril. Para Lebedev, que concorria com outros projetos semelhantes, em especial o do modelo Strela, foi uma vitória, mesmo que obtida com tensões com outros institutos. Devidamente consolidado e com peças e equipamentos agora garantidos pelo governo, o modelo, nos anos seguintes, expandiu suas operações para 8 mil por segundo.

O BESM não somente recebeu recepção por vezes entusiástica na URSS, laureando Lebedev e sua equipe com o prêmio Stalin, mas também foi o que abriu as portas da Computação soviética para o Ocidente. O modelo, ao ser apresentado na Conferência Internacional de Ciência da Computação em Darmstadt (1955), foi considerado um dos mais potentes equipamentos produzidos na Europa, chamando atenção de agências e instituições estadunidenses que, curiosas, visitaram organismos soviéticos anos mais tarde. O computador foi o primeiro a receber ampla divulgação no país, sendo exibido em cinejornais[158].

Esses sucessos consolidaram o poder político de Lebedev, que, a partir de 1953, foi eleito diretor do ITMVT, cargo que ocupou pelos 20 anos seguintes. Durante seu exercício, outros 15 modelos de computadores foram produzidos, sendo ou adaptações e expansões do BESM ou projetos independentes. Desses, cita-se o M-20 (1958).

Com 20 modelos produzidos até 1964, foi uma espécie de substituto ao BESM-2 que, apesar de bem recebido, acabou não tendo ampla inserção na indústria soviética. Com 200 metros quadrados, realizando 20 mil operações por segundo, usou um modelo nativo de software IS-2, consumindo 50 kw de energia, 45-bits de ponto flutuante notacional, com diodos semicondutores e memória baseada em núcleos ferromagnéticos de 4.096 palavras, com armazenamento em tambores[159] e fitas magnéticas. Versões aprimoradas, baseadas em transistores, como M-220/222 (1968), também tiveram dezenas de modelos produzidos e enviados em diferentes instituições.

Mas a consagração de Lebedev e do ITMVT na Computação soviética estava por vir. Após a construção dos modelos BESM-3, BESM-4 e Vesna, Lebedev decidiu dedicar esforços para a construção de modelos de grande porte e alta performance que pudessem ter utilização a longo prazo. Para isso, entre 1964-1965, reunindo os melhores engenheiros, matemáticos e

---

[158] Um exemplo dessa divulgação está no Slovak Newsreel n. 7/1956, disponível em: https://www.youtube.com/watch?v=U4i6al2TBIY.

[159] Dispositivo de armazenamento magnético usado em muitos computadores antigos como a memória de trabalho principal.

programadores em ascensão do ITMVT – em que vários assumiram cargos estratégicos em diferentes organismos a partir dos anos 1970 –, foi desenvolvido o BESM-6.

A memória RAM do modelo foi de 32 kb a 512 kb, capacidade de armazenamento de palavras de 48 dígitos binários, com memória dos tambores magnéticos de 512 mil palavras. Ocupou, em seus primeiros modelos, cerca de 150 a 200 metros quadrados, consumindo, aproximadamente, 30 quilowatts, com modelos podendo realizar cerca de um milhão de operações por segundo, sendo considerado por alguns autores como um protótipo dos supercomputadores que viriam a ser produzidos a partir dos anos 1960[160].

O computador também foi importante na inclusão de diferentes linguagens operacionais desenvolvidas tanto no ITMVT, como em organismos em Kiev e Novosibirsk, servindo como uma espécie de "cobaia", onde esses softwares tinham sua operabilidade e eficiência testadas. Entre diferentes programas, destacam-se o D68, ND-70, OS IPM, Dispak, Dubna OS, Feliks OS, entre outros que, apesar de inspirados no Fortran estadunidense, conseguiram ter uma identidade soviética, relacionados às necessidades nativas.

O BESM-6 foi provavelmente o modelo soviético mais bem-sucedido, servindo de referência tanto na URSS quanto no bloco comunista, recebendo notas elogiosas nos Estados Unidos e na Europa Ocidental e fazendo com que Lebedev e o ITMVT ganhassem novamente diferentes prêmios do governo em 1969. Entre 1968 até o fim de sua produção, em 1987, aproximadamente 350 modelos foram produzidos e colocados em funcionamento em órgãos estratégicos ligados à economia, administração e projetos militares. Sua utilização se manteve constante vários anos depois do fim da URSS, com os últimos modelos desativados em 2011[161].

---

[160] SMIRNOV, V. I. Some Hardware Aspects of the BESM-6 Design. 1st Soviet and Russian Computing (SoRu-Com). *Proceedings*, Petrozavodsk, p. 20-25, 2006.

[161] KARPOVA, V.; KARPOV, L. V. A. Melnikov – the Architect of Soviet Computers and Computer Systems. Third International Conference on Computer Technology in Russia and in the Former Soviet Union (SORUCOM) *Proceedings*, Kazan: IEEE, p.1-8, 2014.

M-1 e sucessores

Figura 10 – Modelo M-1

Fonte: Prokhorov e Shcherbinin (2014)

Figura 11 – Computadores M-10 (esquerda) e M-13 (direita)

Fonte: http://www.icfcst.kiev.ua/

Como já citado, o ENIAC, imediatamente após sua divulgação, chamou atenção do campo científico soviético. Entre 1947-1948, notas localizadas em periódicos discutiram, de forma resumida, o funcionamento e as potencialidades dos modelos estadunidenses. Dois engenheiros, que estavam há anos estudando sobre esses computadores digitais, decidiram, de forma parcialmente independente, analisar e desenvolver patentes e modelos na então República Socialista Federativa Soviética da Rússia.

O líder das pesquisas na República foi o bielorrusso Isaak Bruk (1902-1974). Graduado em eletromecânica (1925), nos anos 1930, foi contratado no instituto de energia dirigido por Krzhizhanovsky na Academia de Ciências da URSS, em que instituiu o Laboratório de Sistema Elétrico, desenvolvendo, entre 1936-9, ferramentas eletrônicas de cálculo e integradores mecânicos, sendo eleito membro da Academia de Ciências Soviética em 1939. Após a Segunda Guerra, Bruk continuou desenvolvendo equipamentos de cálculo e, após ler notícias sobre os primeiros computadores digitais estadunidenses, iniciou estudos e projetos para a criação de um modelo nativo. No início de 1948, Bruk contratou um jovem engenheiro em ascensão que o ajudaria nessa empreitada chamado Bashir Rameev[162].

Rameev (1918-1994), cujos pais sofreram perseguições políticas durante os anos 1920-1930 (com o pai morrendo no gulag em 1943), sofreu retaliações profissionais por ter parentes ligados aos chamados "inimigos do povo", quando, apenas durante a Segunda Guerra, ao realizar pesquisas e lutar em batalhas junto ao exército vermelho, pôde ser reinserido em institutos de engenharia e ter suas aptidões aproveitadas a partir de 1946[163].

Baseados parcialmente nas informações (fragmentadas) ligadas ao ENIAC e nos projetos analógicos feitos na URSS durante os anos 1940, Bruk e Rameev realizaram pesquisas em conjunto, incluindo a construção de computadores digitais. Os dois, entre junho de 1948 e fevereiro de 1949, produziram 10 patentes relacionadas à produção de equipamentos automatizados de cálculo. A patente número 10.475, ligada à "Máquina eletrônica digital automatizada", publicada em 4 de dezembro de 1948, foi o primeiro documento a identificar o modelo computacional digital a ser implantado na União Soviética. Na Rússia, essa data é considerada o marco zero da Informática no país[164].

---

[162] ROGACHYOV, Y. The Origin of Informatics and Creation of the First Electronic Computing Machines in the USSR. Third International Conference on Computer Technology in Russia and in the Former Soviet Union, *Proceedings*, Kazan: IEEE, p. 28-35, 2014.

[163] NITUSSOV, A. Bashir Iskanderovich Rameev. *Russian Computer Museum*. S.d. Disponível em: https://www.computer-museum.ru/english/galglory_en/rameev.htm .

[164] PROKHOROV, S., SHCHERBININ, D. Y. 70 years of Russian Computer Science. 2018 International Conference on Engineering Technologies and Computer Science (EnT). *Proceedings*, Moscou: IEEE, p.3-7, 2018. ROGACHYOV, 2014.

Entre 1949-1950, o projeto de construção do modelo digital foi aprovado e iniciado em Moscou. Sem Basheev, transferido para o extremo Oriente soviético e com financiamento restrito em seu instituto, Bruk resolveu apostar em jovens nomes ligados ao Instituto Estatal de Engenharia Eletrotécnica no projeto. No total, sete novos engenheiros foram inseridos na coordenação do futuro modelo M-1. Tamara Alexandri e Nikolai Matyukhin ficaram responsáveis pela memória dos tubos de raios catódicos, Mikhail Kartsev ficou ligado a unidade de controle do computador, Alexander Zalkind nos dispositivos de entrada e saída, Yuri Rogachev e Rene Shydloviski na instalação elétrica, e Yuri Schrader na programação. Destaca-se que grande parte dessa equipe teve importante papel ou em projetos de automação posteriores ou em profícuas carreiras acadêmicas[165].

Inicialmente, o modelo foi proposto a partir de um circuito aritmético de três entradas e um esquema geral de unidade aritmética. Outro diferencial do projeto dos feitos por Lebedev foi a construção de um transmissor de dados a partir do dispositivo de semicondutores KVMP-2-7[166].

Outro aspecto importante foi separar um espaço dentro do instituto para que o equipamento fosse acomodado devidamente. Para isso, uma sala de quatro metros quadrados foi adaptada não somente para a inserção do computador, mas também para que a equipe de engenheiros pudesse trabalhar de forma eficiente, além de permitir um sistema de ventilação para a máquina[167].

Em 15 de dezembro de 1951, o M-1 foi posto em operação, logo inserido por Sergey Sobolev em centros de produção nuclear, focado em cálculos a matrizes ligados a enriquecimento do urânio, sendo a primeira utilização prática de computadores digitais na URSS[168].

A partir do M-1, uma série de modelos nativos ligados ao instituto foram produzidos, consolidando a independência de Bruk na produção de modelos nas décadas seguintes, mesmo com mudança de diretrizes vindas do partido comunista a partir de 1968[169].

Cita-se, por exemplo, o M-2 (1953-1954), um dos primeiros computadores inseridos em organismos ligados à indústria nuclear, a mísseis inter-

---

[165] PROKHOROV; SHCHERBININ, 2018.
[166] ROGACHYOV, 2014.
[167] ROGACHYOV, 2014.
[168] ROGACHYOV, 2014.
[169] ROGACHYOV, 2014. Para a mudança, ver a parte 4 do livro.

continentais, à mecânica, física e energia hidroelétrica, e o M-3 (1957-1858), o qual teve sua produção feita em conjunto com o centro de automação em Erevã, Armênia, e não somente ajudou a "internacionalizar" os projetos feitos por Bruk e Nikolai Matyukhin (líder do programa), como, conforme será visto no capítulo a seguir, estimulou a criação de modelos em diferentes repúblicas soviéticas[170].

Já o M-4 (1957-1962), utilizando 23 bits de número binário com ponto fixo, armazenando 1.024 bit e 24-bit, com memória ROM de 1.280 30-bit, dispositivos de entrada e saída via memória em separado, transmitindo e recebendo cerca de 6 mil números por segundo e realizando 20 mil operações matemáticas por segundo, serviu de base para uma série de computadores inseridos em diferentes organismos, tanto em Moscou quanto em Leningrado, com adaptações como os modelos M-4, M-4M, M-4-2M e M-4-3M[171].

Entre 1966-1967, o M-9 iniciou uma fase de modelos que seriam usados diretamente para o setor militar, relacionado às tentativas de criação de uma rede informatizada unindo centros ligados à balística, porém com resultados ambíguos. Modelos e programas paralelos, construídos para a realização de operações específicas, em especial 5E76B, 5E71, 5E72, 5E73, foram alguns desses equipamentos inseridos nesses centros. Em seu ápice, englobou cerca de 76 computadores com algoritmos em comum, transmitindo dados entre diferentes locais da república russa. Longe de ser um ARPANET – versão preliminar estadunidense da atual internet –, esse sistema, pelo menos, fez com que as forças armadas tivessem maior interação entre seus centros[172].

O sucessor de Bruk foi Mikhail Kartsev (1923-1983), o qual, até seu falecimento, ficou responsável pela produção dos computadores de terceira e quarta geração soviéticos, com multiprocessadores e circuito integrado, com destaque para os modelos M-10 (1973), nos anos 1970, o de maior performance no bloco comunista, realizando cerca de 20 a 30 milhões de operações por segundo, com 4MB de RAM, e o M-13 (1983-1984), que chegou a operar cerca de 2 bilhões de operações por segundo.

Cita-se também que Bruk acomodou em seu instituto projetos paralelos que foram parcialmente aproveitados em suas pesquisas.

O principal deles, coordenado pelo engenheiro e cientista da computação Nikolay Brusentsov (1925-2014), importante nome do centro de

---

[170] PROKHOROV; SHCHERBININ, 2018.
[171] PROKHOROV; SHCHERBININ, 2018.
[172] MALINOVSKY, 2010.

informática da Universidade Estatal de Moscou, foi o Setun (1958-1959). Brusentsov decidiu seguir por um caminho ousado, trocando a programação binária por um computador ternário balanceado[173]. Apesar de sua estrutura diferenciada ter sido recebida com surpresa por engenheiros da Universidade Estatal de Moscou e ligados aos projetos de Bruk, sua alta performance e eficiente funcionalidade fizeram-no obter uma recepção inicial entusiástica, com 50 modelos produzidos entre 1961 e 1965, distribuídos em universidades na URSS e no Leste europeu[174].

Mas o sucesso não se manteve. O governo comunista acabou tirando suporte ao Setun devido ao alto custo de produção e seu difícil reparo, já que os circuitos e equipamentos eram diferentes dos computadores binários. Porém, Brusentsov e sua equipe puderam realizar outras pesquisas e projetos com suporte tanto de Bruk na Rússia quanto de Viktor Glushkov na Ucrânia[175].

Fracasso no sucesso: Strela

Figura 12 – Computador Strela

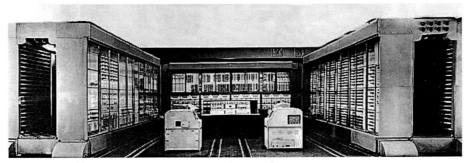

Fonte: https://www.computer-museum.ru/english/strela.htm

Outro projeto que recebeu o aval, não somente da Academia de Ciências, mas do topo do partido comunista, foi o relacionado ao Strela (flecha).

Seu líder foi Yuri Yakovlevich Bazilevskii (1912-1983). Com formação em Engenharia Técnica nos anos 1930, adquirindo cargos acadêmicos durante

---

[173] Sistema numeral posicional não padrão útil para a lógica de comparação, no qual os dígitos têm valores -1, 0 e 1.
[174] BRUSENTSOV, N; ALVAREZ, R. Ternary Computers: The Setun and the Setun 70. In: IMPAGLIAZZO, J.; PROYDAKOV, E. (org.). *Perspectives on Soviet and Russian Computing*. SoRuCom 2006. IFIP Advances in Information and Communication Technology Berlim: Springer, 2011, p. 74-80.
[175] *Ibid.*

a Segunda Guerra e, apesar de reveses ligados à saúde (que ocasionaram a amputação de sua perna em 1944), viu sua carreira ascender em projetos de Engenharia na segunda metade dos anos 1940, garantindo o prêmio Stalin e o suporte para a criação dos organismos SKB-45, da Fábrica de construção de calculadoras e do Instituto de Construção de Máquinas de Cálculo, todos ligados ao Ministério de construção de máquinas soviético[176].

Conforme citado anteriormente, o SKB-245 inicialmente se dedicou à produção de equipamentos analógicos. Contudo, tanto Bazilevskii quanto o diretor do centro Mikhail Lesechko, aparentemente estimulados pelas mudanças ocorridas no ITMVT e nos projetos e patentes oferecidos por Isaac Bruk e Bashir Rameev, entre 1948 e 1949, começaram a direcionar parte da infraestrutura do órgão para os equipamentos digitais. Em 1950, a proposta de construção de um computador digital foi aprovada e posta em prática no ano seguinte [177].

Os projetos de Bazilevskii e Lebedev foram marcados por considerável rivalidade, principalmente com relação à obtenção de materiais internos, em especial, válvulas termiônicas (variações dos tubos de vácuo) e cinescópios – tubo catódico utilizado para reprodução da imagem –, criando tensões e agressivas críticas entre seus líderes, principalmente por meio de cartas ressentidas ao exército e entre os institutos de pesquisa, especialmente de Lebedev, lamentando o monopólio do SKB-45 nesses equipamentos – contudo, em público, a relação entre Bazilevskii e Lebedev manteve-se cordial-[178].

Bazilevskii, para seu projeto, buscou cercar-se de nomes talentosos, ele próprio administrando a unidade aritmética e o dispositivo de armazenamento externo em seu tambor magnético. Para o desenvolvimento das válvulas termiônicas, foram chamados os jovens engenheiros George Prokudayev, Sasha Larionov, Larisa Dmitrieva e Maya Kotlyarevska; para a unidade de adição-subtração, Boris Zaitsev; e Evgenia Semyonova, na unidade multiplicadora revisora. Como nos projetos de Bruk, todos os citados participaram de diferentes projetos de automação ou seguiram em profícua carreira acadêmica a partir dos anos 1960[179].

---

[176] PRZHIJALKOVSKY, V. V.; FILINOV, E. N. Basilevskiy Yury Yakovlevich. *Russian Computer Museum Hall of Fame*. 1997. Disponível em: https://www.computer-museum.ru/english/galglory_en/Basilevskiy.htm.

[177] ICHIKAWA, H. Strela-1, the First Soviet Computer: Political Success and Technological Failure. *IEEE Annals of the History of Computing*, v. 28, n. 3, p. 18-31, 2006.

[178] FITZPATRICK; KAZAKOVA; BERKOVICH, 2006. Boris Malinovisky, na edição ucraniana de suas memórias, apresenta algumas informações sobre a dinâmica relacional entre os líderes dos primeiros projetos de automação soviéticos. Ver: MALINOVISKY, B. *Istoriya vuichislitelnoi tekhniki v litsakh*. Kiev: KIT, 1995.

[179] ICHIKAWA, 2006.
FITZPATRICK; KAZAKOVA; BERKOVICH, 2006.

Entre 1952 e 1953 a construção do modelo foi baseada em um mecanismo interno de entrada constituído de um teclado, unidade de armazenamento externo e interno via fita magnética, dispositivos de operação aritmética, sistema de controle e sinalização, mecanismo de saída constituído de um dispositivo de cartão perfurado e impressora e fonte de energia elétrica[180].

O equipamento consistiu em 6 mil tubos, 60 mil semicondutores, realizando 2 mil operações por segundo, com unidade interna de armazenamento de 1.023 palavras (expandido depois para 4.096) e externa de 200 mil palavras[181].

Strela-1 ficou pronto no segundo semestre de 1953, sendo testado publicamente em meados de 1954, o qual, durante o período de 10 horas, realizou uma equação integro-diferencial em que requereu cerca de 70 milhões de cálculos para sua resolução. Todos os engenheiros envolvidos ganharam o prêmio Stalin pelo sucesso, e o Strela se tornou o primeiro modelo aceito para produção em massa na URSS[182].

Porém, apesar desse sucesso, apenas sete modelos foram produzidos e postos em funcionamento no Centro de Computadores número 1, no centro de computação da Academia de Ciências, na Universidade Estatal de Moscou, no Ministério de planejamento e na planta nuclear secreta de Arzamas-16. Ainda em 1955, após análise comparativa na Academia de Ciências soviética entre a eficiência do Strela com o Besm, o modelo de Lebedev foi vencedor por unanimidade, e logo o projeto de Bazilevskii caiu em desuso, com os modelos sendo desativados entre 1959 e 1960.

Apesar de fisicamente imponente e de uma funcionalidade inicial eficiente, logo o modelo se mostrou instável, defeituoso e muitas vezes não conseguindo realizar equações matemáticas, ou realizando-as erroneamente. Em questão de meses, reclamações sobre o Strela começaram a aparecer, em especial nos organismos ligados à indústria atômica, o que fez com que a Academia de Ciências e o SKB-45, discretamente, colocassem o projeto de lado[183].

Mesmo com esses reveses, tanto o SKB-245, que conseguiu expandir seu corpo de funcionários para mais de 1,3 mil em 1956, quanto Bazilevskii, que seguiria em uma carreira bem-sucedida no desenvolvimento de mode-

---

[180] ICHIKAWA, 2006.
[181] *Ibid.*
[182] *Ibid.*
[183] *Ibid.*

los automatizados ligados à defesa antiaérea, como DAL-111 (1960) e 5E61 (1961), conseguiram beneficiar-se da boa recepção inicial de seu computador pioneiro[184].

Outros modelos: Ural, Dnper, MIR

Figura 13 – Computadores URAL-1 (esquerda) e MIR-2 (direita)

Fonte: Wikimedia Commons

Após uma breve estadia no extremo Oriente, quando ensinou conceitos básicos de automação para turmas de marinheiros, Bashir Rameev retornou a Moscou e logo assumiu postos em diferentes institutos e projetos de Engenharia. Entre 1951 e 1953, ofereceu aulas sobre computação na Universidade Estatal de Engenharia Física, em cursos promovidos por Sergei Lebedev. Em 1953, ao ser incorporado ao SKB-245, participou da produção do Strela, sendo responsável pela unidade aritmética do computador. Essa iniciativa lhe rendeu considerável melhora em seu estilo de vida (saindo de um quarto apertado para uma casa em Moscou e obtendo, finalmente, sua reabilitação política) e a obtenção do título de doutor honorário (1962), iniciativa de Lebedev, Bruk, e Aksel Berg[185].

Mas esse reconhecimento veio com um preço. Entre 1953 e 1954, Rameev ficou responsável pela criação de modelos mais acessíveis de computadores, que, diferentemente do Strela, pudessem ter suas fragilidades rapidamente identificadas e resolvidas. Para isso, no ano seguinte, o engenheiro foi transferido para a cidade russa de Penza, com o intuito de consolidar essa linha de autômatos[186].

---

[184] PRZHIJALKOVSKY; FILINOV, 1997.
[185] Ibid.
[186] Ibid.

A cidade, de médio porte, a qual, como em outros centros ocidentais russos, apresenta uma arquitetura ligada ao classicismo dos séculos XVIII e XIX, teve uma reorganização em sua infraestrutura entre a Segunda Guerra Mundial até o final dos anos 1950, com a criação ou reformulação de universidades e centros de pesquisas ligados às ciências humanas, artísticas e tecnológicas, como uma forma de descentralizar as pesquisas feitas na capital Moscou[187]. A partir de 1946, plantas ligadas à Engenharia Eletrotécnica permitiram a construção de fábricas de produção de computadores na cidade. Por fim, foram criados organismos, como o Instituto de Pesquisa Científica para Instrumentos Elétricos e Mecânicos e o Instituto de Pesquisa de Engenharia de Computadores.

O envio de Rameev a Penza foi estratégico, pois, além de oferecer estímulo aos organismos de pesquisa da cidade, também aproveitou uma nova geração de engenheiros soviéticos que despontaram na região, como G. Smirnov, A. S. Gorshkov, V. I. Burkov, e A. Nevskiy, que seriam líderes dos projetos computacionais nos anos seguintes[188].

Após intenso período de trabalho, na segunda metade dos anos 1950, a primeira série de computadores URAL foi produzida, composta pelos modelos URAL-1 (1957), URAL-2 (1959), URAL-3 (1961) e URAL-4 (1962), logo postos em atividade em diferentes centros soviéticos e em países como Índia e China. Esses modelos seguiram padrões parecidos de funcionamento: com tubos de vácuo, realizavam cerca de 12 mil operações por segundo, com fitas magnéticas, cartões perfurados e impressoras. O URAL-1 tinha cerca de 75 metros quadrados e consumia cerca de 10 Kw. A partir desse sucesso inicial, rapidamente uma nova geração foi produzida.

Entre esses modelos, citam-se o URAL-11 (1965), URAL-14 (1965) e URAL-16 (1969), com semicondutores, também tinham dispositivos de entrada e saída via fitas magnéticas, cartões perfurados, canais de transmissão, impressores e gravadores automáticos.

O sucesso do URAL conseguiu o feito de não somente chamar a atenção de centros de automação estadunidenses e ingleses – e Rameev chegou a ser

---

[187] O resultado, a longo prazo, mostrou-se ambíguo. Por um lado, a medida estimulou a diversificação cultural e científica na cidade. Por outro, a intervenção excessiva do partido na realização dessas políticas recebeu críticas de pesquisadores, museólogos e artistas, tendo como consequência o esvaziamento dessas iniciativas após os anos 1960. Maiores informações em: KOROLEVA, L. A. Культурно-просветительная работа в Пензенской области (вторая · половина 1940-х - 1960-е гг.). *Образование и наука в современном мире*, Moscou, v.3, n.10, p. 20-24, 2017.

[188] PRZHIJALKOVSKY; FILINOV, 1997

convidado a palestrar em universidades e instituições nesses países –, como também permitiu trocas informacionais entre esses modelos com computadores estadunidenses ligados à IBM e Burroughs, permitindo uma rara interação tecnológica entre a URSS com os Estados Unidos durante os anos 1960[189].

Mas esses sucessos, que indicavam outras séries a serem produzidas, acabaram sendo interrompidos, com os projetos na cidade iniciando um período de ostracismo. Entre 1967 e 1968, Rameev foi convidado para participar do conselho científico do Centro de Computadores Eletrônicos, voltando a Moscou, com Smirnov, Nevskiy e Burkov assumindo a liderança desses centros. Porém, as recusas do governo soviético em manter a produção de modelos nativos em detrimento da produção de clones ligados à IBM fizeram com que os programas fossem interrompidos, situação agravada por perseguições políticas a alguns de seus membros, além de duradouras disputas internas entre seus líderes. Como resultado, gradativamente, vários engenheiros e programadores acabaram se retirando para outros centros de pesquisa, esvaziando os locais de produção na cidade durante os anos 1970, com os programas sendo encerrados nas décadas seguintes.

Em relação a Rameev, em 1971, assumiu a direção do centro de computação do Comitê Estatal em Ciência e Tecnologia, no qual, até seu falecimento, realizou políticas referentes à consolidação de uma base de dados nacional, em planejamento do campo em informática e, a partir de 1992, da reorganização das instituições e organismos estatais após o comunismo, estimulando a consolidação de ministérios direcionado às tecnologias, como do Ministério do desenvolvimento digital, comunicação e mídia de massa (proposto em 1993 e estabelecido em 2008)[190].

Outros modelos foram encontrados na república ucraniana, em especial, a projetos ligados ao proeminente pesquisador e engenheiro Viktor Glushkov, um dos principais nomes que propuseram projetos de redes e sistemas de computadores na URSS (ver Capítulo 8). Ao ocupar cargos de liderança em organismos científicos da Ucrânia, em especial, a vice direção da Academia de Ciências da república, Glushkov resolveu investir na criação dos modelos autônomos de computadores, em parte para dar base a suas ideias de um sistema de computadores, mas também para oferecer maior independência tecnológica aos institutos ucranianos.

---

[189] GOODMAN, S. Soviet Computing and Technology Transfer: An Overview. *World Politics*, Cambridge, v. 31, n. 4, p. 539-570, 1979.

[190] PRZHIJALKOVSKY; FILINOV, 1997..

O primeiro modelo construído foi o Kiev (1956-57). Com direção de Glushkov e Boris Gnedenko, o computador foi o primeiro na Europa a usar uma de linguagem de programação "endereçada"[191], criada por Kateryna Yushchenko no ano anterior, sendo também o primeiro com sistema de processamento digital de imagens e um primitivo sistema de modelagem de "processos intelectuais", ligado à Semiótica. Bem recebido pelo governo ucraniano, obteve utilização em instituições científicas e militares na república.

Uma escolha feita por Glushkov, a partir da experiência bem-sucedida do Kiev, foi a de trocar os computadores feitos a partir de tubos de vácuo pelos semicondutores. As propostas, ao serem apresentadas pela primeira vez em 1958, receberam críticas, algumas agressivas, vindas de engenheiros que se ressentiram em mudar a forma de produção dos computadores, mesmo que os modelos vigentes, além de começarem a ficar obsoletos, mostrarem considerável dificuldade em sua construção[192].

Mesmo com essa recepção adversa, Glushkov obteve sinal verde da Academia de Ciências ucraniana, que recém instalava seu centro de computadores, e a construção do modelo, com a direção de Boris Malinovisky, logo teve início. Em três anos e meio, o Dnepr (1962), primeiro computador semicondutor de controle multiuso, foi produzido e posto em atividade em Kiev. Ao ser testado para a Academia de Ciências da URSS, o computador foi elogiado pela rapidez nas operações e por sua resistência a condições climáticas adversas[193].

O modelo logo foi posto em produção em diferentes fábricas da capital ucraniana, com cerca de 500 computadores produzidos entre 1961 e 1971, postos em atividades nos setores militares, principalmente na cosmonáutica, com ampla utilização no suporte dos projetos espaciais soviéticos durante os anos 1960 e 1970 e em programas de infraestrutura ligados aos países do bloco socialista. Sua continuação, o Dnepr-2 (1968), focou no aperfeiçoamento de seu software e programação. Já os Kiev-67 (1967) e Kiev-70 (1970) continuaram com as experiências ligadas ao Kiev produzido nos anos 1950[194].

A partir da microprogramação, ou seja, da tentativa de inserção de semicondutores e miniaturização dos modelos, foram produzidos o Promin

---

[191] Ver Capítulo 7.

[192] MALINOVSKY, B. The first computer in the continental Europe was created in Kiev. *Interdisciplinary Studies of Complex Systems*, Kiev, v. 1, n. 1, p. 85-108, 2012.

[193] The First Semiconductor Multipurpose Control Computer "Dnepr". History of Computers in Ukraine, 2012. Disponível em: http://uacomputing.com/stories/dnepr/

[194] *Ibid.*

(1964), MIR-1 (1965), MIR-2 (1969) e MIR-3 (1972), considerados por alguns pesquisadores como precursores da computação pessoal e tiveram como foco maior agilidade nos cálculos matemáticos. Apesar de informações esparsas sobre a produção e repercussão dos modelos, sabe-se que foram, pelo menos inicialmente, bem recebidos pelo partido, chegando a ser exibidos a outros líderes comunistas[195].

Após 1969, com legislações substituindo a produção nativa por clones, a indústria ucraniana sofreu pressões para a adaptação de seus modelos, ou melhor, a construção deles a partir dos modelos IBM. Apesar da oposição de Glushkov e de vários engenheiros e programadores, a tendência de cópia acabaria sendo predominante a partir da segunda metade dos anos 1970. Contudo, houve exceções. Entre elas, citam-se os modelos Neva (1976) – feitos em conjunto com a Alemanha Oriental –, UVS-01 (1979), Neuron (1980) e as séries Carat (1972), Zveda (1984) e MIG (1984-1988)[196].

---

[195] MALINOVISKY, B. *Timeline*: Computing Development in Ukraine. History of computing in Ukraine. 2012. Disponível em: http://uacomputing.com/stories/timeline/.

[196] MALINOVISKY, 2012.

6.

CONSOLIDAÇÃO DE CENTROS DE AUTOMAÇÃO NA UNIÃO SOVIÉTICA

Em meados dos anos 1950, a construção dos primeiros modelos de computadores e o fim dos ataques à cibernética permitiram a consolidação da computação soviética, situação que se manteve até o final da década seguinte. Isso não significou o fim da resistência do partido comunista a esses projetos, nem que rivalidades entre líderes de pesquisa cessassem. Porém, conforme ia sendo confirmada a eficiência desses modelos, a automação na URSS ganhava uma infraestrutura própria, indicando que, em um primeiro momento, poderia rivalizar com a informatização nos Estados Unidos e na Europa Ocidental.

Durante 1950 e 1969, o país construiu cerca de 60 modelos de computadores[197] e, no final dos anos 1950, começou a desenvolver softwares próprios a partir de modelos oferecidos no Ocidente. Entre 1958 e 1962, o conselho de ministros da URSS aprovou cerca de seis resoluções delineando diretrizes para produção de computadores no país, estimulando a criação de novos locais de produção e maior investimento aos existentes[198].

Mesmo sendo identificado que a produção e utilização era deficitária e com vários entraves e, conforme será visto, a clonagem de modelos ocidentais acabar sendo a opção de produção de hardwares, arruinando várias iniciativas nacionais, a computação soviética teve uma fase inicial consideravelmente produtiva, com inserção em diferentes projetos militares e administrativos.

Outra importante consequência foi a criação de diferentes centros de automação pela União Soviética, os quais ficaram responsáveis pela criação e adaptação de novos modelos, construção de peças, adaptação de softwares e consolidação de locais de pesquisa onde haveria interlocuções teóricas e práticas entre diferentes cientistas. Alguns deles serão discutidos a seguir.

---

[197] Dados retirados de: DAVIS, N.; GOODMAN, S. The Soviet Bloc's Unified System of Computers. *Computing Surveys*, Washington, v. 10, n. 2, p. 93-122, 1978. Os autores, contudo, indicam a dificuldade em obter maiores informações sobre os modelos e de frisarem que vários deles são adaptações de versões anteriores.

[198] DZHALILOV, T.; PIVOVAROV, N. Fourth International Conference on Computer Technology in Russia and in the Former Soviet Union (SORUCOM). *Proceedings*, Moscou: IEEE, p. 213-217, 2018.

Bielorrússia/Belarus

Figura 14 – Computadores bielorrussos Minsk-1 (esquerda) e Minsk-23 (direita)

Fonte: https://www.computer-museum.ru/english/minsk_1.php

A República Socialista Soviética Bielorrussa foi um dos primeiros locais a receber investimentos para a consolidação de centros de automação na URSS.

Sua capital, Minsk, com origens no século XI e com uma longa história de instabilidade política, foi, durante a ocupação alemã na Segunda Guerra Mundial, uma das cidades mais devastadas do conflito (estimativas indicam cerca de 70% de sua infraestrutura destruída). O governo comunista, a partir de ambicioso projeto aprovado em 1946, iniciou um grandioso programa de reconstrução da cidade, reorganizando, muitas vezes de forma abrupta, sua estrutura urbana, com novas estradas, centros de lazer, zonas arborizadas, edifícios e praças, muitos ligados a uma arquitetura "socialista", oferecendo uma nova identidade a capital nos anos seguintes[199].

Na segunda metade dos anos 1950, parcialmente relacionado às iniciativas de reorganização e potencialização urbana de Minsk, foram aprovados projetos de construção de centros de pesquisa e de produção de computadores na república. Para isso, alguns pesquisadores ligados à república russa, relacionados a projetos nos grupos de Bruk e Lebedev, foram chamados para liderar esses programas.

Entre 1956 e 1959, foi construída a fábrica G. K. Ordzhonikidze de produção de computadores bielorrussos, seguida pela criação do Bureau para Design de Computadores (1958), do Instituto de Matemática na Academia de

---

[199] SMIRNOVA, A. The City as a Witness of Social and Political Changes. Analysis of Post-war Reconstruction of Minsk as a Soviet Urban Model. *PlaNext- Next Generation Planning*, v. 3, p. 82-100, 2016. Disponível em: https://journals.aesop-planning.eu/index.php/planext/article/view/21/17.

Ciências Bielorrussa (1959) e do Laboratório de Pesquisa e Desenvolvimento de Softwares (1959)[200].

Citam-se três principais fases, ou programas, ligados à computação produzida em Minsk.

A primeira diz respeito aos projetos coordenados por G. P. Lopato (1924-2003). Lopato, desde 1956 diretor do Laboratório de Modelagem Elétrica na Academia de Ciências da URSS e coordenador, junto de Isaac Bruk, da construção do M-3 (primeiro computador construído na república Bielorrussa, com 58 modelos produzidos a partir de 1959), coordenou a produção do Minsk-1 (1959-1960) [201].

O computador, de quatro metros quadrados, possuía 800 tubos de vácuo, memória periférica em fita magnética para 64 kword, memória de ferrite[202] de 1 kword, comprimento de palavra para 31 bits, cartão perfurado com entrada de 80 palavras por segundo e saída de impressão de 20 palavras por segundo, banco de dados com 97 programas e 2,5 mil instruções, podendo realizar cerca de 2,5 mil operações por segundo, sendo também o primeiro modelo soviético com sistema auto programável[203]. Bem recebido ao ser posto em atividade, com 230 modelos produzidos, foi utilizado até 1964, quando foi adaptado para modelos posteriores.

Dos modelos diretamente ligados ao Minsk-1, citam-se o Minsk-11 (1961) e os Minsk-12, Minsk-14 e Minsk-16 (1962), com algumas melhorias, memória de dados em 2.048 kb e fitas magnéticas com 100 kb de capacidade, sendo utilizados para o processamento de dados sísmicos ou de meteorologia para usuários remotos[204].

O segundo e terceiro caminhos ligam-se a projetos coordenados por V. V. Przhijalkovsky (1930-2016). Considerado um dos nomes promissores da Computação soviética nos anos 1950, com experiência na produção de computadores analógicos ligados à artilharia, Przhijalkovsky, ao chegar em Minsk, em 1960, organizou, em paralelo às iniciativas de Lopato, modelos que foram a base para a segunda geração de autômatos na URSS[205].

---

[200] STOLYAROV, G. Computers in Belarus: Chronology of the Main Events. *IEEE Annals of the History of Computing*, Nova Iorque, v. 21, n. 3, p. 61-65, 1999.

[201] Breve biografia, em russo, de Lopato disponível em: https://www.computer-museum.ru/galglory/lopato.htm.

[202] Tipo de memória usada em computadores na década de 1950.

[203] LAPTSIONAK, U.; SLESANEROK, E. *"Minsk" Family of Computers.* s.d. Disponível em: https://www.computer-museum.ru/english/minsk0.htm.

[204] STOLYAROV, 1999.

[205] Breve biografia, em russo, de Przhijalkovsky disponível em: https://www.computer-museum.ru/galglory/prgialk.htm.

Minsk-2, produzido entre 1960 e 1962, foi o primeiro computador semicondutor soviético. Com cerca de 5 a 6 mil operações por segundo, com 740 transistores e 2,2 mil diodos, armazenamento de 4.096 palavras e podendo inserir e processar informações textuais[206]. Até o início dos anos 1970, cerca de 118 cópias foram produzidas e distribuídas em diferentes regiões da URSS[207].

Adaptações para o Minsk-2 logo foram feitas. Os modelos Minsk-26 (1962) e Minsk-27 (1964), como nas adaptações feitas nos modelos de Lopato, foram encarregados de tarefas específicas de cálculos meteorológicos, com aperfeiçoamentos localizados.

Mas o principal computador dessa fase foi o Minsk-23 (1966). Primeiro computador soviético com protocolo de enquadramento orientado a bits, obtendo 7 mil operações por segundo, com memória RAM de 40 Kb, possuía fita magnética com capacidade de armazenamento de 5.5 Mb e com operações de 30 Kb por segundo, cartões perfurados com entrada de 600 cartões por minuto e saída de 120 cartões por minuto, impressora de 420 linhas por 128 caracteres por minuto, tendo múltiplos canais e podendo trabalhar com até 64 dispositivos externos simultaneamente. O modelo também tinha base aritmética e alfabética baseada em tabelas decimais de processamento e cachê de memória de 128 palavras[208].

Sua utilização, de forma extensa nos anos seguintes, foi variada, sendo aproveitado em processamento de dados econômicos, estatísticos e administrativos. Entre 1966 e 1972, cerca de 42 modelos foram produzidos e enviados para diferentes repúblicas soviéticas.

O principal modelo da terceira fase de computadores bielorrussos foi o Minsk-32 (1966-1968), realizando de 30 a 35 mil operações por segundo e apresentando um sistema operacional de multiprogramação (com quatro programas podendo funcionar simultaneamente). Foi um dos computadores mais utilizados na URSS, com mais de 2,8 mil modelos produzidos entre 1968 e 1975.

Cita-se também que, além dos hardwares, houve uma eficiente equipe de produção de softwares, grande parte coordenada pelo programador G. K. Stolyarov, baseados no FORTRAN, COBOL, ALGOL e em bibliotecas de

---

[206] KARPILOVITCH, Y., PRZHIJALKOVSKIY, Y., SMIRNOV, G. Establishing a Computer Industry in the Soviet Socialist Republic of Belarus. *1st Soviet and Russian Computing (SoRuCom)*, Russia: Petrozavodsk, v.1, p. 89-97, 2006.

[207] *Ibid.*

[208] *Ibid.*

programação BSP e CCK, servindo de base aos equipamentos da república entre 1961 e 1976. Em 1974, sob a liderança de Stolyarov, foi criado o Grupo Nacional de Trabalho em Base de Dados/Software, unificando as iniciativas soviéticas nesse campo.

Após 1969, com as políticas do partido comunista de clonar modelos ocidentais, a equipe de produção de computadores passa a ser gradativamente modificada, com alguns de seus líderes realocados para outras repúblicas e uma nova geração de profissionais assumindo projetos nessa nova realidade.

Cita-se, como principais projetos dessa fase, os modelos ES-1020 (1972), ES-1022 (1974) e ES-1035 (1977), todos os três com sua arquitetura baseada nos computadores IBM 360/370/390, e o modelo ES-1840 (1985), baseado no IBM-PC, o primeiro computador pessoal da república bielorrussa.

Durante os anos 1970 e 1980, sendo um dos principais braços *Minpribor* e com Przhijalkovsky ocupando a vice-direção no SRIDEC – local onde as pesquisas em automação entre Moscou e Minsk foram centralizadas –, os centros de automação bielorrussos, direta ou indiretamente, participaram na produção e distribuição de modelos ligados ao RIAD e SM (ver Capítulo 10), os quais foram distribuídos no bloco comunista, algumas vezes em parceria com pesquisadores, engenheiros ou técnicos desses países.

As equipes de engenheiros e matemáticos bielorrussos receberam três prêmios do Estado Soviético (1970, 1978 e 1983) sobre seu pioneirismo e sucesso na produção de computadores. Durante os anos 1960 e 1970, organismos, cursos de graduação em universidades estatais e centros de pesquisa ligados à Computação foram consolidados, os quais fariam a república, apesar das limitações, se consolidar como um dos principais centros de automação na URSS e no bloco comunista.

Armênia

Figura 15 – Computadores armênios Razdan-3 (esquerda) e Nairi k (direita)

Fonte: Wikimedia Commons

A República Socialista Soviética da Armênia, após 1945, apresentou uma interessante estratégia política em oposição ao governo central, em que uma elite ligada ao partido comunista, personalidades relacionadas a instituições religiosas e diferentes setores da população apresentaram demandas de uma reavaliação da identidade nacional armênia, da relação do estado com as religiões locais e na abertura de discussões sobre os critérios relacionados à produção artística na república. Essa tática, em parte, se deveu à tentativa de amenizar o forte controle de Moscou sobre a república advinda dos últimos anos do stalinismo, mas também a oferecer estímulos para um maior desenvolvimento interno. Apesar da pressão de Stalin, que resistiu inicialmente às demandas, ambos os objetivos foram parcialmente bem-sucedidos, com o partido comunista abrindo portas para conversas e iniciativas em conjunto com diferentes setores da sociedade[209].

Aproveitando esse relativo sucesso, demandas continuaram sendo feitas pelo partido comunista armênio durante a primeira metade dos anos 1950, desta vez com suporte de sua classe científica, ligados à criação de centros tecnológicos e de pesquisa. Como resultado, o comitê central do partido comunista soviético aprovou a resolução 897, de abril de 1956, de "Organização dos institutos de pesquisa, bureau de pesquisa e desenvolvimento e fábricas de instrumentos na Armênia para estruturação de seu ministério de fabricação de instrumentos e automação"[210].

---

[209] LEHMANN, M. The Local Reinvention of the Soviet Project. Nation and Socialism in the Republic of Armenia after 1945. *Jahrbücher für Geschichte Osteuropas*, Berlim, v. 59, n. 4, p. 481-508, 2011.

[210] OGANJANYAN, S.; SHILOV, V. S.; SILANTIEV, S. Armenian Computers: First Generations. IFIP International Conference on the History of Computing (HC), *Proceedings*. Posnânia: IFIP, p. 1-13, 2018.

Entre 1956 e 1958, a capital Erevã recebeu o Instituto de Pesquisas de Equipamentos Matemáticos (YerRIMM), que centralizou o ensino e a coordenação de pesquisadores ligados à informática, e cursos de computação foram consolidados tanto na Academia de Ciências da Armênia quanto na Universidade Estatal de Erevã. Essas instituições, durante os anos seguintes, focaram em três principais objetivos: consolidar a construção dos computadores eletrônicos digitais; dar base para as pesquisas teóricas e de design das máquinas de cálculo digitais; e identificar as necessidades da União Soviética sobre os computadores. Entre 1958 e 1965, fábricas foram criadas para a construção de computadores nas cidades de Abovyan e Hrazdan, e alguns pesquisadores ligados às repúblicas russa e ucraniana foram enviados para dar suporte aos projetos. Como consequência, a partir dos anos 1970, diversos centros de pesquisa foram instituídos, sendo expandidos nos anos seguintes[211].

Entre 1955 e 1957, a Faculdade Estatal de Erevã implantou o curso de especialização de equipamentos e instrumentos de cálculos matemáticos, inserido na recém-criada seção de engenharia computacional e autômatos, em 1965, renomeada "Cibernética técnica" e, em 1967, subdividida em duas faculdades, "Automação e controle remoto" e "Ciência da computação". A partir de 1976, a faculdade acabou expandida e recebia cerca de 250 candidatos anualmente. Nos anos 1980, os cursos tinham cerca de 2 mil alunos vindos de diferentes repúblicas, tornando-se um dos principais centros de formação em Informática na União Soviética. Grande parte dos formandos ou seguiam em institutos na Armênia ou voltavam para a capital Moscou, sendo realocados para diferentes regiões do país[212].

Entre 1956 e 1960, o principal nome que centralizou as iniciativas de Computação na república foi o engenheiro Sergey Mergelyan (1928-2008). Vindo de uma família da Crimeia que sofreu repressões durante os expurgos stalinistas (reabilitadas após 1945), Mergelyan foi um jovem prodígio, sendo o mais novo doutor russo (aos 20 anos) e o mais jovem membro eleito da Academia de Ciências Soviética (aos 25 anos), sendo enviado para Erevã com o objetivo de unificar os projetos de produção de modelos automatizados na república. Para isso, selecionou jovens engenheiros, em especial o

---

[211] OGANJANYAN, S. Electronics and Informatics Development in Armenian SSR (1960-1988). Third International Conference on Computer Technology in Russia and in the Former Soviet Union (SoRuCom). *Proceedings*, Kazan: IEEE, p. 40-44, 2014.

[212] OGANJANYAN, 2014.

engenheiro e programador Grachya Hovsepian, que serviram de base para a Computação da Armênia nas décadas seguintes[213].

Inicialmente, os centros de pesquisa deram suporte a projetos realizados em Moscou, especificamente ao citado modelo M-3, desenvolvido pela equipe liderada por Isaac Bruk. Os pesquisadores armênios, sob a liderança de B. Melik-Shakhnazarov, ficaram encarregados de ajustes e expansão na memória e funcionamento do modelo entre 1957 e 1958. A partir do sucesso dessa iniciativa, foi dado o aval para construção de modelos próprios na república. A partir de 1960, duas novas diretrizes foram incluídas para esses órgãos: desenvolvimento e implantação de computadores de médio e pequeno porte e desenvolvimento de sistemas especializados de computadores e autômatos para propostas específicas da realidade armênia[214].

O primeiro foi o modelo Aragats (1960), projeto liderado pelo engenheiro B. Khaikin. A estrutura do computador era aritmética de pontos flutuantes, de números binários de 42 bits, realizando 8 mil operações por segundo, memória RAM de 1.024 kb, 3,5 mil tubos de vácuo, ocupando quarenta metros quadrados e consumindo cerca de 30 quilowatts[215].

O segundo projeto, para a utilização militar, foi o Razdan-2 (1961), liderado por E. Brusilovsky, de 20 metros quadrados, com semicondutores, consumo de 3 kilowatts, realizando cerca de 5 mil operações por segundo. Para a produção desse modelo e de posteriores, foi criado o complexo Magnesium, perto da capital. Nele, foi construído o Razdan-3 (1965), com capacidade de 32 Kb e realizando de 15 a 20 mil operações por segundo[216].

A partir desses dois projetos, modelos paralelos foram produzidos, em parte adaptando e ampliando o Razdan e Aragats e em parte sendo modelos próprios, considerados por alguns autores protótipos dos microcomputadores, logo inseridos em organismos administrativos na república. Desses podem ser citados o Araks (1964), o Masis (1965) e o Dvin (1967)[217].

---

[213] OGANJANYAN, S.; SILANTIEV, S. Sergey Mergelyan: Triumph and Tragedy. Fourth International Conference on Computer Technology in Russia and in the Former Soviet Union (SORUCOM). Proceedings, Moscou: IEEE, p. 8-12, 2018. Como outros cientistas, Mergelyan, que dividiu suas atividades entre Moscou e Erevã, teve uma biografia conturbada, dividindo momentos de reconhecimento e retaliações do partido comunista. Após o fim da União Soviética, o engenheiro decidiu seguir seus trabalhos nos Estados Unidos, porém recebendo prêmios sobre o conjunto da obra pelo então presidente Serzh Sargsyan.

[214] OGANJANYAN; SHILOV; SILANTIEV, 2018.

[215] *Ibid.*

[216] *Ibid.*

[217] *Ibid.*

O principal projeto da república, que serviu de base para a produção de computadores de pequeno porte na URSS, foi a série Nairi, liderada pelo libanês Grachya Ovsepyan, que emigrou para a Armênia em 1946, o qual galgou cargos e projetos na YerRIMM durante os anos 1950. Originalmente pretendido como uma versão adaptada do modelo francês CAB-500, Ovsepyan, após tensas negociações com membros do partido comunista, conseguiu que seu projeto fosse por um caminho independente, sendo iniciado em 1961[218].

Citam-se, na primeira fase, o modelo Nairi 1 (1962-64), sendo apresentado como um "computador pessoal", constituído de semicondutores com dois softwares de execução (Assembler e BASIC), a partir de dígitos binários, realizando de 2 a 3 mil operações por segundo, focando em expressões aritméticas e álgebra linear, com dispositivo de entrada e saída a partir de oito fitas magnéticas com capacidade total de 16 Mb, com 20 metros quadrados. O modelo, produzido na Armênia e na cidade russa de Cazã, obteve recepção entusiástica pelo governo soviético, exibido em exposições internacionais na Alemanha Oriental, sendo produzidos, aproximadamente, 600 modelos entre 1964 e 1970[219].

Dele, três adaptações foram feitas, sendo inseridas em organismos militares e administrativos e servindo de base para equipamentos posteriores. O Nairi M (1965), que possuía uma unidade externa de processamento, o Nairi S (1967), que tinha uma máquina de escrever elétrica Consul-254, e o Nairi K (1967), com pequena expansão da memória RAM[220].

Já o Nairi 2 (1966) possuía memória RAM com 2.048 palavras de 36-bit, com núcleos de ferrite performando operações lógicas "AND" e "OR" em três idiomas. E o Nairi 3 (1970), um dos últimos computadores nativos produzidos na URSS, foi um modelo híbrido de circuitos integrados, com redução no tamanho de sua dimensão e aumento das atividades de microprogramação. Esses dois modelos também tiveram boa recepção, sendo comercializados e exibidos em grande parte do bloco comunista[221].

Um quarto modelo do Nairi começou a ser desenvolvido na primeira metade dos anos 1970, porém, devido a políticas restritivas do partido comu-

---

[218]   *Ibid.*

[219]   OGANJANYAN, S.; SILANTIEV, S. "Nairi" Computer Series – Harbingers of the Personal Computer. Fourth International Conference on Computer Technology in Russia and in the Former Soviet Union (*SORUCOM*). *Proceedings*, Moscou: IEEE, p. 44-48, 2018.

[220]   *Ibid.*

[221]   *Ibid.*

nista, que privilegiava a clonagem de modelos ocidentais, e da ida de Ovsepyan a Moscou, em 1976[222], influenciada pela emigração da família para os Estados Unidos, o projeto foi interrompido[223]. A partir de 1972, modelos ligados ao Elektronika, clones do IBM, em especial o modelo IBM/370, teriam sua produção e testes na república, gradativamente substituindo os modelos nativos.

Após 1991, o centro de computação na Armênia sofreria perdas com a descentralização ocorrida com o fim do comunismo e dos conflitos ocorridos na região de Alto Carabaque. Contudo, em parte pela intensa atuação do diretor do YerRIMM Sarkis Gurgenovich nos anos 1990, que conseguiu manter o instituto como um dos principais ligados à computação na Europa (com cerca de 7 mil funcionários em atividade), evitando, pelo menos parcialmente, a fuga de cérebros para centros de pesquisa nos Estados Unidos e na Europa Ocidental, e pela privatização parcial de sua indústria a partir de 2000, via projeto de parceria público privada VIASPHERE, que permitiu a entrada de empresas estrangeiras em tecnologia, a informática no país, apesar dos percalços, conseguiu manter parte de sua infraestrutura[224].

Repúblicas bálticas

Figura 16 – Computador estoniano STEM

Fonte: Tyugu (2007, p. 31)

---

[222] Segundo a bibliografia pesquisada, instabilidades políticas e tensões com autoridades científicas também influenciaram a decisão do engenheiro na mudança para a capital soviética e na tentativa de emigração, ocorrida em 1988, para Los Angeles, após longo trâmite burocrático, que seguiu por uma carreira bem-sucedida na produção de hardwares. Contudo, informações mais precisas sobre essa pressão e possíveis influências nos projetos Nairi não foram localizadas.

[223] OGANJANYAN; SHILOV; SILANTIEV, 2018.

[224] OGANJANYAN; SHILOV; SILANTIEV, 2018.

As repúblicas da Lituânia, Letônia e Estônia, após sua libertação (ou reanexadas) por tropas soviéticas em 1944, passaram por um período atribulado de "adaptação" aos ditames comunistas. Nos anos seguintes, políticas de "reassentamento", isto é, deportação de milhares de pessoas, imposição de medidas agressivas de coletivização agrícola e nacionalização de empresas e perseguição a desafetos políticos marcaram as diretrizes stalinistas na região, atraindo ressentimento em sua população, visível em uma violenta e duradoura resistência armada que perdurou por quase uma década[225].

Contudo, a partir de meados dos anos 1950, as políticas na região começaram a mostrar moderação, com maior abertura e diminuição da repressão política. Aparentemente, como parte desse relaxamento, a inclusão de elementos ligados à Cibernética e de inserção de cursos e locais de construção de computadores foram incluídos nas três repúblicas.

Na segunda metade dos anos 1950, citam-se os cursos ligados à Matemática, Programação e Cibernética oferecidos por Ülo Kaasik (1926-2017) e Leo Võhandu, na Estônia, na Universidade Estatal da Lituânia, a partir de 1959, e na Letônia, em projetos relacionados ao pesquisador Janis Bardins. A partir de 1960, institutos de Cibernética foram consolidados nas três repúblicas, os quais, durante a década seguinte, seriam subdivididos em diferentes organismos ligados à automação[226].

Entre os computadores produzidos, em grande parte sobre a liderança do estoniano Nikolai Alumäe (1915-1992), cita-se o STEM (1962-1964), um dos primeiros modelos produzidos na região. Ele teve utilização na Estônia, Lituânia e em outras repúblicas, ligado, principalmente, a cálculos matemáticos. Cita-se, também, o RUTA-110 (1969), o qual realizava de 5 a 8 mil operações por segundo, com cartões perfurados, impressora, cartuchos trocáveis de discos magnéticos com capacidade de 1,3 Mb, capacidade de armazenamento de 16 mil caracteres em 8 bit e dispositivo de entrada-saída[227].

Na Lituânia, a produção de computadores começou em 1960, em especial na capital Vilnius, com os modelos EV-80-30 e EV-80-30M, dando suporte à produção de modelos como o VK M5000 e o M5010, ambos de 1973, operando 14 mil operações por segundo e com memória RAM de 32

---

[225] Sobre a resistência na região, com seu ápice entre 1944-1950, um bom resumo pode ser visto em LOWE, K. *Continente selvagem*: O caos na Europa depois da Segunda Guerra Mundial. Rio de Janeiro: Zahar, 2017. Capítulo 27.
[226] GORODNYAYA, L.; KRAYNEVA, I.; MARCHUK, A. Computing in the Baltic Countries (1960–1990). Fourth International Conference on Computer Technology in Russia and in the Former Soviet Union (*SORUCOM*). *Proceedings*, Rússia: IEEE, p. 97-108, 2018.
[227] *Ibid.*

Kb, e o M5100 (1978), o qual realizava 33 mil operações por segundo, com 64 Kb de memória RAM[228].

A partir de 1976, com a consolidação da política de clonagem a modelos ocidentais, a indústria lituana teve de adaptar seus equipamentos (que parcialmente já estavam sendo cópias de computadores estadunidenses e europeus) para os ligados a *Digital Equipment Corporation* (DEC), sendo dois modelos produzidos. O primeiro, SM 1600 (1982) – clone do PDP11/34A –, focado em cálculos estatísticos, realizava 30 mil operações por segundo, com memória RAM de 256 Kb e unidade de disco rígido com capacidade de 16 Mb. Uma versão aprimorada, incluindo elementos do modelo do DEC VAX 730, o SM 1700 (1986), expandiu a memória e funcionalidades do modelo SM 1600[229].

Em relação aos softwares, cada república realizou projetos em separado, ocasionalmente os unindo sobre a liderança de Boris Tamm (1930-2002).

Cita-se também que as três repúblicas receberam suporte generoso do campo bielorrusso, e alguns de seus programadores fizeram projetos em conjunto, com os modelos Minsk-23 e Minks-32 amplamente utilizados.

Akademgorodok

Figura 17 – Estágios iniciais da construção de Akademgorodok (1959)

Fonte: Tatarchenko (2016, p. 614)

Uma das consequências advindas da abertura política pós-Stalin foi a reorganização científica no país, potencializando campos que encontraram dificuldades nos anos 1940 e 1950. O secretário geral Nikita Kruschev, no

---

[228] TELKSNYS, L.; ZILINSKAS, A. Computers in Lithuania. *IEEE Annals of History of Computing*, Nova Iorque, v. 21, n. 3, p. 31-37, 1999.
[229] TELKSNYS; ZILINSKAS, 1999.

vigésimo congresso do partido comunista (1956), reforçou a importância da ciência soviética na competição tecnológica, oferecendo nesse congresso espaço a diversos cientistas exporem suas ideias e propostas ao partido. Nesse período, a criação de uma "cidade científica", demandando há anos por pesquisadores como Mikhail Lavrentiev, mesmo com reservas da Academia de Ciências Soviética e do próprio Kruschev, foi aprovada e quase imediatamente posta em prática[230].

A construção da cidade, mesmo para padrões atuais, mostrou-se impressionante, servindo de base para projetos semelhantes que se estenderam pela Rússia pós-comunista. Entre 1957 e 1962, em sua primeira fase, construída nos arredores do rio Ob e da cidade de Novosibirsk, englobando entre 5 e 8 mil funcionários, recebeu cerca de 22 centros científicos, com uma população inicial de 43 mil pessoas, sendo designado como o local central para projetos semelhantes na região siberiana denominada de *Sibakademstro*[231].

A cidade, mesmo com limitações (a exemplo do fracasso em servir de ponte entre o campo científico e o setor industrial na região), serviu de sede para eventos internacionais, como o simpósio Soviético-Americano de Matemática em 1963, e permitiu a ida de pesquisadores locais à Europa Ocidental nas décadas de 1960 e 1970. Muitas das principais pesquisas ligadas à energia nuclear, Economia e Física teriam, pelo menos parcialmente, suas discussões realizadas na cidade, além da criação de comitês que, mesmo de curta duração, estariam diretamente relacionados à cúpula do partido comunista, onde vários de seus diretores e líderes de pesquisa ocupariam cargos estratégicos durante os governos de Mikhail Gorbachev e Boris Iéltsin[232].

O campo da automação recebeu, logo nos primeiros anos de Akademgorodok, atenção especial, visto que Lavrentiev, seu principal idealizador, foi um dos entusiastas na construção dos primeiros computadores e mantinha boas relações com seus líderes de pesquisa.

O principal nome ligado às pesquisas do centro de computação dessa cidade foi o programador Andrei Ershov (1931-1988), considerado um dos

---

[230] Sobre as negociações de Lavrentiev para a construção da cidade e sua posterior participação como um dos líderes do projeto, ver: TATARCHENKO, K. Calculating a Showcase: Mikhail Lavrentiev, the Politics of Expertise, and the International Life of the Siberia. *Historical Studies in the Natural Sciences*, Los Angeles, v. 46, n. 5, p. 592-613, 2016.

[231] JOSEPHSON, P. R. "Projects of the Century" in Soviet History: Large-Scale Technologies from Lenin to Gorbachev. *Technology and Culture*, Baltimore, v. 36, n. 3, p. 519-559, 1995. Em meados dos anos 1990, a cidade chegou a 100 mil habitantes.

[232] JOSEPHSON, P. R. *New Atlantis revisited*: Akademgorodok, the Siberian city of Science. New Jersey: Princeton University Press, 1997.

principais pesquisadores da Computação soviética. Sobrevivente da Segunda Guerra Mundial na Ucrânia, na qual sua família realizou amarga evacuação entre 1942 e 1944, Ershov, aluno destacado e premiado, iniciaria sua carreira no campo nuclear entre 1949 e 1950, transferindo-se, após os expurgos ocorridos em diferentes instituições da república, para a faculdade de Matemática na Universidade Estatal de Moscou. Seria ali, com os cursos sobre programação promovidos por Alexei Lyapunov entre 1952 e 1953, que Ershov e uma geração de matemáticos, encantados com as possibilidades oferecidas pela automação, abraçaram a Informática[233].

O pesquisador, convidado a participar do centro de computação em 1958, se mudou para Akademgorodok, em 1961, liderando um grupo de pesquisa, muitas vezes, diversificado, animado (com vários de seus membros adeptos a uma vida social festiva[234]) e, mesmo com ocasionais divergências, simpáticos a uma, segundo palavras de Ershov, "rotina socialista de trabalho". Apesar do suporte inicial de Lyapunov, que também se mudara para Akademgorodok no início dos anos 1960, diferenças pessoais e de visões sobre como as pesquisas deveriam ser coordenadas fizeram com que Ershov demandasse, e conseguisse, criar um setor independente no centro[235].

Em 1967, no memorando "organização para pesquisa e consolidação de um centro de produção para sistemas de programação", Ershov apresentou as principais missões desse setor: desenvolvimento de programas para os complexos computacionais; criação de métodos automatizados para o desenvolvimento de programas de grande porte; softwares para computadores específicos; e desenvolvimento de algoritmos e linguagem informacional[236].

---

[233] TATARCHENKO, K. 'A House with a Window to the West': The Akademgorodok Computer Centre (1958–1993). 2013. Tese (Doutorado em História da Ciência) – Universidade de Princeton, Princeton, 2013.

[234] Na verdade, Akademgorodok apresentou, durante os anos 1960 e 1980, uma diversificada agenda cultural, com cafés, periódicos e até eventos carnavalescos, onde gerações de cientistas trocavam experiências e apresentavam, de forma irônica, críticas ao regime comunista. Mesmo que o partido exercesse pressão, fechando alguns locais ou fiscalizando os eventos, esse clima festivo se manteve com regularidade e entusiástica participação de vários dos seus moradores. Ver: TATARCHENKO, K. The Siberian Carnivalesque: Novosibirsk Science City. In: KAJI-O'GRADY, S.; SMITH, C.; HUGHES, H. (ed.) Laboratory Lifestyles: The Construction of Scientific Fictions, Cambridge/Londres: MIT Press, 2018. p. 101-121.

[235] TARTACHENKO, 2018.
MARCHUK, G. A. et al. Novosibirsk programming school: a historical overview. Bull. Nov. Comp. Center, Novosibirsk, v. 37, p. 1-22, 2014.

[236] CHEREMNYKH, N; KURLYANDCHIK, G. Novosibirsk Branch of the Institute of Precision Mechanics and Computer Engineering of the USSR Academy of Sciences: History of Creation and Main Projects. Fourth International Conference on Computer Technology in Russia and in the Former Soviet Union (SORUCOM). Proceedings, Moscou: IEEE, p. 213-218, 2018.

O primeiro projeto foi de adaptação, implantação e utilização do software ALGOL como modelo-base para os computadores soviéticos. O projeto, em atividade entre 1961 e 1964, apesar de bem-sucedido e recebido considerável atenção interna, foi feito com dificuldade, principalmente devido à desconfiança do partido comunista e da Academia de Ciências da URSS sobre o sucesso do programa e ao fato de o computador que serviu de base, um modelo M-20, muitas vezes se mostrar instável, sendo necessário a construção de um programa com 40 mil comandos espalhados em fitas magnéticas. Mesmo assim, em 1965, diversas cópias do software foram solicitadas em diferentes organismos, garantindo um retorno financeiro ao centro de pesquisa[237].

Já o projeto da Estação Informacional Automatizada (AIST) obteve resultados contraditórios. Esse, parcialmente influenciado por propostas oferecidas por Anatoly Kitov e Viktor Glushkov, consistiu em uma linha de comunicação unindo diferentes sistemas de computadores, com um processamento ininterrupto de informação, servindo de base para consultas feitas por usuários ou organismos políticos. As duas primeiras propostas oferecidas, AIST-0 e AIST-1, consistiram originalmente de três computadores (um M-20 e dois Minsk-1) com 10 canais telegráficos, três linhas telefônicas, dois canais de cartões perfurados e dois de impressão. Ershov, ao apresentar o primeiro esboço do projeto em 1967, além de explicar seu funcionamento, sugeriu uma "unificação" de modelos de hardware (preferencialmente via BESM-6) e softwares (ALGOL e Alpha)[238].

Ao ser completado, em 1971, e posto em prática dois anos depois, apesar de sua inserção em cerca de 40 instituições políticas e militares nas cidades de Moscou, Cazã, Sverdlovsk, Penza, Kiev, Minsk, Erevã, Dubna, Irkutsk e Krasnoyarsk, ele teve utilização apenas parcial, com problemas técnicos, falta de comunicação entre os institutos e ausência de modelos unificados de hardwares e softwares[239].

Nos anos 1970, Ershov investiu no talvez mais ambicioso projeto do centro, ligado à produção do software Beta, que serviria de base para diferentes modelos que poderiam ser produzidos na URSS e no bloco comunista, unificando os padrões Algol, Alpha e Simula 76. Apesar de um início promissor, o programa, em atividade entre 1971 e 1976, foi marcado por constantes

---

[237] TATARCHENKO, 2013.

[238] *Ibid.*

[239] *Ibid.*

brigas internas, em especial sobre a estrutura do software, criando rachas e até grupos paralelos de pesquisa, e pela morte de Gennadii Kozhukhin, principal programador do centro, fazendo com que o projeto encerrasse suas atividades, apresentando resultados apenas preliminares[240].

Outro projeto que recebeu considerável atenção foi o relacionado aos estudos em Inteligência Artificial, quando foi produzida, durante os anos 1970, uma rede "semântica hierárquica", com um modelo de relação de linguagem espacial e temporal, ambos com objetivo de consolidar uma linguagem natural nos sistemas informatizados. Apesar da fria recepção por parte de diferentes setores do partido comunista, esses esforços ajudaram na realização, em 1983, de um congresso reunindo o *Minradioprom* e *Minpribor*, onde decidiu-se na criação de um conselho relacionado à programação, linguagem e arquitetura computacional. Porém, somente no final dos anos 1980 que as pesquisas na área teriam um suporte significativo do governo para a produção de material nativo, obtendo bons resultados, como no desenvolvimento do multiprocessador Kronos (1988)[241].

Cita-se também a relação por vezes instável entre o centro de computação com seu diretor Gary Marchuk (que ficou no cargo entre 1961 e 1971, continuando a supervisionar o centro até 1986), ao qual, apesar de dar suporte a muitas das iniciativas internas, apresentou posturas por vezes autoritárias e distantes. Contudo, Marchuk, no geral, apoiou sem grandes resistências os projetos oferecidos pelo centro entre os anos 1970 e 1980[242].

Relacionado parcialmente a iniciativas de Marchuk, que visava à expansão das atividades do organismo, o centro de computação de Akademgorodok, durante os anos 1970 e 1980, teve sua estrutura reformulada, com a criação de subdivisões que se inter-relacionaram com outros centros de pesquisa, em especial na cidade de Krasnoyarsk, e na criação dos institutos de sistema em informática de tecnologia computacional em 1990[243].

---

[240] *Ibid.*

[241] JOSEPHSON, 1997.

[242] TATARCHENKO, 2013; JOSEPHSON, 1997.

[243] IL'IN, V. P. The Alma Mater of Siberian Computational Informatics. *Herald of the Russian Academy of Sciences*, Berlim/Moscou, v. 84, n. 6, p. 471-481, 2014.

Outros centros: Zelenograd, Cazã

Figura 18 – Sede do centro de microeletrônica de Zelenograd

Fonte: Malashevich e Malashevich (2006, p. 154)

Em 24 de julho de 1959, na praça Sokolniki, durante a exposição nacional estadunidense, onde foram exibidas as recentes novidades tecnológicas produzidas nos EUA, ocorrida em Moscou, o vice-presidente estadunidense Richard Nixon e Nikita Kruschev realizaram um animado, e por vezes tenso, debate, discutindo os recentes avanços tecnológicos, particularmente a televisão colorida, mas também inovações ligadas às forças armadas e no âmbito pessoal, comparando a realidade capitalista e comunista[244]. Dois meses depois, em 21 de setembro, o secretário geral, em sua estadia nos Estados Unidos, dedicou uma breve visita à gigante da informática, IBM, em São Francisco, onde foram apresentados os principais computadores comercializados pela empresa e detalhes de sua construção (retribuindo a visita de pesquisadores norte-americanos à indústria de automação soviética no ano anterior[245]).

O impacto desses eventos mostra-se ambíguo. Relatos de pessoas próximas ao premiê soviético indicam que ele mostrou pouco interesse tanto

---

[244] O debate pode ser visto na íntegra, com legendas em inglês, em: https://www.c-span.org/video/?110721-1/nixon-khrushchev-kitchen-debate

[245] Informações sobre a visita podem ser vistas em: NEWTON JR., G. C. et. al. Automation in the Soviet Union. *Electrical Engineering*, v. 78, n. 8, p. 844-847, 1959.

no debate quanto na visita à IBM. Contudo, Kruschev citaria esses acontecimentos em diferentes eventos no início dos anos 1960, em que, tanto no programa do partido comunista em 1961 quanto no congresso do partido no ano seguinte, citou a necessidade de ultrapassar os Estados Unidos no âmbito tecnológico até 1980 e na construção de mais centros tecnológicos na URSS.

Conforme visto no decorrer do capítulo, diferentes fábricas ligadas à automação foram construídas no decorrer dos anos 1950 e 1960, muitas delas consolidando centros científicos ou industriais de cunho tecnológico em diferentes repúblicas. Além das citadas, outras fábricas localizadas tiveram importância em não somente ampliar as opções de produção de equipamentos e peças, mas também serviram de base para a continuidade dessa produção após o fim do comunismo. Duas serão brevemente discutidas.

A primeira relaciona-se à cidade de Zelenograd. Como outros centros urbanos construídos nas primeiras décadas da URSS, como Akademgorodok e Magnitogorsk, Zelenograd foi uma cidade planejada, com sua construção realizada entre 1958 e 1963, inicialmente projetada para a indústria têxtil, porém readaptada para a eletrônica. Até 1989, foi uma cidade fechada e, por vezes, em tom irônico, foi chamada de "vale do silício soviético" pela imprensa e por personalidades políticas da URSS[246].

As primeiras fábricas, construídas entre 1960 e 1963, focaram sua produção na microeletrônica. Na liderança dos primeiros anos desses centros, citam-se os engenheiros Alexander Shokin, Feodor Lukin, Andrey Kolosov, Boris Malin e Fillip Staros, principais nomes da inserção de semicondutores nos computadores nacionais. Entre 1962 e 1975, os centros foram divididos em sete principais setores: micropeças (NII MP), construção de máquinas precisas (NII TM), tecnologias (NII TT), materiais (NII MV), eletrônica molecular (NII ME), eletrônica técnica (MIET) e o bureau de aplicação de microcircuitos integrados, espalhados em fábricas nas regiões de Angstrom, Elion e Elma. No início dos anos 1970, cerca de 12 mil funcionários trabalhavam nessas fábricas e centros de pesquisa[247].

Entre os equipamentos produzidos, cita-se os microchip Cub-2, com capacidade de 16-19 dígitos por palavra e 128 19-dígitos de palavras, o primeiro inserido em larga escala nos computadores soviéticos. Nos anos 1960

---

[246] Informações gerais disponíveis em: https://en.wikipedia.org/wiki/Zelenograd.

[247] MALASHEVICH, B. M.; MALASHEVICH, D. B. The Zelenograd Center of Microelectronics. *In:* IMPAGLIAZZO, J.; PROYDAKOV, E. (org.). Perspectives on Soviet and Russian Computing. SoRuCom 2006. IFIP Advances in Information and Communication Technology Berlim: Springer, 2006. p. 152-163.

e 1970, citam-se outros chips produzidos, como Micro, Tropa, Posol, Irtysh e K1801VE1, inseridos em modelos nativos e, após 1968, nos clones de modelos estadunidenses, suprindo o mercado comunista[248].

A partir de 1973, uma nova frente de produção de mini e microcomputadores foi consolidada. O processador Svjaz-1 (1974), a série de microprocessadores K587 e de microcomputadores NC-01 a NC-05 e, a partir de 1981, os modelos NC-05T, NC-8001, NC-8010 e NC-8020[249] são citados como os principais produzidos.

Contudo, problemas referentes à infraestrutura dessas fábricas e da produção desses microprocessadores, que mudaram de forma abrupta o desenvolvimento das peças no decorrer dos anos, agravaram-se durante a década de 1980. O sociólogo espanhol Manuel Castells, em pesquisas realizadas na cidade entre 1991 e 1993, identificou considerável defasagem tecnológica e problemas internos, como não possibilidade de projetar chips com tamanho de um mícron (padrão internacional), "câmaras limpas" que, de tão sujas e obsoletas, não mais conseguiam produzir chips e falta de equipamento atualizado[250].

Por fim, o erro interno mais grave (não somente em Zelenograd) foi o redimensionamento dos chips produzidos. A partir de estranhas resoluções ligadas ao espaço dos conectores dos chips, definiu-se adaptar o tamanho médio de 1/10 polegadas, ou 0,0254 mm, para 0,025mm. Como consequência, após o comunismo, a indústria russa se mostrou impossibilitada de exportar microeletrônica para os Estados Unidos, a Europa e o Japão, tendo que reorganizar suas fábricas, refazendo a produção para o tamanho padrão internacional[251].

Apesar desses percalços, Zelenograd manteria seu prestígio como centro de referência na produção de autômatos. A partir da segunda metade dos anos 1990, a cidade e sua indústria serviram de base aos projetos de zonas econômicas especiais e centros de inovação, o que estimulou a participação de empresas privadas russas e estrangeiras, ampliando o leque de produção e distribuição de computadores na Federação Russa[252].

---

[248] MALASHEVICH; MALASHEVICH, 2006.

[249] MALASHEVICH, D. B. The Microprocessors, Mini- and Micro-computers with Architecture "Electronics NC" in Zelenograd. *In:* IMPAGLIAZZO, J.; PROYDAKOV, E. (org). Perspectives on Soviet and Russian Computing. SoRuCom 2006. IFIP Advances in Information and Communication Technology Berlim: Springer, 2006. p. 174-186.

[250] CASTELLS, M. *Fim de milênio*. São Paulo: Paz e Terra, 2020. Capítulo 1.

[251] CASTELLS, 2020.

[252] SANTOS JUNIOR, 2012.

A segunda se localiza na cidade de Cazã, capital da então República Soviética Autônoma Tártara (atual Tartaristão). Com origens medievais e forte mistura entre cultura e arquitetura eslava e oriental, a criação de uma fábrica de produção de autômatos foi discutida desde o início dos anos 1950, como forma de desenvolvimento econômico na região[253].

As fábricas na cidade foram consolidadas a partir de decretos em 1951, com sua construção terminada dois anos depois. A partir da direção dos engenheiros Konstantin Mineev, entre 1954 e 1966, e Viktor Ivanov, entre 1966 e 1979, foi consolidado a produção de equipamentos em larga escala nesses locais e a criação de cursos em Ciência da Computação e Cibernética, ajudando na formulação de projetos em médio e longo prazos nessas fábricas durante os anos 1970 e 1980, parcialmente coordenadas pelas pesquisas do proeminente engenheiro Valery Gusev[254].

A construção de modelos nessas fábricas foi dividida em duas fases.

A primeira, iniciada no final dos anos 1950, consistiu na produção de peças e no desenvolvimento de programas para modelos produzidos na URSS, por vezes, as fábricas e locais de pesquisa servindo como "laboratório" para os hardwares e softwares.

Destaca-se, nesse período, os dispositivos de entrada e saída VU-700 e de impressão alfanumérico ACPU-128, ambos inclusos nos principais modelos soviéticos durante os anos 1960 e 1970. Entre os hardwares, cita-se não somente a produção, porém iniciativas de aprimoramento e modernização dos modelos M-20, M-220 e M-222, em especial relacionados à capacidade de armazenamento das fitas magnéticas, e dos softwares a serem utilizados nos computadores – esse último revezando programas ligados ao COBOL e FORTRAN[255]. Cita-se também a produção de modelos como os já citados URAL-14 e o Setun [256].

A segunda, a partir de 1969, veio com a mudança de diretrizes do partido comunista, que decidiu pela produção de modelos ligados a clones

---

[253] BADRUTDINOVA, M. *et al.* The Role of the Kazan Computer Manufacturing Plant in the Development of Computer Technology and Science in USSR and the Comecon Countries. Third International Conference on Computer Technology in Russia and in the Former Soviet Union (SoRuCom). *Proceedings*, Kazan : IEEE, p. 36-39, 2014.

[254] BADRUTDINOVA, M. *et al.* Kazan Engineering and Design School of Information Technologies: From the First- to the Fourth-Generation Computers and Hardware. Fourth International Conference on Computer Technology in Russia and in the Former Soviet Union (SORUCOM). *Proceedings*, Moscou: IEEE, p. 82-85, 2018.

[255] SHUVALOV, L. Upgrade and Development of Magnetic Tape Drives for M-20 and M-220 Computers. Third International Conference on Computer Technology in Russia and in the Former Soviet Union (SoRuCom). *Proceedings*, Kazan: IEEE, p.83-85, 2014.

[256] BADRUTDINOVA *et al.*, 2018.

ocidentais. Cazã se tornou, em meados dos 1970, uma espécie de "ponto central" entre outras fábricas de produção de autômatos, principalmente nas cidades de Erevã e Minsk. A cidade, durante a produção de modelos da fase 2 do projeto RIAD (entre 1978-1983) – ver Capítulo 10 –, focou suas atividades nos processadores VK-2M45, VK-2P45, ES-2345 e VK-2M46 e nos modelos ES-1033 e ES-1045[257].

Apesar de (tímidas) críticas vindas de pesquisadores, engenheiros e funcionários que mostraram ressentimento pelo abandono da produção nativa, boa parte se aproveitou de Cazã ter se tornado uma espécie de "centro" de produção dos modelos RIAD/ES, com operários obtendo boa (para os padrões do país) remuneração – 95 rublos –, e da possibilidade de viagens para outras repúblicas soviéticas ou em países do Leste Europeu[258].

No pós-comunismo, apesar de um revés inicial, ligado a cortes de investimentos, e na realocação, adaptação e demissão de vários de seus funcionários, o centro automatizado de Cazã recebeu considerável incremento financeiro e renovação de sua infraestrutura nas primeiras décadas do século XXI. Isso se deveu, principalmente, às parcerias público-privadas feitas com empresas europeias, em especial, a inglesa *International Computers Limited* (ICL) e a japonesa Fujitsu. A partir de 2002, houve uma expansão das atividades na região, com 8 bilhões de rublos em vendas e cerca de 2,5 mil funcionários em atividade entre 2016 e 2017. Em 2018, um centro tecnológico com 12 mil quilômetros quadrados foi finalizado, com uma "minicidade" englobando cerca de 82 famílias[259].

---

[257] BADRUTDINOVA *et al.*, 2018.

[258] Um aspecto interessante identificado na pesquisa foi a quase inexistência de trabalhos que discutem a dinâmica interna dessas fábricas, em especial sobre a relação entre funcionários, pesquisadores e engenheiros. Uma boa exceção, que entrevistou alguns operários e engenheiros atuantes em Cazã durante os anos 1970 e 1980, está em: GATAULLINA, I. The Development of Information Technologies in the USSR: Memoirs of Kazan Computer Developers. Third International Conference on Computer Technology in Russia and in the Former Soviet Union (SoRuCom). *Proceedings*, Kazan: IEEE, p.157-161, 2014.

[259] BADRUTDINOVA *et al.*, 2018.

7.
PROGRAMAÇÃO E OS SOFTWARES

Figura 19 – Acima, dois importantes nomes de consolidação dos softwares na URSS, Mikhail Shura-Bura (esquerda) e Eduard Lyubimskii (direita). Abaixo, softwares disponibilizados nos anos 1980, Besta/Bestix (esquerda) e Basic-Vilnius (direita).

Fonte: Wikimedia Commons

As origens da Programação e produção de softwares na URSS datam da construção dos primeiros computadores no país. Sergei Lebedev e Mstislav Keldysh estimularam cursos promovidos tanto no ITMVT quanto na Academia de Ciências sobre Programação – em especial, o promovido pelo engenheiro L. A. Lyusternik, em 1950 –, patrocinando também a tradução de livros dos pesquisadores estadunidenses Francis Murray e Herman

Goldstine[260], e em publicações de Alexei Lyapunov, entre 1952 e 1953, sobre o sistema estadunidense PP-2 e sua adaptação a um formato PP-BESM, implantado anos depois.

Dois marcos se mostram importantes para a consolidação da Programação no país. O primeiro veio com a implantação, feita por Sergey Sobolev, da escola de computação matemática na Universidade Estatal de Moscou, em 1952, a qual ofereceu cursos coordenados por Lyapunov, com visões alternativas à construção de algoritmos para a oferecida nos EUA e na Inglaterra. E o segundo foi com a consolidação do centro de computação na Academia de Ciências Soviética, em 1955, com braços exclusivamente ligados ao ensino e à construção de linguagens computacionais. Foram neles que as primeiras gerações de programadores soviéticos foram formados e trocaram informações sobre seus projetos em desenvolvimento[261].

Os principais projetos desenvolvidos nos anos 1950 (MESM, M-1, Strela, URAL) tiveram, direta ou indiretamente, coordenação ou suporte do principal nome de consolidação das linguagens de programação na URSS, Mikhail Romanovich Shura-Bura (1918-2008). Com formação em Topologia e especialização em Engenharia, a partir de 1945, produziu de forma profícua temas relacionados a equações diferenciadas e inserção de matrizes, que seriam parcialmente aproveitadas em programação, e, em 1952, defendeu sua dissertação ligada à produção de um protótipo de uma linguagem de programação para computadores soviéticos. Entre em 1949 e 1950, inserido no recém-criado ITMVT, foi direcionado à produção de linguagens de programação nos projetos tanto no instituto quanto em outros organismos, no sentido de "centralizar" as iniciativas de software no país[262].

Outro importante nome foi Eduard Lyubimskii (1931-2008). Formado em Mecânica no início dos anos 1950, com uma carreira de mais de meio século no Instituto de Pesquisa Aplicada em Moscou e por 30 anos professor em programação na Universidade Estatal na capital soviética, dando suporte a Shura-Bura, desenvolveu um dos primeiros programas de computação na URSS, inserido tanto no BESM quanto no Strela, além de desenvolver pacotes

---

[260] Os livros em questão foram:

MURRAY, F. J. *The theory of Mathematical Machines*. Nova York: King's Crown Press, 1948. GOLDSTINE, H. H.; VON NEUMANN, J. *Planning and Coding for an Electronic Computing Instrument*. Vols. 1-3. Princeton: Institute for Advanced Study, 1948.

Ambos foram publicados em russo em 1952.

[261] TATARCHENKO, K. "The Computer Does Not Believe in Tears" Soviet Programming, Professionalization, and the Gendering of Authority. *Kritika: Explorations in Russian and Eurasian History*, Washington, v. 18, n. 4, p. 709-739, 2017.

[262] KERIMOV, M. In Memory of Professor Mikhail Romanovich Shura_Bura (1928–2008). *Computational Mathematics and Mathematical Physics*, Berlim/ Moscou, v. 51, n. 2, p. 339-343, 2011.

de softwares inseridos na indústria nuclear e no cálculo de trajetória para mísseis balísticos e satélites durante a segunda metade dos anos 1950 e de oferecer a primeira versão soviética para a programação ALGOL, em 1963[263].

Muitos dos parâmetros para a programação na URSS foram delineados no evento "Desenvolvimento de máquinas matemáticas e indústria instrumental", ocorrido na Universidade de Moscou, em 1956. Com a coordenação de Sergei Lebedev, Yuri Bazilevsky e o engenheiro V. B. Ushakov, o congresso definiu duas principais diretrizes: estímulo a maior velocidade, capacidade de memória e confiabilidade das linguagens de programação e simplificação da construção matemática e técnica dos computadores[264].

Cita-se que, no início dos anos 1960, foram consolidadas, a partir de reuniões internacionais organizadas pela Federação Internacional para Processamento de Informação (IFIP), as linguagens de programação FORTRAN (nos EUA) e ALGOL 60 para a Europa – essa última criando um grupo de pesquisa específico para a IFIP, produzindo relatórios e diretrizes a partir de 1964.

Após anos de discussão, em dezembro de 1968, a linguagem ALGOL 68 foi definida, tornando-se uma das principais a serem utilizadas em toda a Europa na década seguinte. Essa programação recebeu contribuições importantes do citado Andrei Ershov, o qual manteve opiniões entusiasmadas sobre o potencial do software.

A cidade científica de Akademgorodok, conforme citado, foi um dos principais locais de discussão, produção e implementação de linguagens de programação nos projetos computacionais na URSS (primeiro para o ALGOL e posteriormente para o OS[265]). Três foram as principais escolas que guiaram as pesquisas nesse campo[266].

A primeira, ligada a Ershov, focou em sistemas de software, subdividida em teoria de programação, linguagens de programação, base de dados, técnicas de compilação e base de conhecimento. Como abordado, o grupo, entre 1968 e 1976, unificou os padrões ALGOL[267], Alpha e Simula76 no país[268].

---

[263] KERIMOV, M. In Memory of Professor Eduard Zinov'evich Lyubimskii (1931-2008). *Computational Mathematics and Mathematical Physics*, Berlim/ Moscou, v. 51, n. 2, p. 369-376, 2011.

[264] ERSHOV, A.; SHURA-BURA, M. Directions of development of programming in the USSR. *Cybernetics*, Berlim, v. 12, p. 954-978, 1976.

[265] Em português, sistema operacional. Conjunto de programas que gerenciam recursos, processadores, armazenamento, dispositivos de entrada e saída e dados da máquina e seus periféricos, fazendo a comunicação entre o hardware e os demais softwares.

[266] KLIMENKO, S. V. Computer Science in Russia: A Personal View. *IEEE Annals of the History of Computing*, Nova Iorque, v. 21, n. 3, p. 16-30, 1999.

[267] *Ibid.*

[268] *Ibid.*

A segunda, liderada por Gary Marchuk e o engenheiro A. Alexeev, focou na formulação de métodos de simulação matemática nas áreas de geofísica, sismologia e meio ambiente, além de estudos nas áreas de computação matemática e linear, arquitetura computacional e algoritmos[269].

A terceira, sob liderança de Nikolai Yanenko e Serguei Godunov, ambos proeminentes matemáticos no Instituto de Mecânica Teórica e Aplicada de Novosibirsk, focaram em grupos de pesquisa sobre métodos matemáticos e computacionais referentes à mecânica de meios contínuos, com temáticas sobre esquemas de numeração integrada, aproximação de esquemas convergentes ou divergentes, estabilidade e aplicação de programas e linguagens para a resolução de cálculos estatísticos[270].

Nos anos 1960 e 1970, decidiu-se por dois caminhos na produção de softwares. O primeiro foi a utilização ou adaptação de programas ligados ao C+, Fortran IV, Macroassembler, Basic e Pascal, com foco em centros de pesquisa relacionados, principalmente, às repúblicas bálticas. A segunda foi a criação de modelos nativos aproveitando elementos de linguagens ocidentais[271].

Nesse período, também foram produzidos monitores que exibiam de forma mais acessível as informações produzidas pelo sistema OS a partir de clones do IBM 360. Os modelos CICS e KAMA, ambos produzidos entre 1969 e 1970, foram os primeiros a apresentar uma espécie de "adaptação" ao OS BASIC. As funções foram resumidas, principalmente, em análise das linhas de comunicação, iniciando tarefas e consultas em terminais, detecção de erros nos dispositivos de entrada e saída, conexão dos terminais com os programas, organização de solicitações de dados do sistema de telecomunicação, chamada dinâmica de programas na memória principal e em sua remoção após execução e eliminação de bloqueios ao sistema[272].

Nos anos 1980, as linguagens de programação DOS ES, OS ES, SVM ES e TASIS serviram de base aos modelos ligados ao Agat, Elektronika e Iskra (ver Capítulo 11), muitos deles diretamente relacionados à Microsoft e a seu sistema Windows (com sua primeira versão apresentada em 1985). Além deles, os monitores OB e DRIVER são considerados os principais a inserirem dife-

---

[269] *Ibid*

[270] KLIMENKO, 1999.

[271] JUDY, R. W.; CLOUGH, R. W. Soviet computing in the 1980s: a survey of the software and its applications. *Advances in Computers*, v. 30, p. 223-306, 1990.

[272] KITOV, V. The Multi-Terminals System Software in the USSR and in Russia. Fourth International Conference on Computer Technology in Russia and in the Former Soviet Union (SORUCOM). *Proceedings*, Moscou: IEEE, p.131-141, 2018.

rentes softwares e apresentando funcionalidades, como miniprocessadores, dispositivos de entrada e saída e processadores de dados[273]. Por fim, DEMOS (1982), Besta/Bestix (1988) e MOS (1990) foram sistemas operacionais ligados ao Unix, com cerca de mil modelos produzidos até o fim da URSS.

Nesse período, destaca-se uma nova geração de pesquisadores, em especial Igor Velbitsky, Victor Lipaev e Adolf Fuksman, que estimularam a publicação de livros didáticos sobre programação e softwares, e a consolidação de cursos sobre linguagens de Programação entre o fim dos anos 1970 e meados dos anos 1980, quando, apesar de sucessos localizados, em especial na produção de material que serviu de base para pesquisadores soviéticos, boa parte desses autores acabou sendo aproveitada em universidades estadunidenses após 1991[274].

Programação feminina

Figura 20 – Pesquisadoras precursoras da programação soviética. Acima, Kateryna Yushchenko (esquerda) e Tamara Alexandri (direita). Abaixo, Rimma Podlovchenko (esquerda) e Olga Perevozchikova (direita).

Fonte: Wikimedia Commons, https://www.computer-museum.ru/english/about.htm Tatarchenko (2017, p. 722) http://www.icfcst.kiev.ua/MUSEUM/PHOTOS/Perevozchikova.html

---

[273] Ibid.
[274] BARANOV, S. Formation of the Discipline of Programming in Russia. Third International Conference on Computer Technology in Russia and in the Former Soviet Union (SoRuCom). *Proceedings*, Kazan: IEEE, p. 107-109, 2014.

Um aspecto interessante referente à Programação na União Soviética, que encontrou semelhança nos cenários estadunidense[275] e inglês, é a participação expressiva das mulheres na construção e no suporte em pesquisas em linguagens computacionais, por vezes, com um tratamento instável dado pelos organismos soviéticos a elas, com várias apenas tardiamente reconhecidas e homenageadas em eventos, cerimônias e premiações após os anos 1990.

Muitas das programadoras formadas em universidades e institutos de pesquisa foram aproveitadas em centros de programação em Akademgorodok e Novosibirsk, sobre um complexo guarda-chuva de atividades ligadas aos projetos liderados por Lyapunov, Ershov e Marchuk. Artigos localizados indicam não somente a eficiente interação e inserção delas nesses setores, como realçam que, mesmo havendo tensões, aconteciam de forma isolada, no geral, focada em seus líderes[276]. O site em comemoração aos 50 anos do centro de informática na Sibéria (http://pde.iis.nsk.su/) corrobora essas abordagens, com várias fotos e breves textos realçando esse papel "inovador". O discurso da inserção feminina estimulado pelo comunismo acabou reverberando, mesmo que indiretamente (e ignorando as ambiguidades dessa inclusão de gênero[277]), nessas análises.

Ksenia Tatarchenko[278], contudo, apresenta oposição a essas visões. Sim, o clima, segundo relatos de programadoras e pesquisadoras que trabalharam nesses centros nos anos 1960 e 1980, mostrava-se, em grande parte do tempo, ameno, com ocasionais celebrações de "inserção feminina na informática" e de casos localizados de sucesso profissional, com destaque para Olga Perevozchikova (1947-2011), coordenando diferentes projetos e sendo importante nome de inserção de pesquisadoras femininas em Akademgorodok entre os anos 1970 até seu falecimento.

---

[275] Nos Estados Unidos, pesquisas recentes indicam o papel de outros pesquisadores e programadores, em especial, mulheres (Frances Bilas Spence, Elizabeth Jean Jennings, Ruth Lichterman Teitelbaum, Kathleen McNulty, Elizabeth Snyder Holberton e Marlyn Wescoff Meltzer), que também foram importantes para a construção do ENIAC, contudo recebendo crédito e reconhecimento apenas décadas depois da apresentação do equipamento, com a atenção focada quase exclusivamente nos líderes Eckert e Mauchly. Ver: FRITZ, W. B. The Women of ENIAC. *IEEE Annals of the History of Computing*, Nova Iorque, v. 18, n. 3, p. 13-28, 1996.

[276] Ver, por exemplo, IL'IN, 2014.

[277] Apesar da considerável melhoria da situação das mulheres após a revolução, com a promulgação de legislações e políticas garantindo maior poder econômico e social e de maior inclusão feminina no partido e nas forças armadas, críticas foram feitas a partir do pós-Segunda Guerra, em especial, sobre o caráter dúbio dessa "abertura", em que várias mulheres tinham que seguir por uma jornada dupla e até tripla (trabalho, família e filas de compras), e certa inabilidade do partido comunista em lidar com a crescente violência doméstica no país. Ver:
GOLDMAN, W. *Mulher, estado e revolução*. São Paulo: Boitempo, 2014.
ENGEL, B. Woman and State. *In*: SUNY, R. G. (org.) *The Cambridge History of Russia III*: The Twentieth Century. Cambridge: Cambridge University Press, 2006. p. 468-494.

[278] TATARCHENKO, 2017.

Mas tensões ocorriam, muitas vezes representadas por assédios ou agressões verbais, trazendo ressentimento em várias programadoras, ocasionando sua saída dos centros e seguindo em outras áreas de pesquisa. As principais críticas vinham de posturas agressivas dos líderes, em especial Ershov e Marchuk, que apresentavam afirmações machistas ou depreciativas em discussões mais acaloradas e da baixa inserção das mulheres em cargos de gerência ou liderança em projetos de pesquisa, mesmo oferecendo contribuições importantes nos projetos, e algumas tiveram que esperar o fim do comunismo para ter chances concretas de ascensão profissional. Essa ausência pode ser visualizada em fotos do principal evento sobre software e programação ocorrido na URSS, no seminário "Perspectivas de sistemas e teorias de programação" (1978), no qual, apesar de haver boa quantidade feminina no público, era perceptível a predominância masculina na participação e apresentação de trabalhos[279].

Três nomes evidenciam os casos de sucesso feminino na programação soviética.

A primeira, considerada um dos grandes nomes do campo no país, foi Kateryna Yushchenko (1919-2001). Com seus pais presos durante os expurgos stalinistas e detida brevemente em 1937, conseguiu realocar-se na república uzbeque, voltando a Ucrânia após 194 e seguindo seus estudos em Eletromecânica, conseguindo seu doutorado em 1950[280]. Na primeira metade dos anos 1950, foi recomendada a participar de estudos sobre a operacionalização e possíveis ajustes no recém-construído MESM. O trabalho principal consistiu em, ao perceber a baixa memória interna, lenta velocidade e instabilidade de funcionamento com os tubos de vácuo, buscar maneiras de contornar essas questões, em parte, a partir das ideias de Lyapunov sobre um método de programação operacional[281].

Após algumas pesquisas, em 1955, Yushchenko, com a colaboração de V. S. Korolyuk, desenvolveu a linguagem de programação *Address*, baseada em duas propriedades, gerenciamento de software e endereçamento, a partir dos quais seriam descritos a arquitetura computacional e seu sistema de instruções. Essa linguagem se mostrou inovadora, antecipando programações ocidentais, como FORTRAN, COBOL e ALGOL[282].

---

[279] TATARCHENKO, 2017.

[280] Os pais de Yushchenko ficaram presos de 1938 a 1954, e Yushchenko, apesar de acusada de "nacionalista ucraniana", conseguiu seguir com relativa estabilidade profissional devido à alta performance em seu doutoramento, conseguindo ser transferida para o grupo de pesquisa de Serguei Lebedev.

[281] VIDELA, A. *Kateryna L. Yushchenko* — Inventor of Pointers. Medium, 8 dez. 2014. Disponível em: https://medium.com/a-computer-of-ones-own/kateryna-l-yushchenko-inventor-of-pointers-6f2796fa1798.

[282] *Ibid.*

Yushchenko foi a primeira aluna a defender seu doutorado sobre programação no país e publicou (em colaboração com B. V. Gnedenko e V. S. Korolyuk) *Elementos de programação* (1964), o primeiro livro sobre o tema na URSS, criando os primeiros cursos de programação em universidades ucranianas. Seu prestígio se manteve alto, recebendo prêmios tanto na República ucraniana quanto na Ucrânia pós-comunista (incluindo a ordem de princesa Olga, principal honraria do país). Aos poucos, foi se afastando dos projetos computacionais, seguindo na carreira acadêmica entre os anos 1960 e 1990, orientando cerca de 56 teses de doutorado[283].

Já Tamara Alexandri (1924-2020) é considerada uma precursora russa das programadoras femininas. Formada no Instituto de Engenharia de Energia de Moscou (MPEI) e com ativa participação no campo de batalha durante a Segunda Guerra Mundial, como operadora de rádio, participando de praticamente todas as principais batalhas da frente oriental (incluindo a ocupação de Berlim, na qual realizou operações de rádio no Reichstag[284]), recebeu diversas condecorações, voltando consagrada no fim dos anos 1940, no instituto (onde se formou em eletromecânica), chamando a atenção de Isaac Bruk e Bashir Rameev, que a convidaram para participar da produção dos primeiros computadores ligados à República Russa[285].

Tanto no modelo M-1 quanto M-2, Tamara, conforme citado, ficou responsável pela memória dos tubos de raios catódicos. Porém, existem informações de que ela chegou, em vários momentos, a dividir esforços em outras frentes de trabalho, incluindo a programação. Isso a fez ganhar prestígio no centro, porém também sendo suscetível a tensões internas e às constantes variações de humor tanto de Bruk quanto de Rameev, o que a fez buscar outros caminhos profissionais no início dos anos 1960. Em 1963, defendeu seu doutorado em Ciência Técnica com a temática, sobre reguladores digitais multicanal, e, nos anos seguintes, decidiu seguir na carreira acadêmica, primeiro no Instituto de Trânsito Rodoviário e posteriormente em universidades estatais, coordenando a cadeira de sistemas de controle automatizado dos anos 1980 até seu falecimento. A partir de 2014, aos 90 anos, recebeu diferentes honrarias e prêmios do governo russo[286].

---

[283] KHENER, E. Women in computing: The situation in Russia. *In:* FRIEZE, C., QUESENBERRY, J. L. (org.) *Cracking the Digital Ceiling:* Women in Computing around the World. Cambridge: Cambridge University Press, 2020. p. 246-260.

[284] Parlamento alemão, principal sede do governo nazista entre 1935 e 1945.

[285] MATYUKHINA, E..; PROKHOROV, S. The pioneer of computer technology - Tamara Minovna Aleksandridi. 2020 International Conference Engineering Technologies and Computer Science EnT 2020. *Proceedings,* Moscou, p. 11-13, 2020. Ekhaterina, uma das autoras, é filha de Tamara.

[286] MATYUKHINA; PROKHOROV, 2020.

A terceira foi Rimma Ivanova Podlovchenko (1931-2016). Em 1951, foi uma das primeiras alunas a participar da graduação em Computação Matemática, promovida por Alexei Lyapunov na Universidade Estatal de Moscou, na qual, graças à boa relação interna e ao interesse em aprender diferentes linguagens computacionais discutidas em sala, participou de cursos na Universidade de Moscou, no SKB – 45 e ITMVT, vendo de perto os projetos ligados ao BESM e Strela. Ao trabalhar em projetos ligados a institutos de Física, defendeu seu mestrado, relativo à programação, um dos primeiros sobre o tema na URSS[287].

Mas, em 1957, para surpresa de muitos, Podlovchenko se casou com um matemático armênio, mudando-se para Erevã, trabalhando de forma discreta em programação na emergente indústria computacional da república. Os motivos de sua abrupta mudança não foram totalmente esclarecidos. Contudo, o desejo da programadora de formar uma família e de se afastar do clima tenso em que a Cibernética e Computação sofriam na república russa na primeira metade dos anos 1950 são indicados como alguns dos principais estímulos[288]. Mas seu prestígio não foi abalado com a decisão, defendendo seu doutorado em 1969 e tornando-se profícua pesquisadora, orientando dezenas de alunos para formação técnica e, em casos isolados, formação acadêmica e pós-graduação. Com o fim da URSS, retornou à Rússia, ocupando o cargo de professora e diretora do Departamento de Cibernética e Matemática da Faculdade de Ciência da Computação e Matemática e pesquisadora líder do Centro de Pesquisa e Computação, ambos na Universidade de Moscou, formando uma geração de programadores russos, recebendo homenagens que realçaram seu papel de precursora na programação no país[289].

Os dados apresentados indicam aspectos interessantes, sugerindo, principalmente, que, apesar de as programadoras obterem, em graus diferentes, duradouro prestígio que se manteve até seu falecimento, se percebe também que elas usaram a academia como um plano B, o qual virou o caminho principal, devido a um cenário nem sempre favorável à sua inserção nesses centros de automação.

---

[287] Informações em: TATARCHENKO, 2017.

[288] Podlovchenko dividiu espaço com outras importantes programadoras com histórias parecidas com a sua, também se casando e realizando pesquisas na república socialista da armênia. Delas, destaca-se S. K. Kozhukhina, com trabalhos profícuos de construção de linguagem de programação nos anos 1960 e 1970, em modelos armênios. Porém, Kozhukhina apresenta informações esparsas sobre sua biografia e atuação, obscurecida pelo seu marido Kozhukhin, antigo colaborador de pesquisa Andrei Ershov. TATARCHENKO, 2017.

[289] TATARCHENKO, 2017.

PARTE TRÊS
INTERNYET

A história dos sistemas e das redes de computadores, em muitos documentários e programas jornalísticos, é apresentada como algo de evolução recente, rápida e intensa, que, em poucas décadas, conseguiu impressionante expansão[290].

Segundo várias dessas versões, o "marco zero" veio, principalmente, com as ideias do cientista da computação inglês Tim Berners-Lee, que cunhou o termo *world wide web* em 1989, apresentando os computadores como locais nos quais as trocas informacionais poderiam ser potencializadas a partir de diferentes ferramentas, programas e locais de armazenamento de imagens e vídeos[291].

A partir daí, a Internet como conhecemos tomou forma, assimilando a miniaturização dos computadores e equipamentos digitais, em especial, com a consolidação dos notebooks e tablets, a produção de videogames portáteis como o Game Boy (1989), o aparecimento do iPhone (2007), celular que armazena diferentes aplicativos e tecnologias ligadas ao Global Positioning System (GPS), e o aparecimento das redes sociais em 2002, consolidando o que foi chamado de web 2.0 – cunhado pela especialista Darcy DiNucci em 1999 e popularizado por Tim O'Reilly em 2005 –, identificando um novo cenário marcado por um complexo ambiente de interação e participação virtual[292].

Nas primeiras décadas do século XXI, são identificados os impactos da "era da informação" na realidade contemporânea e as consequências advindas dessa inserção tecnológica em sua textura política e social.

Entre essas discussões, cita-se a influência, algumas vezes negativa, da utilização dessas tecnologias (em especial seus algoritmos) por organizações ou regimes políticos, vide as eleições de Donald Trump como presidente dos Estados Unidos em 2016, a saída do Reino Unido da União Europeia e as eleições brasileiras a partir de 2014, todos os casos marcados por forte ruído informacional. A "economia da atenção" realizada pelas empresas ligadas às redes sociais e aos aplicativos vem criando empecilhos na tentativa da utilização mais comedida dessas plataformas por seus consumidores. Fenômenos como o *Fear Of Missing Out*, síndrome do pensamento ace-

---

[290] Exemplo dessa visão pode ser visto na série 1989: The Year That Made Us (Nat Geo Channel/IPC, 2019), especificamente no episódio "The Dawn of Digital". Disponível em: https://www.dailymotion.com/video/x7fsfqc

[291] Um resumo sobre essa proposta está em: BERNERS-LEE, T. *et al*. The World Wide Web. *Communications of the ACM*, Nova Iorque, v. 37, n. 8, p. 76-82, 1994.

[292] Bons resumos sobre essa evolução podem ser vistos em: CASTELLS, M. *A galáxia da internet*. Rio de Janeiro: Zahar, 2003. Sobre os impactos das tecnologias na sociedade, ver: HARARI, Y. *21 Lições para o Século 21*. São Paulo: Companhia das Letras, 2019.

lerado e do uso frequente e por vezes quase ininterrupto das tecnologias, criando ansiedade e até mesmo, em casos mais extremos, depressão, e de um agressivo design persuasivo – técnicas de design utilizadas com o intuito de influenciar o comportamento do utilizador – vem recebendo constantes críticas na última década[293].

Mas essa abordagem, na qual visualizamos todos esses aspectos em nossa realidade, encobre as raízes antigas das redes de computadores e como seu nascimento e sua evolução em muito influenciaram as atuais dinâmicas da internet. No caso estadunidense, suas origens militares e acadêmicas, ligadas à Rede da Agência para Projetos de Pesquisa Avançada, ou ARPANET (1969), e suas complexas ramificações, que inseriram diferentes setores da sociedade em atividades políticas e econômicas, nem sempre recebem a mesma atenção[294].

Outro aspecto que, somente a partir dos anos 2000 recebeu maiores análises, é sobre os estímulos sob os quais a Internet foi construída e o papel vanguardista dos soviéticos em oferecer propostas de um sistema de computadores que, de formas diferenciadas, centralizariam as informações produzidas em diferentes setores da URSS no final dos anos 1950[295]. Essas propostas, mesmo pouco divulgadas na época e, no fim, ou rejeitadas ou utilizadas de forma fragmentada, chamaram a atenção de organismos estadunidenses no início da década de 1960, influenciando (parcialmente) a consolidação da ARPANET e no Chile, durante o governo de Salvador Allende (1970-1973), o qual desenvolveu um complexo e ambicioso projeto de interligação computacional chamada Cybersyn[296].

---

[293] Para a questão dos algoritmos e sua influência em questões políticas e sociais, ver: O'NEIL, C. *Algoritmos de destruição em massa*. Santo André: Editora Rua do Sabão, 2021. DA EMPOLI, G. *Os engenheiros do Caos*. São Paulo: Vestígio, 2019. Documentário *O Dilema das Redes* (direção Jeff Orlowski. Netflix/Exposure Labs/Argent Pictures, 2020).

[294] Contudo, a literatura acadêmica apresenta um número crescente de análises sobre o surgimento da internet no país. Dessa literatura, bons resumos podem ser encontrados em:
LUKASIK, S. J. Why the Arpanet Was Built. *IEEE Annals of the History of Computing*, Nova Iorque, v. 33, p. 4-20, 2011.
CAMPBELL-KELLY, M.; GARCIA-SWARTZ, D. The history of the internet: the missing narratives. *Journal of Information Technology*, Londres, v. 28, n. 1, p. 18-33, 2013.

[295] Cita-se, contudo, que um número de maior de publicações vídeos de divulgação científica vêm sendo produzido, discutindo as iniciativas soviéticas. Em relação a material audiovisual ver, por exemplo: Why Didn't the Soviets Automate Their Economy?: Cybernetics in the USSR. *The Marxist Project*, 2023. Disponível em: https://www.youtube.com/watch?v=OUig0Qwnc4I

[296] O projeto, apesar de curta existência, sendo desativado com a deposição de Allende, obteve surpreendentes resultados, conseguindo implantar redes automatizadas e locais de armazenamento informacional em alguns pontos do Chile. O mesmo, após anos de esquecimento, recebeu, desde os anos 2000, generosa literatura sobre seu funcionamento. Ver: MEDINA, E. *Cybernetic Revolutionaries:* Technology and Politics in Allende's Chile. Massachusetts: Mit Press, 2011.

8.

A (NÃO) CONSOLIDAÇÃO DE UMA REDE DE COMPUTADORES NA UNIÃO SOVIÉTICA (1959-1991)

As tentativas de implantação de uma rede de computadores soviética centralizaram-se em propostas oferecidas entre o final dos anos 1950 e início dos 1970, a partir de importantes nomes ligados à cibernética na URSS, que tentaram usar de sua influência política para que os projetos pudessem ser discutidos no topo do partido comunista.

Destacam-se a proposta feita por Anatoly Kitov em 1959, seguida por Aleksandr Kharkevich, em 1962-1963, e, por último, o ambicioso projeto oferecido por Viktor Glushkov, entre 1962 e 1970, o único que, mesmo sofrendo rejeições e limitações, conseguiu obter algum tipo de inserção entre diferentes organismos no país.

Mesmo que, no final, essas propostas tenham sido malsucedidas, sua idealização e proposição não devem ser ignoradas, pois, com a devida cautela, podem ser considerados os primeiros a proporem esse tipo de sistema, anos antes das iniciativas estadunidense e chilena.

Antes de discutir de forma mais aprofundada essas tentativas, inicialmente foi analisado o principal estímulo a essas propostas. Apesar de o aspecto militar não ser ignorado, pois serviu de base para a consolidação da computação no país e influenciando (indiretamente) os caminhos que as propostas foram inseridas nas discussões do partido, o campo econômico se apresenta como o principal mote para essas propostas. Não por acaso, conforme discutido a seguir, a estrutura econômica da União Soviética, a partir do final dos 1960, mostrou-se como uma espécie de calcanhar de Aquiles ao sistema. Tentativas de amenizar esse problema, a partir de maior controle informacional e centralização dos serviços automatizados na URSS, serviram como principal justificativa na proposição desses sistemas.

Planejamento, centralização e informalidade: a economia soviética no pós-guerra

A economia soviética, a partir do final dos anos 1920, quando abdicou da Nova Política Econômica (NEP) – o qual abarcava uma economia estatizada, porém mantendo relativa produção de caráter privado –, implementou o que ficou conhecido como "economia de planejamento central", que, de formas variadas, serviu de norte aos ditames econômicos soviéticos pelos quase sessenta anos seguintes[297].

O sistema, comandado pela Política de Economia Planejada da União Soviética (GOSPLAN) – responsável pela definição das diretrizes e metas econômicas dos planos quinquenais[298] –, do Suprimento Estadual da URSS (GOSSNAB) – encarregado do controle de preços de todos os suprimentos no país – e, em menor medida, do Banco Estatal Soviético (GOSBANK), consistiu na economia coordenada via medidas administrativas verticalizadas, a partir da relação entre os ministérios com as instituições de planejamento e unidades de produção, relações essas predeterminadas entre esses órgãos. Esse sistema foi identificado, a partir dos anos 1950, como economia de comando[299].

O resultado foi paradoxal. Pelo lado positivo, essa postura ofereceu à URSS a taxa de crescimento econômico mais acelerada no Ocidente durante décadas e um dos mais rápidos processos de industrialização já verificados na era contemporânea. Segundo estimativas, a renda nacional da URSS, entre 1928 e 1987, teve um crescimento de quase sete vezes, superando a média ocidental[300].

---

[297] Os estudos sobre a evolução econômica da União Soviética mostram-se esparsos e, muitas vezes, presos a uma visão ligada à Guerra Fria ou com limitações ligadas à falta de fontes primárias. Existem exceções, sendo citados: FERNANDES, L. Teia de Tânato: da industrialização acelerada à encruzilhada da inovação no socialismo soviético. *In*: BERTOLINO, O.; MONTEIRO, A. (org.). *100 anos da revolução russa*: legados e lições. São Paulo: Anita Garibaldi/Fundação Maurício Grabois, 2017. p. 289-362.
POMERANZ, L. *Do socialismo soviético ao capitalismo russo*. São Paulo: Ateliê Editorial, 2018.
NOVE, A. *An Economic History of the USSR 1917-1991*. Londres: Penguin, 1993.
HARRISON, M. The Soviet *economy, 1917–1991*: Its life and afterlife. *The Independent Review*, Oakland, v. 22, n. 2, p. 199-206, 2017.

[298] Instrumento de planificação econômica implantado durante o governo de Stalin, com o objetivo de estabelecer prioridades para a produção industrial e agrícola do país em períodos de cinco anos, em atividade (com variações localizadas), entre 1929 e 1991.

[299] A principal referência sobre a economia de comando soviética relaciona-se aos estudos do pesquisador ucraniano Gregory Grossman. Ver: GROSSMAN, G. The second economy of the USSR. *Problems of Communism*, Baltimore, v. 26, p. 25-40, 1977.

[300] Os dados se baseiam nos levantamentos feitos pelo economista G. I. Khanin, no início dos anos 1990, considerado o trabalho com os resultados mais modestos sobre esse crescimento, porém os mais precisos sobre a evolução econômica soviética. Um resumo desses dados estão em: CASTELLS, 2020, p. 45-48.

Porém – e, para a pesquisa, o aspecto a ser destacado –, foram percebidos problemas e deformidades que esse tipo de política excessivamente centralizada estimulou.

Cita-se, em especial, problemas de coordenação entre a GOSPLAN e GOSSNAB, quando, muitas vezes, informações e práticas entravam em conflito, colocando em risco diversas operações administrativas; cadeia de comando se mostrando um "labirinto" burocrático, e uma série de rígidos controles e inconsistência de dados produziam quotas confusas ou quase impossíveis de serem cumpridas, com a necessidade (quase sempre não suprida) de profissionais especializados em discutir essas demandas; e criação de desajustes, muitas vezes crônicos, entre oferta e procura de produtos, levando muitas vezes à escassez[301].

A principal consequência dessas questões, além da estagnação na produção de materiais, foi a consolidação de uma "segunda economia", informal e, com frequência, corrupta, que buscou "amenizar" essa confusão administrativa e escassez de produtos, criando uma rede subterrânea de comércio que englobou administradores, fabricantes, fornecedores e consumidores, os quais atingiram níveis consideráveis durante os anos 1980, ajudando indiretamente a enfraquecer a economia soviética e servindo de base, ao sair da obscuridade após o fim do comunismo, a uma poderosa e agressiva "máfia" ou "oligarquia" na Rússia[302].

O partido comunista, em ocasiões localizadas, tentou reverter essa situação.

Kruschev, entre 1957 e 1963, tentou descentralizar esse sistema a partir da criação de conselhos regionais administrativos – chamados de *sovnarkhozy* –, retirando um pouco do poder dos ministérios, por meio da consolidação de um organismo para medição de cotas e parâmetros de produção. Porém, chocando-se com burocratas e ministros ressentidos com a perda de poder e a falta de critérios sobre como se daria essa descentralização, o que cau-

---

[301] HARRISON, M.; KIM, B. Y. Plans, prices, and corruption: the Soviet firm under partial centralization, 1930 to 1990. *Journal of Economic History*, Oxford, v. 66, p. 1-41, 2006.

[302] A literatura sobre a "segunda" economia soviética, durante os anos 1980, apesar das limitações ligadas à falta de dados quantitativos, apresenta trabalhos consistentes,, como : STAHL, D.; ALEXEEV, M, The influence of black markets on a queue-rationed centrally planned economy, *Journal of Economic Theory*, Amsterdam, v. 34, p. 234-50, 1985. A partir dos anos 2000, cita-se um número maior de pesquisas com dados mais aprofundados e identificando de forma mais precisa a influência (e problemas) da economia informal na URSS, em especial, em pesquisadores sul coreanos, que discutem comparativamente a realidade soviética com a da Coréia do Sul (outro país que sofreu com problemas econômicos parecidos). Ver: KIM, B. Y.; SHIDA, Y. Shortages and the Informal Economy in the Soviet Republics: 1965–1989. *Economic History Review*, Nova Jersey, v. 70, n. 4, p. 1346-1374, 2017.

sou perdas na produção e críticas de trabalhadores, visíveis na greve em Novocherkassk (1962), reprimida de forma violenta, fizeram não somente que as reformas estagnassem, como estimularam, indiretamente, a queda de Kruschev em 1964.

A segunda – para alguns pesquisadores mais sofisticada – veio pela proposta do economista Evin Liberman (1897-1981) com suporte do premiê Alexei Kosygin (1904-1980), com tentativas de implantação entre 1962 e 1969, que consistiu na reorganização da economia soviética a partir do lucro, e não somente da produção. Isso não significaria o fim do planejamento de comando centralizado, e sim que as relações de produção seriam mantidas a partir do binômio preço e lucratividade[303]. Opositores criticaram as ideias de Liberman em não apresentar critérios mais específicos sobre como essas variáveis seriam incluídas no sistema de produção, e pouco do que o economista propôs foi posto em prática.

Uma última, e mais agressiva, tentativa de regulamentação veio durante o governo de Mikhail Gorbachev. Em um primeiro momento, o líder soviético tentou, via nova legislação, dinamizar a produção econômica e enfrentar as redes de corrupção que permeavam a economia informal no país. Em algumas repúblicas, essa intervenção revelou poderosos esquemas de corrupção que envolveram até a alta cúpula do partido – como no "escândalo do algodão" em 1986, baseado em um grande esquema de desvio de recursos na república uzbeque, o qual derrubou seu secretário geral Inomjon Usmonxo jayev. Porém, políticas contraditórias, que estimulavam para logo depois restringirem iniciativas privadas e rejeitando transformações na economia de comando, criaram distorções que prejudicaram ainda mais a combalida economia soviética e fortaleceram sua economia informal. Quando, em 1990, foram apresentadas propostas mais enfáticas para garantir o apoio dos administradores estatais ou dos ministros que poderiam dialogar com esse setor paralelo e da discussão de planos econômicos regulando a iniciativa privada, elas se mostraram de pouca valia [304].

---

[303] Um breve resumo sobre essas ideias, feitas pelo economista durante a tentativa de implantação do plano, está em: LIBERMAN, Y. The Soviet Economic Reform. *Foreign Affairs*, Nova Iorque, v. 46, n. 1, p. 53-63, 1967.
[304] NOVE, 1993; CASTELLS, 2020.

Origens: Nemchinov e Kantorovich

Figura 21 – Vasily Nemchinov (esquerda) e Leonid Kantorovich (direita)

Fonte: Wikimedia Commons

Apesar das propostas mais precisas sobre uma rede e um sistema de computadores terem aparecido durante os anos 1960, foi na década anterior que as primeiras ideias sobre uma centralização automatizada começaram a ser apresentadas em diferentes organismos políticos e militares.

A primeira proposta veio do eminente matemático e economista Vasily Nemchinov (1894-1964), então um dos principais nomes ligados à Academia de Ciências da URSS. Nemchinov foi um dos nomes de consolidação da economia planificada no país durante os anos 1920 e 1930, mas somente após a Segunda Guerra Mundial pôde discutir de forma mais enfática suas ideias de centralização econômica. Em meados dos anos 1950, junto de outros economistas, propôs uma ambiciosa alternativa em substituir a então dominante economia de comando pela economia matemática ou cibernética, em que os cálculos matemáticos oferecidos pelos computadores poderiam regular e otimizar o planejamento econômico, a regulação de preços e até a forma como diferentes tipos de informações seriam processados nas fábricas[305].

A partir dessa premissa, em 1955, Nemchinov, em material publicado para a Academia de Ciências, propôs a criação de uma "rede automatizada estatal de computadores" ligada às cidades de Moscou, Novosibirsk, Kharkov, Riga e Kiev, onde, mesmo não interconectadas em um primeiro momento, poderiam facilitar a troca de material científico e informação econômica

---
[305] WEST, 2020.

para os economistas da região. Apesar de bem recebida, a proposta acabou não sendo implementada por motivos não identificados[306].

A segunda veio com um dos principais nomes da Economia soviética (e prêmio Nobel de Economia, em 1975), Leonid Kantorovich (1912-1986). Criador do conceito de programação linear no final dos anos 1930, e com ativa participação em projetos ligados, por exemplo, a construção da bomba atômica (agraciado com isso ao prêmio Stalin em 1949), a partir de 1957, apresentou uma série de artigos discutindo o conceito de economia cibernética.

Neles foi discutida a possibilidade de inserção de termos como controle e planejamento, além de criar paralelos da economia do país com um grande sistema de controle, onde seu funcionamento seria permanentemente aperfeiçoado. A economia do país seria regida por leis cibernéticas, servindo de ponte entre a automação do controle de produção e a administração gerencial. Aqui não somente seria implantada uma rede, ou sistema, de computadores, mas um complexo guarda-chuva teórico de controle econômico, baseado em termos como "racional", "objetivo" e "científico". Suas ideias acabaram sendo, por vezes de forma entusiástica, aproveitadas pelo Conselho de Cibernética da URSS, o qual chegou a inserir, em cerca de 250 instituições, aspectos de cibernética econômica em sua grade de pesquisa[307]. Kantorovich, ao assumir a chefia do Departamento de Informática na Universidade Estatal de Novosibirsk, em 1960, aprimorou essas ideias no campo da programação[308].

As ideias de Nemchinov e Kantorovich mostram importância não somente por serem precursoras, mas, principalmente, por mostrarem que não somente os computadores estavam inseridos na realidade científica e militar do país, vislumbrando seu potencial em uma economia centralizada e altamente hierarquizada, mas também que nomes importantes do campo científico soviético já enxergavam o caráter estratégico desses equipamentos. Apesar de se mostrarem embrionárias, ambas as propostas seriam citadas posteriormente, principalmente por Viktor Glushkov e Anatoly Kitov[309].

---

[306] WEST, 2020.

[307] BOLDYREV, I.; DÜPPE, T. Programming the USSR: Leonid Kantorovich in Context. *British Journal for the History of Science*, Cambridge, v. 53, n. 2, p. 255-278, 2020.

[308] BOLDYREV; DÜPPE, 2020.

[309] BOLDYREV; DÜPPE, 2020.

Primeira tentativa: Anatoly Kitov

Figura 22 – Anatoly Kitov

Fonte: Wikimedia Commons

Caberia a um dos nomes em ascensão da Cibernética, Informática e Engenharia soviética nos anos 1950, o tenente coronel Anatoly Kitov (1920-2005), o primeiro a identificar projetos que tiveram a devida atenção da classe política do país.

Nascido em Samara, Kitov passou sua infância e adolescência em Tashkent (seu pai, antigo Menchevique, estrategicamente se mudou durante a guerra civil), o qual chamava atenção pelo seu desempenho em áreas, como a Matemática – além de exímio esportista, característica que manteve até o final da vida. Formado em 1939, seguiu pela carreira da Física nuclear até ser chamado, em 1941, ao exército durante a Segunda Guerra Mundial, onde, ligado a projetos de artilharia, foi aproveitado na academia militar em 1945, na qual, além de defender seu doutorado, participou de projetos, como no míssil R-1[310].

Em 1951, Kitov encontrou uma cópia do livro *Cibernética,* de Wiener, na biblioteca da Academia de Ciências de artilharia. Seria essa leitura que lhe daria base a uma extensa produção bibliográfica em artigos, livros e

---

[310] Dados biográficos retirados de: KITOVA, O.; KITOV, V. Anatoly Kitov and Victor Glushkov: Pioneers of Russian Digital Economy and Informatics. *In:* LESLIE, C.; SCHMITT, M. (org.) *Histories of Computing in Eastern Europe* - IFIP World Computer Congress, WCC 2018. Berlim: Springer, 2019. p. 99-117. Um dos autores, Vladimir Kitov, é filho de Anatoly.

conferências discutindo não somente a inserção da Cibernética na realidade soviética, mas sobre aspectos técnicos que identificariam o uso dos computadores no país. Destaca-se, por exemplo, o artigo "O uso de computadores eletrônicos" (1953), os livros *Máquinas eletrônicas digitais* (1956), "Elementos de programação" (1956) e *Máquinas digitais eletrônicas e computação* (1957) e a brochura *Computadores eletrônicos* (1958), obras consideradas marcos iniciais da produção intelectual em informática na URSS[311].

Cita-se também que, junto dessa bibliografia, ao galgar o cargo de coordenador do Centro de Computação número 1 e dos relatórios solicitados pelo dirigente Ivan Berg, Kitov focou suas análises, além dos estudos técnicos, na necessidade da criação de centros e redes de computadores, nos quais, a partir da resolução de cálculos matemáticos e da produção de métodos de administração automatizados, haveria uma organização mais eficiente e precisa dos processos econômicos[312].

Por um lado, essas propostas, apresentadas inicialmente em 1958, foram bem recebidas pela GOSPLAN, que criou seu centro de computação em outubro de 1959. Em atividade até 1991, o centro, com liderança de setores militares, abrigou cerca de 1,2 mil funcionários e, em seus estágios iniciais, abarcava dois modelos URAL-2 e URAL-4 e um mainframe ICL System 4, com a criação, em 1971, de uma divisão em programação[313]. A estrutura de funcionamento dividiu-se em quatro tópicos: nacional, repúblicas, regional e distrital. Dois principais centros de pesquisa foram organizados, sendo o primeiro ligado ao desenvolvimento e à aplicação de modelos de planejamento baseados em cálculos econômico-matemáticos, e o segundo em prognósticos demográficos das repúblicas[314].

Os resultados foram ambíguos. Apesar de realizarem considerável quantidade de cálculos que puderam ser aproveitados, de o órgão manter relações com diferentes institutos e da inserção de uma geração de talentosos programadores e engenheiros em seu corpo de trabalho, o centro acabava realizando análises específicas, muitas vezes subaproveitando o trabalho

---

[311] KITOVA; KITOV, 2019.

[312] KITOVA; KITOV, 2019.

[313] KITOV, V.; KROTOV, N. The Main Computer Center of the USSR State lanning Committee (MCC of Gosplan). Fourth International Conference on Computer Technology in Russia and in the Former Soviet Union (SORUCOM). *Proceedings*, Moscou: IEEE, p. 227-232, 2018.

[314] KITOV, V. On the History of Gosplan, the Main Computer Center of the State Planning Committee of the USSR *In*: LESLIE, C.; SCHMITT, M. (org.) *Histories of Computing in Eastern Europe* - IFIP World Computer Congress, WCC 2018. Springer, 2019. p. 118-126.

realizado, construindo relatórios com apenas parte dos cálculos planejados ou oferecendo informações fragmentadas.

Em janeiro de 1959, Kitov enviou uma carta ao secretário geral Nikita Kruschev, sugerindo a inserção e utilização dos computadores para maior eficiência do planejamento econômico e, assim, acelerar a reforma da economia soviética. Nesse primeiro esboço, o termo rede ou sistema, que indicaria os caminhos dessas inserção computacional, não apareceu. Apesar da ousadia, a iniciativa obteve resultados. Mesmo que aparentemente Kruschev não tenha lido a carta, ela recebeu aprovação de seu assessor (e futuro secretário geral) Leonid Brejnev. Tecnólogo e engenheiro, Brejnev chamou uma comissão, liderada por Ivan Berg, para analisar as propostas de Kitov, que resultou na resolução "Acelerando e alargando a produção de máquinas de cálculo de sua aplicação para a economia nacional", promulgada em novembro de 1959 [315].

Baseado nesse sucesso, Kitov arriscou uma cartada mais ousada (e agressiva), em uma segunda carta (chamada informalmente de "livro vermelho") enviada em outubro de 1959, na qual definiu de forma mais aprofundada uma "rede unificada nacional de computadores", a partir da coordenação do Centro de Computadores número 1, com centros automatizados de utilização tanto militar quanto civil, construídos em locais estratégicos, protegidos de ataques militares ou intervenção exterior – onde, novamente, detalhes sobre a estrutura interna dessa rede não foram apresentados. A carta apresentou críticas localizadas a uma pretensa centralização das forças armadas na produção e utilização dos computadores, que poderia prejudicar a manutenção ou diversificação dessas redes. Endereçada diretamente a Kruschev, ela foi interceptada pelo Ministério da Defesa, que, ressentido com o conteúdo, abriu um processo contra Kitov entre 1960 e 1961, no qual foi decidido por seu desligamento do exército e partido comunista e por sua saída do Centro de Computadores número 1, que seria reorganizado e reestruturado[316].

Mesmo com essa repercussão negativa, Kitov manteve sua campanha estimulando a criação de um sistema de computadores na URSS, em artigos e conferências entre 1959 e 1961, em conjunto com personalidades militares e políticas, como Aksel Berg, e científicas, como Aleksei Lyapunov, propondo uma "Rede unificada estatal de controle dos centros de processamento informacionais" (em inglês, EGSVTS e, em russo, ЕГСВЦ). Apesar de tanto o partido

---

[315] PETERS, B. *How not to network a nation:* the uneasy history of the Soviet internet. Massachusetts: Massachusetts Institute of Technology, 2016.

[316] GEROVITCH, S. InterNyet: why the Soviet Union did not build a nationwide computer network. *History and Technology*, Oxford, v. 24, n. 4, p. 335-350, 2008. KITOV; SHILOV, 2010.

comunista quanto o exército rejeitarem ou ignorarem várias das ideias propostas, algumas seriam aproveitadas em projetos em meados dos anos 1960[317].

Kitov, mesmo com esses reveses, manteria uma profícua carreira ligada à Informática. Nos anos 1970 e 1980, teve considerável produção na Cibernética, agora ligada à Medicina, área em que acabou alocado. Entre 1971 e 1983, o pesquisador apresentou propostas de uma rede informatizada para as áreas de saúde, resumidas no influente livro *Cibernética e medicina* (1983), o qual, diferentemente de suas sugestões anteriores, recebeu recepção mais amistosa do governo comunista. Entre 1980 e 1997, foi professor e diretor do curso de informática no Instituto Nacional de Economia de Moscou, além de representar a Rússia em organismos como a Federação Internacional de Informática Médica (MedINFO), a Associação Internacional de Informática Médica e a Federação Internacional para Processamento de Informação (IFIP)[318].

Em 1962, Kitov seria alocado no Instituto de Cibernética na Ucrânia, trabalhando em conjunto com seu colega e amigo Viktor Glushkov. Seria dessa relação a base para a mais ambiciosa e parcialmente bem-sucedida proposta de uma rede computadores soviética.

Propostas "paralelas": Kharkevich e Kovalev

Figura 23 – Aleksandr Kharkevich

Fonte: Wikimedia Commons

---

[317] GEROVITCH, 2008; KITOVA, KITOV, 2018.
[318] KITOVA; KITOV, 2018.

Na primeira metade dos anos 1960, além do ambicioso projeto de Glushkov, o qual será discutido a seguir, outras propostas de criação de uma rede e computadores na União Soviética foram apresentadas, com repercussão mais discreta, porém indicando a continuidade da discussão sobre a inserção dos computadores na realidade administrativa do país.

Cita-se inicialmente as propostas do engenheiro Aleksandr Kharkevich (1904-1965), importante nome ligado a estudos em informação no comunismo e diretor tanto do Conselho de Cibernética na República russa quanto do Instituto para os problemas de transmissão da informação (IPPI).

A proposta foi apresentada no artigo "Informação e tecnologia", publicado no periódico *Kommunist,* em 1962. Nele, foi discutido o projeto nomeado de Sistema Unificado de Comunicação (ESS), a ser coordenado pelo Ministério da Comunicação, com possível inserção de organismos administrativos na discussão de sua estrutura, com base em uma economia planejada e forte centralidade governamental.

A ideia foi metaforicamente apresentada como um complexo sistema nervoso controlado por um processador central (ou cérebro eletrônico), localizado em Moscou, com o objetivo de criar uma rede de comunicação centralizada a partir de informações transmitidas de linhas telefônicas e telégrafo. Esses centros seriam constituídos de diversas máquinas automatizadas de cálculos, servindo de base para gerenciar o fluxo informacional produzido na URSS. Para isso, Kharkevich ofereceu uma base matemática na qual a quantidade de informação de um país cresce proporcionalmente ao quadrado de seu potencial industrial (N^2). Apesar de o foco ser nas áreas militares, o pesquisador também indicou melhorias nos âmbitos social e civil, porém não as aprofundando. O ESS teria uma hierarquia descentralizada, como uma pirâmide ligada a seções locais, regionais e territoriais, em que cada seção teria códigos e funcionamento próprio.

O projeto não somente sofreu pouca resistência ao ser apresentado, como um comitê dirigido pelo ministro da comunicação Nikolai Purtsev foi instalado para discutir os primeiros estágios de sua implantação no final de 1963. Porém, a morte de Kharkevich acabou encerrando abruptamente o ESS.

A segunda veio com o então diretor do Conselho econômico estatal (*Goseconomsovet*), N. I. Kovalev (1916-1971), em breve artigo publicado no periódico *Problemas da transição econômica,* em 1963, propondo a criação e conexão, a partir de trocas de dados via computadores, dos centros automatizados de cada zona econômica regional (*sovnarkhozy)* criada por Kruschev.

Nessa proposta, uma estrutura parecida com a de Kharkevich foi apresentada, de uma rede de comunicação com uma hierarquia piramidal representada, respectivamente, pelos ministérios, zonas regionais e empreendimentos locais, objetivando que informações pudessem ser enviadas e recebidas de forma eficiente e rápida.

Kovalev, talvez como forma de receber apoio do partido comunista, além de citar brevemente propostas de Nemchimov e Glushkov, indicou um custo relativamente baixo para a implantação do projeto, com cerca de 94 milhões de rublos a serem inseridos em cerca de 30 centros automatizados no período de três anos.

As propostas, apesar de receberem elogios, sofreram críticas agressivas da GOSPLAN e GLOSSNAB e em diferentes organismos locais. Isso se deu, em parte, devido à proposta expor rixas internas entre planejadores do partido e profissionais ligados à Cibernética e, em parte, por inserir um dos pontos mais controversos do governo de Kruschev, os *sovnarkhozy*, que, conforme citado, enfrentava uma instável fase de implantação.

Viktor Glushkov e o OGAS (1962-1970)

Figura 24 – Viktor Glushkov explicando o funcionamento das redes de computadores (c.1963)

Fonte: https://museum.dataart.com/en/history/glava-4-fifrovoi-sssr

Figura 25 – Mapa da Rede Estatal Unificada de Centros de Computadores (EGSVT) projetada para implantação até 1990 (c.1964).

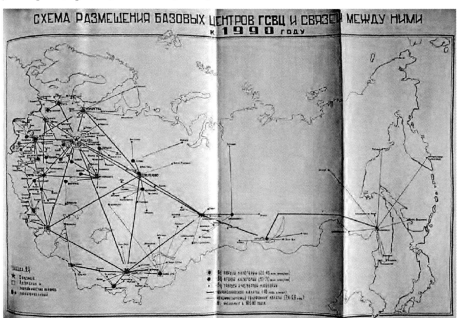

Fonte: Peters (2016, p. 112)

Um dos grandes nomes da computação soviética, até hoje citado em diferentes documentários russos e ucranianos, foi Viktor Mikhailovich Glushkov (1923-1982). Nascido em Rostov-on-Don, em uma família de engenheiros de minas, teve um período instável durante a Segunda Guerra Mundial, com sua mãe morta pelos nazistas, enfrentando cercos violentos na cidade de Shakhty e participando da desativação de minas em Donbass. Contudo, o pós-guerra viu não somente sua bem-sucedida formação acadêmica, entre 1948 e 1955, defendendo seu doutorado, como, ao ser enviado a Kiev em 1956, adaptou e renomeou o então laboratório em ciência da computação e matemática da Academia de Ciências ucraniana (no qual ocuparia o cargo de vice-diretor) para o Instituto de Cibernética da república ucraniana, considerado o mais produtivo na URSS.

Possuindo extensa bibliografia, com centenas de artigos e dezenas de livros publicados, membro de conselhos ligados ao prêmio Lenin e do estado soviético (do qual foi agraciado mais de uma vez) e do GKTN, Glushkov obteve considerável repercussão internacional, sendo eleito membro honorário da

Academia de Ciências na Alemanha Oriental, Polônia e Bulgária, organizou a primeira enciclopédia internacional de Cibernética (1974), recebendo homenagens na IFIP e Nações Unidas pelo suporte às pesquisas em Cibernética, e foi convidado a trabalhar na IBM estadunidense no fim dos anos 1970.

Fluente em inglês e alemão e com uma intensa rotina, que chegava a 20 horas por dia (interrompido por hobbies ligados ao boxe, esqui e à equitação), revezando-se entre Kiev e Moscou, Glushkov apresentava uma característica incomum na computação soviética, em ser um entusiasta das ideias de Karl Marx, do qual sabia de cabeça trechos e citações, incluindo-o em suas propostas, que, apesar de muitas ideias terem sofrido resistência do partido, acabavam recebendo atenção e discussão em diferentes momentos[319].

No Instituto de Cibernética, consolidado no início dos anos 1960 e com sua direção entre 1962 e 1982, obteve não somente um fértil campo teórico e prático, como também tinha uma interessante liberdade interna entre seus membros. Glushkov, em uma de suas primeiras ações ao assumir a direção, incluiu jovens entre 20 e 30 anos entre os principais cargos, no sentido de dar dinamismo ao instituto, como também, muitas vezes indiretamente, apoiava o clima descontraído e até boêmio existente no organismo. Festas, simpósios internos regados a música e flertes, revistas internas em tom bem-humorado e até um pretenso clube chamado "Cybertonia" fizeram a tônica dessa dinâmica. Essas iniciativas criaram não somente um clima cordial entre seus membros, como os estimulou a ajudar Glushkov em suas propostas ligadas a uma rede de computadores soviética[320].

A primeira proposta, apresentada em reuniões internas no instituto entre 1961 e 1962, sugeriu, de forma preliminar, um sistema automatizado focado em procedimentos de descentralização monetária e administrativa, com os trâmites econômicos realizados via meios automatizados (apesar de maiores detalhes não serem especificados). No fim, o partido comunista e a Academia de Ciências ucraniana, apesar de elogiarem o projeto, decidiram por não o apoiar, justificado pelo alto custo de implantação. Essa recusa inicial daria a tônica da receptividade das ideias de Glushkov durante toda a década de 1960. Mas o pesquisador rapidamente assimilou essas críticas e, ainda em 1962, aperfeiçoou a proposta.

---

[319] As informações biográficas de Glushkov foram tiradas de: PETERS (2016) e KITOVA; KITOV (2019).

[320] PETERS, 2016.

O projeto de Glushkov, a partir de então, para dar suporte aos projetos, apresentou doses de pragmatismo, cálculos matemáticos e estatísticos, além de complexos dados sobre o funcionamento de computadores.

Nessa reformulação, foi sugerido que as informações nos centros informatizados seriam trocadas via telefone ou por um rudimentar sistema digital que se assemelha a uma espécie de correio eletrônico. O objetivo principal, segundo Glushkov, era que os dados administrativos e econômicos tivessem seu trâmite em papel substituído por meios digitais, ou por computadores e seus softwares, ou registrados e transferidos via cartão perfurado e fitas magnéticas. Essa dinâmica, para o pesquisador, seria a principal razão de existir desse sistema, e Glushkov, até o final da vida, seria um ferrenho defensor desse tipo de planejamento administrativo (seu último livro, publicado em 1982, foi nomeado *Informática sem papel*).

Glushkov propunha, a partir dessa premissa, que as informações digitais, em um complexo sistema de acesso via computadores, permitiriam o controle e uma maior eficiência dos trâmites econômicos, assim como a consolidação da economia planificada e de um "socialismo eletrônico". Nesse aspecto, Glushkov buscou, de forma preliminar, relacionar essa circulação informacional com a ideias de Karl Marx ligadas ao ciclo do desenvolvimento produtivo, à mais valia e circulação monetária[321]

Uma "pirâmide administrativa" foi apresentada, entre 1962 e 1964, de gerenciamento informacional. Na base, cerca de 20 mil centros computacionais produziriam a informação, sendo enviada em 100 centros de planejamento e repassadas a um grande "centro informacional geral" localizado em Moscou[322].

Admitido pelo pesquisador em mais de uma ocasião, era um projeto ambicioso e pretensioso. Porém, com uma base teórica e viés prático mais bem-definido e estruturado e ouvindo as sugestões de Mstislav Keldysh para sua apresentação, fez com que essas propostas, ao serem apresentadas em novembro de 1962 e entre 1964 e 1965, fossem aprovadas pelos governos

---

[321] Esses três aspectos, que perpassam grande parte da produção intelectual feita pelo filósofo alemão, serviram de base principal para sua análise econômica, na qual o modo capitalista de produção foi discutido, dissecado, tendo suas principais problemáticas (exploração da produtividade do trabalho e alienação da classe trabalhadora) expostas e sendo apresentados aspectos ligados à transformação dessas relações econômicas, inclusa a revisão sobre a circulação de valores (produtos e moedas) na sociedade. Ver: MARX, K. *O Capital*: crítica da economia política. São Paulo: Nova Cultural, 1988 (série Os Economistas). Um informativo resumo dessas ideias encontra-se em: BADALONI, N. Marx e a busca da liberdade comunista. *In*: HOBSBAWN, E. (org.). *História do Marxismo I*. Rio de Janeiro: Paz e Terra, 1979. p. 197-261.

[322] PETERS, 2016.

Kruschev e Brejnev, e iniciativas visando à implantação dessa rede informatizada começaram a ser organizadas durante a segunda metade dos anos 1960.

Nesse período, essas iniciativas – com base no decreto "Supervisão do trabalho de introdução da tecnologia computacional e dos sistemas de administração automatizadas na economia nacional", aprovado em 1963 – focaram na implantação de institutos dentro dos principais organismos científicos do país, responsáveis pela inserção dos computadores na administração econômica soviética. Por exemplo, o Comitê Estatal de Planejamento implantou internamente um centro de computação e um centro de administração estatística.

Para a inserção do sistema de autômatos, o principal espaço de definição de normas e diretrizes foi o Instituto Central de Economia Matemática (CEMI), ligado à Academia de Ciências da URSS e do Conselho de Cibernética, instituído em 1964, com a liderança do proeminente economista Nikolay Fedorenko (1917-2006), o qual ofereceu amplo suporte às propostas de Glushkov.

O organismo apresentou uma agenda com seis principais objetivos: desenvolvimento de um sistema unificado de informação econômica; implantação de uma rede estatal unificada com centros de computadores; desenvolvimento de modelos matemáticos para análises gerais; elaboração de padrões e algoritmos para planejamento e administração; consolidação de planejamentos concretos e sistemas administrativos baseados em modelos matemáticos e computadores; e elaboração de teorias de planejamento e administração, com a construção de um modelo matemático geral na economia nacional[323].

Fedorenko e Glushkov, entre 1964 e 1966, produziram amplo projeto, com sua implantação total prevista para 1990, de consolidação da Rede Estatal Unificada de Centros de Computadores (EGSVT), posteriormente nomeado Sistema Estatal de Gerenciamento Automatizado (OGAS). Essa rede consistiria em milhares de centros automatizados locais que armazenariam e distribuiriam informações em 30 a 50 centros de médio porte nas principais cidades soviéticas e um centro em Moscou, que administraria essa rede, servindo diretamente ao governo comunista[324].

---

[323] PETERS, 2016.

[324] ZHABIN, S. Making Forecasting Dynamic: The soviet project OGAS. *International Committee for the History of Technology*, Oxford, v. 25, n. 1, p. 78-94, 2020.

Outra base, ligada às ideias de Fedorenko, focou em uma ambiciosa proposta de um Sistema de Funcionamento óptimo da Economia (SOFE). A base desse sistema foi propor profunda reavaliação de aspectos ligados ao planejamento econômico com foco não no produto, mas sim em bens intermediários ou recursos. Esse sistema, a partir da junção da cibernética com cálculos matemáticos e estatísticos, ofereceria uma integração horizontal[325] na economia soviética, possibilitando a consolidação de uma (limitada) economia de mercado e descentralizando alguns trâmites burocráticos. O SOFE, o qual ofereceu apoio às ideias de Liebman, teve como objetivo maximizar a visão da necessidade social sobre produtos, evidenciando tanto o potencial cibernético quanto o materialismo marxista[326].

A recepção do OGAS e EGSVT durante a segunda metade dos anos 1960 mostrou-se ambígua. Por um lado, o setor militar conseguiu aproveitar parcialmente essas propostas com a implantação de redes de informação automatizadas (logo descontinuadas). Mas, de outro, diferentes setores políticos e administrativos apresentaram resistência, indicando pouco interesse em ceder parte de seu poder para o gerenciamento computacional. O OGAS e EGSVT se separaram em projetos distintos como forma de contornar o problema. Tiveram, contudo, que esperar um parecer final da cúpula do partido comunista sobre seu destino.

Fedorenko, a partir de 1967, sofreu um longo período de agressivas críticas vindas de diferentes personalidades políticas, que não só pediam sua deposição, como também o fechamento do CEMI[327]. Em relação ao SOFE, apesar de bem recebido pelo partido, teve apenas utilizações localizadas durante os anos 1960 e 1980[328].

O momento decisivo que selou o futuro não somente do OGAS, mas do caminho a ser seguido pelos projetos de uma rede de computadores no país, foi na reunião de Glushkov com o politburo[329], em 1º de outubro de

---

[325] Estratégia de crescimento baseada na aquisição de empresas que são similares na mesma indústria, ou seja, concorrentes diretos.

[326] ERICSON, R. E. The Growth and Marcescence of the "System for Optimal Functioning of the Economy" (SOFE). *History of Political Economy*, Durham, v. 51, n. S1, p. 155-179, 2019.

[327] Apesar dos ataques, Fedorenko se manteve na direção até 1985, sendo nomeado diretor honorário do organismo, entre 1992 até sua morte (https://en.wikipedia.org/wiki/Nikolay_Fedorenko). Quanto ao Cemi, o instituto se tornou um dos principais relacionados à implantação e no suporte da internet na Rússia pós-comunista (maiores informações disponíveis no site oficial do instituto: http://www.cemi.rssi.ru/).

[328] ERICSON, 2019.

[329] *Politicheske Byuro* (Gabinete de Política) foi o órgão executivo do Partido Comunista na URSS, substituído, em 1994, pelo parlamento russo (Duma).

1970, quando o programa seria discutido e teria suas delimitações e estruturas finalmente definidas. Aparentemente, a reunião seria apenas para aprovação e planejar as etapas de seu desenvolvimento, visto que o topo do partido comunista, em um primeiro momento, apoiava a implantação do OGAS. Contudo, o encontro logo se transformou em um amargo debate[330].

O ponto principal de oposição veio do ministro da economia e finanças Vasily Garbuzov, que, temendo a perda de poder político de seu ministério e ecoando críticas de outros órgãos políticos, burocratas, gerentes de fábricas e até operários, que viam o OGAS como intrusivo e pouco claro em sua estrutura, propôs que o projeto oferecido por Glushkov fosse substituído por outro relacionado a centros informatizados "locais", sem interligação, no máximo, realizando atividades estritamente técnicas ou de caráter estético – indicando um aspecto arquitetônico moderno e futurista –, conforme pretensamente realizado na república bielorrussa, cujo o ministro (erroneamente) usou como exemplo[331].

Glushkov tentou, em vão, convencer os membros para o aceite do OGAS, mas duas ausências, do secretário geral Leonid Brejnev e do primeiro-ministro Alexei Kosygin, que chegaram, informalmente, a apoiar Glushkov, definiram o destino do projeto. Essa ausência até hoje não foi totalmente esclarecida, porém sendo cogitado pressões de Garbuzov, que, supostamente, ameaçou represálias, caso o OGAS fosse aceito[332].

No fim, o OGAS foi rejeitado. Porém, a inclusão de centros automatizados, com limitações, foi permitida, com a utilização dos computadores em amplo escopo de atividades administrativas. Com a proposta de Glushkov derrotada, a URSS entrou em um período confuso na criação de um sistema informatizado.

---

[330] PETERS, 2016, Capítulo 5.
[331] PETERS, 2016.
[332] PETERS, 2016.

Após o OGAS: entre a descentralização e a (re)organização (1970-1989)

Figura 26 – Diagrama da Gestão de Rede em Informação (ASU) para a indústria (c.1969). Com o fracasso do OGAS e EGSVT, as ASU foram uma espécie de "plano B" para o sistema computacional na URSS.

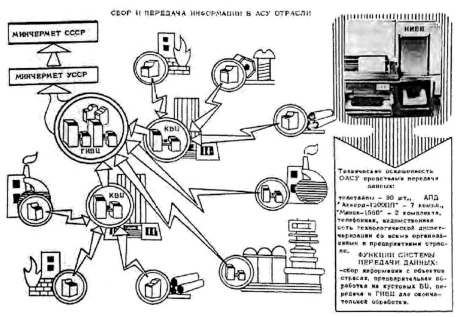

Fonte: Peters (2016, p. 155)

Após 1970, aparentemente, os projetos ligados a um sistema de computadores interligando centros administrativos soviéticos foram definitivamente rejeitados. Não exatamente.

Em relação a Glushkov, o pesquisador, apesar dos reveses, manteve seu prestígio praticamente intacto, chegando, curiosamente, a ser objeto de documentários em que apresentava suas ideias[333]. Entre 1976 e 1977, o OGAS chegou a ser reavaliado e cogitado novamente a ter, pelo menos parcialmente, sua implantação, a partir de redes automatizadas criadas durante a década

---

[333] Uma delas, produzida em 1977, apresentou, além das iniciativas feitas pelo Instituto de Cibernética de Kiev, generoso espaço sobre a vida e obra de Glushkov, mostrando sua intimidade, seus projetos na república ucraniana e ideias acerca de uma sociedade informatizada e sem papel. Desse material, infelizmente, somente alguns trechos estão disponíveis na internet. Ver, por exemplo, *Хотели бы Вы обрести бессмертие с помощью компьютера?* Disponível em: https://www.youtube.com/watch?v=96kzeFK322A

de 1970. No campo teórico, Glushkov usou as ideias da cibernética "tardia" de Afanasiev, Veduta e Gvishiani no sentido de oferecer justificativas para a reabilitação do sistema, com tímidos resultados[334].

Em 1982, foi instituído o Instituto de Pesquisa Científica para Sistemas Automatizados Aplicados (VNIIPAS), que ficou responsável em unificar projetos de sistemas automatizados na URSS, oferecer suporte aos existentes e, a partir do sistema Intercom (projeto de interligação computacional nos países europeus), servir de ponte entre institutos soviéticos e estrangeiros na troca de mensagens eletrônicas e teleconferências[335].

Porém, apesar dessas vitórias localizadas, o pesquisador passaria seus últimos anos enfrentando intrigas políticas, rivalidades profissionais e infrutíferas tentativas de reverter o caráter descentralizador dos centros de automação no país. Sua morte prematura, aos 59 anos, foi lamentada por cientistas e políticos, e novos documentários discutindo sua obra foram produzidos durante os anos 1980.

A implantação parcial dessas redes teve como principal base os Sistemas de Gerenciamento Automatizado/Gestão de Rede em Informação (ASU). Apresentado no final dos anos 1960, esse sistema, na verdade, era um conjunto de procedimentos preliminares para a implantação do OGAS, identificando os equipamentos a serem alocados, os funcionários a serem treinados e as informações administrativas e dados estatísticos a serem produzidos, armazenados e distribuídos. O partido comunista, mesmo negando o OGAS e o EGSVT, aprovou a consolidação das redes a partir do ASU. O que era para ser a etapa inicial transformou-se no escopo central do projeto[336].

Nos anos 1970 e 1980, as "redes" ligadas à ASU na URSS foram divididas em cinco principais categorias: gestão empresarial em sistemas de informação (ASUP), controle automático do processo de produção tecnológica (ASUTP), organização territorial e administrativa do sistema de informação (ASUTO), gestão ministerial e de agências em sistema da informação (OASU) e sistema automatizado de processos de informação (ASOI)[337].

Informações detalhadas sobre a estrutura, as competências e o funcionamento desses organismos mostram-se escassas. Judy e Clough, em

---

[334] SAFRONOV, A. V. Бюрократические И Технологические Ограничения Компьютеризации Планирования В Ссср. *Экономическая политика*, Moscou, v. 17, n. 2, p. 120-145, 2022.

[335] PETERS, 2016.

[336] JUDY; CLOUGH, 1990.

[337] JUDY; CLOUGH, 1990.

sua extensa análise sobre o sistema computacional soviético nos anos 1980, reforçam não somente a falta desses dados, mas também que, muitas vezes, essas competências acabavam mostrando certa confusão, quando um órgão acabava realizando tarefas de outro, criando atritos[338].

Mas se sabe que havia certa hierarquia, com a OASU, ligada aos ministérios, exercendo influência nas atividades de outros centros, e que ASUP, ASUTO e ASOI buscavam implantar centros automatizados em setores como comunicação, transporte, indústria, educação e comércio. No geral, esses centros consistiam em alguns computadores (os modelos variam entre os nativos BESM-6, Minsk e URAL aos clones RIAD/ES e Elektronika) que produziam informação estatística e, em casos localizados, serviam para armazenamento de dados administrativos, salvos em fitas magnéticas e (mais raramente) em disquetes[339].

Apesar das limitações, o governo comunista ofereceu considerável apoio na criação desses centros e de inclusão de computadores nesses. De 199 centros em atividade em 1971, expandiram para 1.095 em 1985. Contudo, conforme citado, esses centros não eram interligados, e apenas algumas reuniões foram realizadas entre eles.

Outro aspecto importante, que marcou a implantação desses centros, era a previsível centralização nas principais cidades soviéticas. Leningrado, por exemplo, em 1986, tinha 421 centros em atividade (um terço do total do país), com o setor industrial englobando 67% das atividades[340].

Na segunda metade dos anos 1970, duas alternativas ao OGAS e ao ASU transformaram-se nas opções mais eficientes entre trocas informacionais, ou pelo menos na centralização de dados via meios automatizados.

O primeiro foi o Sistema Estatal de Serviços de Informação Científica Computadorizada (SCSIS), representado pela Rede Centralizada de Informação Científica Computadorizada (CSICN), com parcial coordenação do VINITI[341].

Segundo o então diretor do instituto, Alexander Mikhailov, o SCSIS, representado por 100 unidades espalhadas ao redor da URSS, foi organizado a partir de um arquivo, com sede em Moscou, onde 22 centros de serviços,

---

[338] JUDY; CLOUGH, 1990.

[339] JUDY; CLOUGH, 1990.

[340] JUDY; CLOUGH, 1990.

[341] SANTOS JUNIOR, R, L. Análise das ideias de A. I. Mikhailov sobre o impacto e utilização das novas tecnologias na Ciência da Informação (1977-1986). *Ciência da Informação em Revista*, v. 2, p. 15-28, 2015.

a partir de um banco de dados, registram e organizam as informações produzidas. Esses bancos de dados, representados por computadores, mas também em serviços ligados em telefone, fax, periféricos, serviço de acesso remoto, planos de classificação e tesauros, permitiam que a informação produzida fosse utilizada por diferentes setores políticos, econômicos e administrativos da URSS, possibilitando também discussões e iniciativas nos organismos que ainda não possuíam de forma satisfatória tecnologias computadorizadas em sua estrutura[342].

Em relação à potencialidade tecnológica do organismo, Mikhailov enfatizou que o VINITI possuía 220 bancos de dados mecânicos que registravam anualmente 1,2 milhão de documentos. Essas bases de dados, em 1986, tinham armazenado cerca de 5,5 milhões de documentos, em que 3.5 milhões podiam ser consultados on-line. Cerca de 100 instituições soviéticas utilizavam consultas via fitas magnéticas, e 40 via terminais remotos. Os desafios do VINITI focaram em oferecer recuperação e processamento de dados de forma eficiente e atualizada aos seus usuários; expandir seus serviços, com a inclusão de computadores pessoais em sua estrutura; e convênios nos quais permitissem que as consultas e os serviços via fitas magnéticas fossem atualizados[343].

Mas, apesar de todo esse potencial, informações sobre o funcionamento dessa rede mostraram-se nem sempre confiáveis. Judy e Clough, por exemplo, mesmo ressaltando o potencial oferecido pelo sistema, apresentam também ceticismo aos dados oferecidos, por perceberem críticas de diferentes pesquisadores sobre os problemas de comunicação relacionados ao telégrafo, controle remoto e telefone, dificultando as consultas científicas[344].

O segundo projeto, provavelmente o único nos anos 1980 que realmente integrou centros em automação no país foi o *Akademset*, desenvolvido e coordenado pela Academia de Ciências da URSS. Com sua implantação iniciada entre 1983 e 1984, teve como objetivo principal tornar mais efetiva e qualitativa a troca informacional entre pesquisadores, permitindo a rápida consulta de artigos ou projetos feitos na URSS. Entre os serviços oferecidos, o sistema listou cinco principais:

---

[342] MIKHAILOV, A. I. Basic Lines of advance in the state computerized scientific information system. *Scientific and Technical Information Processing,* Berlim/ Moscou, v. 13, n. 1, p. 1-6, 1986.

[343] MIKHAILOV, A. I. Application of New Information Technology at VINITI. 43RD FID CONFERENCE PROCEEDINGS. Montreal, Canadá, p. 271-275, 1986. *Anais* [...]. Montreal, 1986.

[344] JUDY; CLOUGH, 1990.

1. acesso das redes e dos sistemas de pesquisa e banco de dados (e, aparentemente, também via correio eletrônico) em instituições e agências ligadas à Academia de Ciências ou com autorização para acesso ao seu acervo;

2. permitir serviços eficientes ligados ao acesso dos computadores remotos, como login e transferência de arquivos;

3. aumento da eficiência no uso dos computadores como recursos informacionais e o aperfeiçoamento da utilização tecnológica para as pesquisas científicas;

4. acesso a redes e à base de dados informacionais estrangeiras;

5. teste experimental dos meios e métodos para o aprimoramento técnico, informacional, legal e organizacional, oferecendo suporte para uma eficiente rede automatizada[345].

Sua estrutura consistia em uma rede regional subdividida nos setores experimental e profissional, em que as consultas, via remoto ou pessoalmente, eram analisadas e repassadas aos usuários. Nos primeiros anos de implementação, os hardwares utilizados consistiam, principalmente, nos modelos Iskra-226, Elektronika-60, SM-1800 e SM-1300[346].

O sistema, aberto via comutação de pacotes a partir de um protocolo ISO X.25 modificado, também operava a partir de protocolos internacionais, como o IBM BTAM. Ambos permitiam que o usuário, no terminal ao qual estava logado, obtivesse informações de seu interesse[347].

Entre 1988 e 1989, o *Akademset* estava distribuído em centros de grande porte em Moscou, Leningrado, Novosibirsk, Sverdlovsk, Vladivostok, Khabarovsk, Kiev, Riga e Tashkent, e menores localizados em Tallinn, Vilnius e Minsk[348].

Os terminais ligados aos principais centros, como em Leningrado e Riga, disponibilizavam mensagem viva voz e informação gráfica. A quantidade de autômatos disponíveis variava, porém o número mínimo de 10 computadores, ligados a uma rede local de ethernet (LAN) nomeada ATRA, e um modelo de correio eletrônico chamado ADONIS, foi a média geral. A grande maioria dos campos de pesquisa englobados pelo sistema estava ligada a exatas e naturais.

---

[345] JUDY; CLOUGH, 1990.

[346] JUDY; CLOUGH, 1990.

[347] JUDY; CLOUGH, 1990.

[348] GOODMAN, S. E.; MCHENRY, W.; WOLCOTT, P. Scientific Computing in the Soviet Union. *Computers in Physics*, Baltimore, v. 39, n. 3, p. 39-45, 1989.

Esse aspecto gerou críticas de pesquisadores das ciências humanas e sociais, que reclamavam da pouca informação disponibilizada para suas pesquisas[349].

Buscando interligar essa rede com a de outros países do bloco comunista, um sistema chamado Interset foi posto em prática, a partir de 1984. Contudo, tirando algumas informações esparsas ligadas a trocas bem-sucedidas de dados com a Hungria, pouco foi disponibilizado sobre esses serviços.

A comunicação entre Moscou e Novosibirsk, por exemplo, estava disponível em apenas nove horas diárias com velocidade de 2.600 bits por segundo, podendo, em casos isolados, aumentar para 9.600 bits. Cita-se também certa confusão com a construção dos protocolos onde alguns centros criaram protocolos próprios e outros se adaptando a uma estrutura hierárquica, sugerindo que, por mais "centralizado" que o *Akademset* tentasse aparentar, a descentralização em vários locais manteve a tônica[350].

Últimas iniciativas (1989-1991)

Após um longo período de infrutíferas iniciativas de centralização e descentralização, o período entre 1989 e 1991 viu o governo soviético rever algumas de suas prioridades para o aprimoramento dos sistemas e redes de autômatos no país.

Um dos pontos que o governo comunista focou nesse período foi a criação de uma indústria ligada à telefonia celular, a potencialização da fibra óptica, a revisão sobre as informações transmitidas via satélite e a reformulação das linhas de telefonia do país.

Em especial sobre a telefonia, na época, uma característica-chave para a consolidação da Internet no país mostrou-se como um dos seus pontos fracos, ressaltando o atraso tecnológico soviético. Segundo estimativas feitas na segunda metade dos anos 1980, apenas cerca de 30% das famílias soviéticas possuíam telefone (23% em centros urbanos e 7% em áreas rurais), e quase metade dos órgãos de pesquisa tendo redes telefônicas problemáticas, mostrando um sistema de comunicação ineficiente, que impedia uma melhor interligação entre diferentes centros de pesquisa e institutos científicos[351].

---

[349] GOODMAN; MCHENRY; WOLCOTT, 1989.

[350] GOODMAN; MCHENRY; WOLCOTT, 1989.

[351] Estimativas e dados estão em:
SULLIVAN, W. Soviet Scientists Often Thwarted. *The New York Times*, Nova York, 7 out. 1986. Disponível em: https://www.nytimes.com/1986/10/07/science/soviet-scientists-often-thwarted.html.
GOODMAN, S. E. The Information Technologies and Soviet Society: Problems and Prospects. *IEEE Transactions on Systems, Man, and Cybernetics*, Nova Iorque, v. 17, n. 4, p. 525-552, 1987.

O partido comunista, a partir desses dados, finalmente priorizou a consolidação da Internet na URSS e resolveu estimular a inserção da iniciativa privada nesses sistemas e a consolidação de locais de coordenação e suporte às redes criadas ou que seriam implantadas.

Um aspecto interessante, percebido na pesquisa, é que existem poucos trabalhos discutindo essa fase final da Internet soviética. Uma exceção veio com o citado pesquisador estadunidense Joel Snyder, que, em sua pesquisa de doutorado, baseada em visitas à URSS/Rússia entre 1989 e 1991, ofereceu um extenso estado da arte sobre a Internet nos últimos momentos da URSS[352].

Em setembro de 1990, a URSS realizou reuniões com o braço europeu do Bitnet, a Rede Acadêmica e de Pesquisa Europeia (EARN), definindo o SUEARN, focado no Instituto de química orgânica e no Instituto central de Matemática e Economia, permitindo a inserção da URSS numa rede transnacional de computadores. Ainda nesse mês, o domínio.su, após intensa participação de diversos pesquisadores soviéticos, foi registrado na Autoridade para Atribuição de Números da Internet, ficando em atividade até 1994, quando foi substituído pelo domínio.ru (porém até hoje ativo).

Em outubro de 1990, a Comunicação Eletrônica Russa (Relcom) foi implantada, servindo de base para intermediar projetos nativos, dos programas internacionais ou em parceira russa/estrangeira, seguida pela Glasnet, iniciativa ligada a personalidades políticas e econômicas, buscando mapear as redes de computadores no país. Nos meses seguintes, outras repúblicas seguiram por iniciativas parecidas, como no Azerbaijão (implantando as redes locais RIVS e AZNET).

Novas redes, como Infocom, Argonavt, Mostnet, RICS e Tymnet, foram alguns dos projetos de rede de computadores e de troca informacional automatizada implantados entre 1990 e 1991, muitos aprovados a partir da inserção de empresas privadas estrangeiras com organismos estatais soviéticos. Cita-se que muitos desses projetos, por serem em parcerias com a iniciativa privada, tiveram suas informações não disponíveis ou se apresentaram de forma fragmentada[353].

---

[352] SNYDER, J. M. *Technological reflections:* The absorption of networks in the Soviet Union. Tese (doutorado em administração em empresas). Arizona: Universidade do Arizona, 1993. Disponível em: https://repository.arizona.edu/handle/10150/186273.

[353] Snyder, em seu perfil no LinkedIn, informa, de forma irônica, que muito do material ligado à sua tese de doutorado acabou classificado como confidencial.

Por último, citam-se grupos de caráter parcialmente informal, aproveitando iniciativas surgidas nos EUA durante os anos 1980. A principal delas foi a Fidonet, unindo engenheiros e programadores interessados na inserção do KremlinBBS[354] em redes de contato no país. O grupo consolidou as primeiras redes bem-sucedidas nesse sistema (servindo de base para outras iniciativas no pós-comunismo), entre as cidades de Novosibirsk e Carcóvia, em 1990, e de serem importante ponto de resistência contra o malfadado golpe da cúpula do partido comunista contra Mikhail Gorbachev, em agosto de 1991, no qual repassavam informações censuradas do governo ao grande público.

Uma última tentativa de solucionar essa questão, feita de forma confusa e oferecendo critérios muitas vezes vagos de implantação, foi a criação de *joint ventures* entre organismos soviéticos com empresas privadas norte-americanas, europeias e asiáticas. Snyder, em levantamento preliminar, identificou 19 projetos de parceria estabelecidos em 1991, em especial, ligados à produção e distribuição de celulares/telefonia móvel entre organismos soviéticos com empresas italianas, inglesas, alemãs, sul-coreanas, malasianas e francesas. Como citado anteriormente, apesar do interesse inicial, o número de parceiras que poderiam expandir essas iniciativas mostrou-se limitado. Resultados mais promissores na Rússia tiveram que esperar até o início do século XXI[355].

Após o fim da URSS, entre 1994 e 1995, uma profunda reestruturação foi feita, aproveitando parcialmente esses projetos. Tanto o Akademset quanto o VNIIPAS foram extintos, substituídos por organismos públicos e privados, coordenados no século XXI pelo Ministério de desenvolvimento digital, comunicação e mídia de massa e pelo CEMI, reestruturado a partir de novas diretrizes, reorganização essa que ocupou a agenda de implantação da Internet russa nos 25 anos seguintes[356]. A partir de 1996, a Internet da Rússia, ligada às iniciativas governamentais, empresas privadas ou de caráter independente, foi denominada de Runet[357].

---

[354] (BBS) é um software que permite a ligação (conexão) via telefone a um sistema, por meio do computador, permitindo a interação.

[355] SNYDER, 1993.

[356] POLAK, Y. The 20th Anniversary of Russian Internet (View from CEMI). Third International Conference on Computer Technology in Russia and in the Former Soviet Union (SoRuCom). *Proceedings*, Kazan: IEEE , p. 196-198, 2014.

[357] ASMOLOV, G.; KOLOZARIDI, P. Run Runet Runaway: The Transformation of the Russian Internet as a Cultural-Historical Object. *In:* GRITSENKO, D.; WIJERMARS, M.; KOPOTEV, M. (org.). *The Palgrave Handbook of Digital Russia Studies*. Londres: Palgrave Macmillan, 2021. p. 277-296.

PARTE QUATRO
DILEMAS INFORMACIONAIS

9.

A COMPUTAÇÃO SOVIÉTICA NA "ERA DA INFORMAÇÃO"

Na primeira metade dos anos 1960, a concorrência entre as gigantes da automação estadunidense ocorria de forma intensa, em alguns momentos com intervenções do governo, de universidades, das forças armadas e de uma incipiente indústria privada que se consolidava na Califórnia, o que foi chamado de "vale do silício".

Uma dessas empresas, a *International Business Machines* (IBM), no início dos anos 1960, investiu a impressionante quantia de 5 bilhões de dólares para a construção de uma linha de computadores, objetivando consolidar sua hegemonia no mercado. Mesmo que o investimento não tenha sido um "tudo ou nada" (o projeto em si estava sendo desenvolvido há cerca de seis anos), o alto custo se mostrou uma cartada arriscada. Porém, valeria a pena[358].

O produto advindo dele, o IBM/360, projeto liderado por Gene Amdahl e lançado em abril de 1964, não somente foi um grande sucesso comercial, como considerado por muitos um marco na Computação, sendo um dos modelos que ajudaram a popularizar a automação no setor privado, garantindo a liderança da IBM nas décadas seguintes. O computador foi inovador em vários aspectos. O modelo levou a padronização dos 8-bits como célula de memória mínima, a inclusão de canais de dados internos e externos via fitas magnéticas, além de permitir ao consumidor realizar atualizações e *upgrades* ao nível de desempenho desejado, expandir a quantidade de memória disponível e conectar periféricos ao modelo[359].

Não somente nos EUA o IBM/360 foi considerado um marco. Meses após seu lançamento, França e Inglaterra investiram em novas séries de computadores baseando-se nesse modelo, inserindo considerável número deles em suas empresas privadas, com o Japão, a partir de 1966, também

---

[358] CORTADA, J. W. Change and Continuity at IBM: Key Themes in Histories of IBM. *Business History Review*, Cambridge, v. 92, n. 1, p. 1-31, 2018.

[359] CORTADA, 2018.

adaptando sua política de computadores com base no IBM/360. Na URSS, pouco se sabe do impacto inicial do computador no governo e nos projetos de automação no país. Porém, conforme será discutido, pelas legislações feitas no fim dos anos 1960, especula-se que o modelo foi longe de ser ignorado[360].

O IBM/360 e modelos posteriores serviram como símbolo de uma nova fase ligada à informação.

A partir de meados dos anos 1960 e início dos 1970, consolidava-se, de forma instável e nem sempre bem-compreendida, uma realidade sinalizando a obsolescência de antigos paradigmas ligados à produção industrial, científica e tecnológica, atingindo diretamente os modelos econômicos tanto dos países capitalistas quanto comunistas. Nesse período, os campos da Comunicação e Sociologia apresentaram influentes abordagens, consolidando termos como "Aldeia Global"[361], "sociedade do conhecimento"[362], "sociedade pós-industrial"[363], "sociedade da informação"[364] e "terceira onda"[365], buscando discutir e identificar um cenário onde a informação, o capital imaterial (baseado no conhecimento) e as novas tecnologias estavam substituindo ou interagindo com a então dominante forma de produção taylorista-fordista. Um dos consensos foi de que, caso os países não conseguissem adaptar-se, poderiam ocorrer sérios problemas em seus sistemas financeiros e científicos, excluindo o acesso à informação de parcela considerável de suas populações, aumentando, assim, a desigualdade social[366].

Na Computação soviética, as perspectivas, na segunda metade dos anos 1960, se mostraram promissoras. A construção do BESM-6 indicava que modelos nativos estavam em paridade aos modelos ocidentais produzidos na época.

---

[360] CORTADA, J. W. *IBM:* The Rise and Fall and Reinvention of a Global Icon. Cambridge, MA: MIT Press, 2019.

[361] MCLUHAN, M. *A galáxia de Gutenberg:* a formação do homem tipográfico. São Paulo: Editora Nacional/ Editora da USP, 1972.

[362] MACHLUP, F.; MANSFIELD, U. (org.). *The study of information:* Interdisciplinary messages. New York: John Wiley & Sons, 1983.
DRUCKER, P. *A sociedade pós-capitalista.* 7. ed. São Paulo: Pioneira Thompson Learning, 2001.

[363] TOURAINE, A. *The post-industrial society.* Tomorrow's social history: Classes, conflicts and culture in the programmed society. New York: Random House, 1971.
BELL, D. *The coming of post-industrial society:* A venture in social forecasting. New York: Basic Books, 1973.

[364] PORAT, M. *The information economy:* Definition and measurement. Washington: United States Department of Commerce, 1977.

[365] TOFFLER, A. *A terceira onda.* Rio de Janeiro: Record, 1997.

[366] A bibliografia sobre a "era da informação" é vasta, com diferentes abordagens e contínua produção. Um bom ponto de partida pode ser nas trilogias produzidas por: CASTELLS, M. *A Sociedade em rede.* São Paulo: Paz e Terra, 2011. CASTELLS, M. *O poder da identidade.* São Paulo: Paz e Terra, 2018. CASTELLS, M. *Fim de milênio.* São Paulo: Paz e Terra, 2020. HARDT, M.; NEGRI, A. *Império.* Rio de Janeiro: Record, 2001. HARDT, M.; NEGRI, A. *Multidão:* Guerra e democracia na era do Império. Rio de Janeiro: Record, 2005. HARDT, M.; NEGRI, A. *Bem-estar comum.* Rio de Janeiro: Record, 2016.

Centros de construção de modelos e peças em cidades russas e bielorrussas, e de locais de produção de softwares, indicaram independência do Ocidente para a consolidação de seus equipamentos. E propostas de rede/sistemas computacionais no país chegaram a chamar atenção em diferentes organismos estadunidenses.

Todavia, conforme discutido, o governo comunista freou várias dessas iniciativas. As redes de computadores, que inicialmente tiveram suporte governamental, acabaram ou rejeitadas ou, no caso do OGAS, usadas de forma fragmentada. Apesar dos centros de construção de computadores ou softwares em atividade, a relação do governo a eles, leia-se investimento, continuava ambígua, e muitos deles seguiram por um caminho instável por quase toda a existência da URSS, apesar de a autonomia desses locais ser mantida.

É tentador pensar que esses problemas adviriam apenas pelas políticas do então secretário geral Leonid Brejnev (1906-1982), ligado ao que foi chamado por algumas autoridades soviéticas de "era da estagnação" durante seu governo (1964-1982)[367]. Porém, o cenário computacional soviético, a partir dos anos 1970, mostra-se mais complexo e com nuances que serão discutidas nos próximos capítulos.

Talvez, o principal "golpe" oferecido pelo governo comunista à indústria de automação no país foi com a promulgação da resolução n.º 1180/420, de "Desenvolvimento das máquinas de computação e seu design", de 30 de dezembro de 1967, implantada a partir de 1969, que adotou políticas de cópia e clonagem de modelos ocidentais (em especial ligadas a IBM) para os equipamentos produzidos na URSS. A medida, a médio e longo prazos, teve efeito problemático na indústria computacional do país, onde muitas das iniciativas nacionais tiveram que, de forma abrupta, se adaptar a essa realidade.

O desenvolvimento da resolução e as motivações que a fizeram ser promulgada ainda carecem de estudos mais aprofundados. Alguns motivos, como do interesse do partido comunista em controlar os grupos de pesquisa ligados à automação, críticas ao instável funcionamento e baixo aproveitamento de alguns dos modelos nativos, em aliviar os custos advindos da corrida armamentista com os EUA, ou em facilitar a consolidação do Sistema Unificado de Computadores Eletrônicos (ES EVM) no Leste Europeu (que começava a receber modelos IBM desde meados dos anos 1960), são cogitados em literaturas esparsas[368].

---

[367] Um bom resumo sobre a era Brejnev pode ser lida em: HANSON, S. The Brezhnev era. *In:* SUNY, R. G. (org.) *The Cambridge History of Russia III*: The Twentieth Century. Cambridge: Cambridge University Press, 2006. p. 292-316.

[368] GRAHAM, L. *What Have We Learned about Science and Technology from the Russian Experience?* Stanford: Stanford University Press, 1998.
CAPPIELLO, D. *Minding the Gap*: Western Export Controls and Soviet Technology Policy in the 1960s. 2010. Dissertação (Mestrado em História) – Universidade de Maryland, Maryland, 2010.

Sabe-se, contudo, que houve oposição a essa nova legislação. Lebedev, Bruk, Bazilevskii e Ershov fizeram duradouras e ressentidas críticas à resolução, acusando que ela feria a autonomia soviética no campo da Computação. Apesar de localizadas, mas apresentadas por nomes importantes da automação na URSS, as críticas sinalizaram que a resolução foi longe de receber uma recepção unânime.

Outro aspecto importante é que o decreto acabou decidindo sobre a intensa e longa disputa entre diferentes setores soviéticos, referente aos caminhos que a Computação do país deveria seguir. Os ministérios *Minradioprom* e *Minpribor* tiveram, com a resolução, vitória sobre a Academia de Ciências da URSS, que demandava maior diversificação na produção de modelos, diminuição do controle militar e descentralização dos locais de produção dos computadores. Durante os anos 1970, enquanto esses ministérios ocupavam o papel de principal centro em Informática na URSS, a Academia de Ciências foi colocada em papel secundário, com a militarização da computação soviética definitivamente consolidada.

Independentemente das reais motivações dessa resolução, a política de clonagem foi posta em prática a partir do final dos anos 1960. Conforme será visto, isso não eliminou por completo iniciativas soviéticas de construção de modelos. Mas, a partir da segunda metade dos anos 1970, a "sovietização" de hardwares e softwares ocidentais –especialmente os sistemas IBM 360, 370 e 303x – foi a tônica dominante, o que ajudou a aumentar o atraso tecnológico dos países comunistas em relação aos EUA e à Europa Ocidental.

Nesse período, percebeu-se também que a produção e utilização de computadores na União Soviética, na verdade em todo o bloco comunista, não somente se mantinha distante da dos Estados Unidos, mas que essa distância começava a se mostrar cada vez mais difícil de ser revertida. Em 1970, os Estados Unidos tinham em atividade 70,48 mil computadores, superando, com folga, os produzidos pelos países ligados ao COMECON[369], que possuíam 6,45 mil (5,5 mil na União Soviética)[370].

Outro fator problemático que influenciou diretamente a produção de modelos computacionais no bloco comunista veio de medidas restritivas advindas dos países capitalistas ligados à troca e obtenção de material tecnológico.

Em especial, cita-se o Comitê Multilateral de Coordenação dos Controles de Exportação, (CoCom), instituído, em 1949, em conjunto com a

---

[369] Organismo que visava à integração econômica das nações do Leste Europeu, em atividade de 1949 a 1991.

[370] CORTADA, J. W. Information Technologies in the German Democratic Republic (GDR), 1949–1989. *IEEE Annals of the History of Computing*, Nova Iorque, v. 34, n. 8, p. 34-48, 2012.

Organização do Tratado do Atlântico Norte (OTAN). Em público, o organismo foi apresentado como uma medida de recuperação da Europa Ocidental no pós-guerra, estimulando investimentos em tecnologia. Mas logo o órgão, liderado pelos Estados Unidos, incluindo países da Europa Ocidental e, posteriormente, do Japão e da Austrália, incluiu uma longa e extensa lista de embargo à tecnologia dos países comunistas. Apesar de os computadores não serem incluídos diretamente até os anos 1960, restrições a peças, equipamentos e hardwares fizeram parte da relação tecnológica entre o Ocidente e o bloco comunista durante toda a Guerra Fria. Apesar de exceções feitas à China a partir de 1972 e, conforme citado, de acordos entre a URSS com empresas e instituições estadunidenses e europeias na compra de modelos ligados à série URAL, o CoCom somente abrandou seus ditames a partir de 1989, com o fim do bloco socialista, sendo desativado em 1994[371].

Para a indústria soviética, o CoCom, em seus primeiros anos, não ofereceu grande impacto, visto que o estímulo a uma produção nativa e o suporte, mesmo que errático, do governo comunista, fizeram com que os projetos computacionais fluíssem sem que houvesse dependência exterior[372]. Durante os anos 1970, contudo, com a política de clonagem adotada, essas restrições de peças e informações sobre modelos ocidentais criaram consideráveis problemas internos, que se agravaram com o passar do tempo, visto que a IBM, que apoiava o comitê, dificultou ao máximo oferecer informações mais aprofundadas sobre seus modelos ao bloco comunista.

Ao invés de iniciativas próprias, contrabando de modelos, engenharia reversa e um serviço secreto que, por anos, buscou identificar – muitas vezes sem sucesso ou com longo atraso – o know-how e equipamentos mais avançados disponíveis nos EUA, na Europa e, durante os anos 1980, no Japão, foram a tônica da política tecnológica soviética em suas últimas décadas. Uma consequência direta dessas políticas foi que a defasagem tecnológica entre a URSS e os EUA acumulou-se de forma constante, influindo na produção de softwares, dos chips, que se mostravam cada vez mais caros, e das câmaras de construção, que não conseguiam mais produzir esses chips[373].

A Computação soviética, nos anos 1960 e 1970, se centralizou também na tentativa da criação de um sistema computacional englobando o Leste

---

[371] LESLIE, C. From CoCom to Dot-Com: Technological Determinisms in Computing Blockades, 1949 to 1994. *In:* LESLIE, C.; SCHMITT, M. (org.) *Histories of Computing in Eastern Europe* – IFIP World Computer Congress, WCC 2018. Springer, 2019, p. 196-225. LIBBEY, J. CoCom, Comecon, and the Economic Cold War. *Russian History*, Leiden, v. 37, n. 2, p. 133-152, 2020.

[372] GOODMAN, 1979.

[373] CASTELLS, 2020.

Europeu e Cuba. Também se tentou a criação de uma rede unificada de computadores interligando o bloco comunista e a construção de supercomputadores ou equipamentos de alta performance.

Sistemas unificados de computadores: copiar para ultrapassar[374]

Figura 27 – Computadores produzidos no projeto RIAD/ES. Acima: ES-1035 (esquerda) e ES-1045 (direita). Abaixo: ES-1055 (esquerda) e ES-1007 (direita).

Fonte: Wikimedia Commons https://museum.dataart.com/en/history/glava-3-sofialisti-cheskaya-komp-yuterizafiya/

---

[374] A principal fonte sobre o projeto Riad veio a partir do relato de um de seus participantes, o engenheiro Victor V. Przhijalkovskiy, em longa análise sobre a evolução, as potencialidades e as fragilidades do projeto. Ver: PRZHIJALKOVSKY, V. V. *Historic Review on the ES Computers Family*: Part one – the beginning (the years 1966 – 1973). Russian Virtual Computer Museum. 1 dez. 2014. Disponível em: https://www.computer-museum.ru/english/es_comp_family.php. PRZHIJALKOVSKY, V. V. *Historic Review on the ES Computers Family*: Part two – until 1983. Russian Virtual Computer Museum. 27 jan. 2015. Disponível em: https://www.computer-museum.ru/english/es_comp_family_2.php. PRZHIJALKOVSKY, V. V. *Historic Review on the ES Computers Family*: Part Three- final. Russian Virtual Computer Museum. 31 jan. 2015. Disponível em: https://www.computer-museum.ru/english/es_comp_family_3.php Acesso em 21 de ago. 2022. Outra fonte utilizada foi: JUDY, R. W.; CLOUGH, R. W. Soviet Computers in the 1980s: A Review of the Hardware. *Advances in Computers*, Amsterdam, v. 29, p. 251-330, 1989.

Entre 1969 e 1970, consolidou-se o que foi chamado de "sistema unificado de computadores" (RIAD ou ES). Esse consistiu, a partir de fases fechadas de construção, na produção de série de modelos com características específicas, a serem inseridos em instituições de pesquisa na URSS e no bloco comunista. Alguns modelos foram produzidos na União Soviética, e outros em conjunto com países do Leste Europeu, com Cuba inserido no desenvolvimento de linguagens de programação.

O objetivo final, suprir o bloco comunista de modelos produzidos na URSS/no Leste Europeu, se mostrou consideravelmente ambicioso, indicando dificuldade, pelo menos a médio-longo prazo, de ser cumprido[375] (os Estados Unidos, por exemplo, buscaram inserir empresas privadas, em especial a IBM, em parcerias comerciais e, quando possível, com projetos nacionais em países da Europa, Ásia e América Latina, porém, pelo menos em um primeiro momento, evitando tentativas de centralização[376]).

Outro objetivo apresentado foi a criação de uma rede ou sistema de computadores interligando a URSS com o Leste Europeu. E aqui se mostra ainda mais intrigante: primeiro, por não ter sido apresentado como ou de que forma seria feita essa rede; e segundo, conforme citado, no início dos anos 1970, o governo soviético ter rejeitado diferentes propostas em âmbito interno, em especial a OGAS de Glushkov[377].

No total, foram três fases principais – RIAD-1 (1970-1977), RIAD-2 (1978-1983), RIAD-3 (1983-1989) – e uma quarta, ligada a computadores pessoais, que chegou a ser iniciada, porém interrompida com a dissolução da URSS. Nelas, buscava-se a inserção de modelos clones, principalmente da IBM, adaptando tanto seus hardwares quanto softwares. Em paralelo, foram implantados também o programa SM, ligado à produção de minicomputadores, e o de construção de supercomputadores.

Em um primeiro momento, os projetos, em sua coordenação feita pelo engenheiro e ministro Alexander Shokin (1909-1988), indicavam uma bem-vinda interação entre diferentes organismos ligados à Academia de Ciências com o *Minradioprom* e *Minpribor*, apesar de os ministérios manterem a centralização dos programas (e das tensões com a Academia de Ciências continuarem, mesmo que em menor intensidade).

---

[375] DAVIS; GOODMAN, 1978.
[376] CORTADA, 2018.
[377] DAVIS; GOODMAN, 1978.

Na produção de equipamentos, essa "união" também foi celebrada, em que fábricas nas cidades de Cazã, Everã, Minsk e Kiev ficaram responsáveis pela produção dos hardwares, substituindo a construção de modelos nativos. Essa "interligação" seria definida, durante os anos 1970 e 1980, no Projeto de Design de Computadores (CAD) e no Projeto de Manufatura de Computadores (CAM), esse último criando diretrizes e oferecendo suporte na produção dos hardwares e softwares no país.

Contudo, na prática, ruídos e instabilidades foram percebidos tanto na coordenação dos projetos quanto na produção dos computadores, em que muito da eficiência ocorria mais por causa da centralização e intervenção, por vezes agressiva, do partido comunista e dos órgãos de segurança, do que de uma coesa interrelação entre esses locais.

O RIAD-1, centralizando sua produção em Cazã, produziu seus primeiros computadores em 1972, no geral, clones dos modelos IBM 360/30 e 360/65. Dentre os produzidos na URSS, cita-se: o ES-1020 (1972), que realizava cerca de 20 mil operações por segundo, com 64 a 256 kb de memória com canais de entrada e saída; o ES-1030 (1972), com 60 a 100 mil operações por segundo e memória de 128 a 512 kb; e o ES-1050 (1973), com 500 mil operações por segundo e memória de 128 a 1024 kb.

Em relação ao RIAD-2, o qual teve construção em fábricas na Armênia e Belarus, cita-se os modelos: ES-1033 (1977), ES-1035 (1977), os ES-1045, ES-1052 e ES-1060, os três produzidos em 1978, e o ES-1055 (1979). Os modelos da IBM que serviram de base foram: 360/44, 360/50, 370/135, 370/148, 370/165 e 370/168. A quantidade de operações variou de 150 a 5,5 mil por segundo, a memória principal entre 256 Kb e 16Mb, com impressora e registro de dados em fitas magnéticas.

A série de RIAD-3, que funcionou durante a segunda metade da década de 1980, focou na construção de modelos mais compactos, mesmo que não a ponto de serem minicomputadores ou computadores pessoais. O ES-1036 (1984), ES-1065 (c.1985), ES-1066 (1987-1988) e ES-1007 (1987-1988) foram os principais produzidos. Os modelos 370/138, 4341, 3033N e 3033U foram os principais da IBM clonados nessa fase. Os dados de funcionamento desses modelos mostram-se contraditórios, porém se sabe que o volume de operações variou entre 1 mil e 5 mil por segundo, de 2 a 16 Mb de memória RAM, variando a utilização de fitas magnéticas, disquetes e fitas cassete.

Por fim, a série RIAD-4, instituída em 1984 e em atividade até 1991, projeto em parceria com a Academia de ciências, o *Minelektronprom* e o

Minipribor acabaram focados na produção de computadores pessoais (ver Capítulo 10).

O governo soviético inicialmente comemorou os resultados iniciais da inserção desses computadores no bloco comunista. Em duas feiras tecnológicas de grande porte promovidas na URSS, em 1973 e 1979, com ampla exposição dos modelos produzidos nas duas primeiras fases do RIAD e com a participação da alta cúpula do partido, foi afirmado que os países socialistas estavam sendo inseridos em uma nova realidade informacional.

Esses modelos, nos primeiros anos, supriram parcialmente a demanda de computadores nos países comunistas, criando relações interdisciplinares entre engenheiros e programadores soviéticos com os do Leste Europeu e cubanos. Nos anos 1970, algumas lacunas em institutos de pesquisa e centros administrativos também foram parcialmente preenchidas.

Mas, em poucos anos, os resultados começaram a mostrar entraves e problemas, que se agravaram durante os anos 1980. O principal deles era que os modelos produzidos apresentavam problemas de funcionamento, dificuldade de reparo e obtenção de peças. Também sua operacionalização recebeu críticas, com os equipamentos sendo acusados de lentos e com dificuldade de utilização de suas linguagens de programação.

Outro problema era o tempo de produção dos modelos soviéticos em detrimento ao estadunidense, que servia de base, em que, em exceções mais "eficientes", o tempo de atraso dessa produção era de cinco a seis anos, porém, na maioria dos casos, com uma distância entre 8 e 11 anos. No final dos anos 1980, foi percebido que a produção não supria mais a demanda no bloco comunista. Países como Hungria, Polônia e Alemanha Oriental buscaram, mesmo com os limites impostos do CoCom, muitas vezes de forma não oficial, acordos com países ocidentais para a obtenção de modelos ligados à IBM, ou, pelo menos, a construção de alternativas híbridas, podendo utilizar de modelos estadunidenses, soviéticos ou japoneses[378].

Nesse período, no âmbito dos hardwares, os modelos búlgaros – em especial o IZOT 1030 –, alemães orientais – o Z80A – e, no software, o programa cubano Cobol, eram usados de forma preferencial aos produzidos na URSS, no Leste Europeu e, até mesmo, em alguns centros da própria União Soviética. Isso criou constrangimento e tensões, pois evidenciou

---

[378] Informações sobre essas iniciativas ainda se mostram escassas e não aprofundadas. Alguns dados podem ser obtidos em: GOODMAN, S. Socialist technological integration: The case of the east European computer industries. *The Information Society: An International Journal*, Baltimore, v. 3, n. 1, p. 39-89, 1984.

que a União Soviética não somente estava distante dos Estados Unidos, do Japão e da Alemanha Ocidental, mas até em partes do bloco comunista com o qual mantinha hegemonia. Nas últimas reuniões dos chefes de design dos computadores da RIAD/ES-EVM e SM-EVM, ocorridas em Dresden (1988), essas questões foram incluídas em longas, tensas e, infelizmente, pouco documentadas discussões, indicando rompimentos e descentralização das iniciativas. Com o fim do bloco comunista e da URSS, esses projetos foram discretamente descontinuados e, em 1998, encerrados[379].

Supercomputadores soviéticos

A partir da segunda metade dos anos 1960, foi consolidada a computação de arquitetura paralela, ou de alta performance. A produção desses modelos baseou-se em múltiplos processadores realizando diversas instruções, expandindo o conjunto de operações por segundo de centenas de milhares para milhões. Esses modelos foram produzidos em larga escala durante os anos 1970 e 1990, abarcando não somente Estados Unidos e Europa, mas também Japão, Ásia, Oceania e, em exemplos localizados, África e Brasil (neste último, os modelos MS-1 e MS-2ª)[380].

A União Soviética teve papel precursor na construção desses modelos, sendo que, no final dos anos 1960, alguns equipamentos nativos emularam computadores de alta performance ocidentais e serviram de base para outros computadores de mesmo porte no pós-comunismo. Contudo, apenas alguns modelos conseguiram ser postos em atividade no país, boa parte nos últimos anos da URSS. Mesmo assim, sucessos, mesmo que isolados, foram identificados.

---

[379] ZAKHAROV, V. On the Joint Activity of the Socialist Countries in the Field of Creating Computer Systems at the Last Stage (1980s-Early 1990s). 2020 Fifth International Conference "History of Computing in the Russia, former Soviet Union and Council for Mutual Economic Assistance countries" (SORUCOM). *Proceedings*, Moscou, p. 37- 41, 2020.

[380] Um extenso levantamento desses modelos produzidos, além de informações aprofundadas sobre a estrutura e o funcionamento desses computadores, estão em: DUCAN, R. Parallel Computer Construction Outside the United States. *Advances In Computers*, Amesterdam, v. 44, p. 170-218, 1997.

ELBRUS

Figura 28 – Computador ELBRUS-1

Fonte: Wikimedia Commons

O sucesso do BESM-6, com sua intensa produção e utilização na indústria soviética por mais de três décadas, indicou o final de uma fase na computação da URSS, em que a produção nativa seria substituída pelos clones e cópias dos modelos estadunidenses. Mas se deve ter cautela nessa afirmação. Como discutido, o grupo de pesquisa na Rússia liderado por Isaac Bruk, e posteriormente Mikhail Kartsev, conseguiu, pelo menos parcialmente, oferecer modelos nativos até meados dos anos 1980, mesmo que vários deles não tivessem a mesma inserção que as produzidas por Lebedev e o ITMVT.

Isso também se aplica à nova fase de produção de computadores no ITMVT após a implantação do BESM-6, em 1969. No ano seguinte, Lebedev, que gradativamente começava a se afastar da liderança do ITMVT e preparava sua sucessão ao cargo, apoiou três projetos paralelos no organismo.

O primeiro, liderado por Vladimir Melnikov (1928-1993), um dos alunos mais talentosos de Lebedev e arquiteto do BESM-6, seria a expansão do modelo para um de 64-bit e circuito integrado, chamado preliminarmente de BESM-10. O segundo, ligado ao programador Vsevolod Burtsev (1927-2005), focou na construção de uma linha independente de supercomputadores, chamada ELBRUS. E, por fim, uma espécie de "meio termo" veio com o sistema computacional AS-6, desenvolvido por Andrey Sokolov (1930-1998), relacionado a controle de objetos em tempo real, focando sua utilização nas áreas da cosmonáutica e balística[381].

Em relação ao AS-6, devido a suas potencialidades – realização de 5 milhões de operações por segundo, complexo sistema de transmissão de dados e acesso direto à memória a partir de dispositivos de entrada e saída –, e à demanda de sua utilização nos projetos espaciais soviéticos, ficou pronto rapidamente (aproveitando muito do BESM-6), com cerca de 10 modelos em atividade, entre 1977 e 1987[382].

Os projetos de Melnikov e Burtsev, ambos nomes em ascensão que buscavam a consolidação de suas carreiras em cargos estratégicos e almejando a direção do instituto, iniciaram uma longa, e muitas vezes amarga, competição, que rachou o instituto e criou mágoas duradouras em alguns de seus membros. Ambos os pesquisadores, usando de um pesado lobby entre o exército, Academia de Ciências da URSS e personalidades científicas, como M. Keldysh e G. I. Marchuk, demandavam prioridade em suas propostas junto de sua nomeação na direção do ITMVT[383].

Após dois anos de disputa (com Lebedev mantendo neutralidade), ela foi vencida por Burtsev, que sucedeu Lebedev na direção do ITMVT, em 1974, em grande medida ligada a manobras políticas, mas também pelo interesse do órgão em expandir as opções computacionais para além do BESM, com o ELBRUS tendo sua construção acelerada[384]. Melnikov, ressentido, se afastou do ITMVT em 1976, criando sua própria organização, a Delta Computadores, ligada ao *Minelektronprom*, levando consigo vários engenheiros e programadores. Até seu falecimento, Melnikov se dedicou à expansão da capacidade de memória e operação do BESM-6 e à sua inserção em diferentes ministérios e instituições políticas soviéticas[385].

Apesar de parte do projeto ELBRUS basear-se em iniciativas nacionais, Burtsev, no início dos anos 1970, influenciou o funcionamento e a memória interna do computador em equipamentos produzidos pela empresa estadunidense *Burroughs Corporation*, em especial os modelos B6500 (1969) e B6700 (1970).

---

[381] WOLCOTT, P.; GOODMAN, S. High-speed computers of the Soviet Union. *Computer*, Nova Iorque, v. 21, n. 9, p. 32-41, 1998.

[382] WOLCOTT; GOODMAN, 1998.

[383] WOLCOTT; GOODMAN, 1998.

[384] WOLCOTT; GOODMAN, 1998.

[385] KARPOVA; KARPOV, 2014.

A construção foi realizada em duas frentes. A primeira, entre 1970 e 1973, consistiu em uma construção híbrida, unindo elementos tanto do BESM-6 quanto do B6700, obtendo uma identidade mais bem definida entre 1975 e 1977, quando computadores da Burroughs foram inseridos em algumas fábricas soviéticas e puderam ter sua estrutura interna meticulosamente analisada pelos engenheiros do ITMVT. A segunda, iniciada em 1975, consistiu na programação do software para o computador, sendo tópico de congressos, encontros e reuniões em Novosibirsk. Em 1978, o ELBRUS-1 ficou pronto, com sua produção iniciada no ano seguinte, enviado a instituições políticas e militares em Kiev e Tallinn[386].

O modelo seguinte, ELBRUS-2, teve sua construção iniciada em 1978, finalizado e posto em produção em 1984. Aparentemente, o ELBURS-2 aparentava ser uma versão expandida e aprimorada de seu antecessor, com algumas expansões em sua capacidade[387].

Por fim, o ELBRUS-3, iniciado em 1984, liderado pelo proeminente engenheiro Boris Babayan, finalizado em 1990, foi uma considerável evolução em comparação aos dois modelos anteriores. Sua estrutura consistiu em 16 processadores centrais (com performance inicial de 1,3 bilhão milhões de operações por segundo, com memória de 32 e 64 bits), oito periféricos de entrada e saída e 16 canais de telecomunicação[388]. Esses processadores continham também uma unidade de indexação, de instrução, de gerenciador de memória e cachê. Como nos modelos anteriores, sua construção se baseou em modelos soviéticos e estadunidenses, nesse caso, o Cydra 5 e o programa Trace. Sua implantação, ocorrida inicialmente entre 1990 e 1992, se mostrou bem-sucedida[389].

Tanto no ELBRUS-2 quanto ELBRUS-3, cita-se a coliderança eficiente do cientista da computação Vladimir Pentkovski (1946-2012). Considerado um dos nomes em ascensão da computação soviética dos anos 1980, Pentkovski não somente ajudou na consolidação da produção de computadores de alta performance, como também estimulou projetos dos microprocessadores

---

[386] WOLCOTT, P. *Soviet advanced technology*: The case of high-performance Computing. Tese (doutorado em Administração de empresas). Arizona: Universidade do Arizona, 1993. Disponível em: https://repository.arizona.edu/handle/10150/186298.

[387] A funcionalidade e estrutura dos dois primeiros Elbrus mostram-se até hoje incompletas, devido ao governo comunista ter mantido duradouro sigilo no desenvolvimento dos projetos. Informações gerais podem ser encontradas em: WOLCOTT, *1993*, Capítulo 4.

[388] DOROZHEVETS, M. N.; WOLCOTT, P. The El'brus-3 and MARS-M: Recent Advances in Russian High-Performance Computing. *The Journal of Supercomputers*, Berlim, v. 6, p. 5-48, 1992.

[389] WOLCOTT, 1993.

EL-90 (1990) e EL-95 (1992), os quais, apesar de indicarem uma tímida recuperação russa na produção nativa, foram prejudicados pelo instável final da URSS[390].

A inserção e recepção desses modelos na realidade industrial soviética foi marcada por informações desencontradas e controversas.

Por um lado, o ELBRUS, em parte pelo apoio do partido comunista e em parte pelo papel proeminente do ITMVT, se tornou o "carro chefe" relacionado à produção dos supercomputadores no país. Por meio desses modelos, o ITMVT, em conjunto com o *Minelektronprom*, abriu um setor ligado à produção de chips. Cita-se também a consolidação de diferentes centros de pesquisa ligados ao ELBRUS, indicando, além da importância obtida dos projetos, uma expansão de atividades na instituição.

De outro, apesar de elogios serem feitos sobre a alta performance e o grande volume de operação e acumulação de dados, o ELBRUS, desde os primórdios de sua implantação, recebeu críticas em apresentar constantes problemas técnicos, em especial, ligados aos periféricos, à programação muitas vezes inconstante e à necessidade de frequentes revisões dos seus componentes ou do software. Outros problemas, como a falta de fitas magné-ticas e disquetes, advinda do fim dos laços comerciais com o Leste Europeu (onde eram alocados para a produção desses componentes) também foram percebidos[391].

Após um período de hiato, no qual o ITMVT se reorganizou durante a primeira década no pós-comunismo, o ELBRUS retornaria à produção, com oitos modelos construídos entre 2001 e 2019[392].

---

[390] WOLCOTT, 1993. Apesar de tentativas de Babayan em mantê-lo no ITMVT, Pentkovski, ressentido com os cortes de recursos, decidiu seguir carreira nos Estados Unidos, com uma bem-sucedida estadia na Intel, nos anos 1990 e 2000, ao ponto de surgirem lendas do nome do processador Pentium ser relacionado a Pentkovski.

[391] WOLCOTT, 1993.

[392] Uma lista preliminar desses modelos pode ser vista em: https://en.wikipedia.org/wiki/Elbrus_(computer).

MARS-M

Figura 29 – Mainframe do MARS-M

Fonte: Wikimedia Commons

No fim dos anos 1970, Gury Marchuk (1925-2013), então diretor dos centros de computação em Akademgorodok e Novosibirsk, galgou postos políticos estratégicos, ocupando cargos no soviete supremo[393] (1979) e no comitê central do partido comunista (1981), também sendo diretor do Comitê Estatal para a Ciência e Tecnologia (GKTN) (entre 1980 e 1986) e da Academia de Ciências da URSS (entre 1986 e 1991)[394]. Com o poder adquirido dessa ascensão, Marchuk começou a delinear projetos de parceria entre diferentes organismos, buscando diminuir tensões e possibilitar a construção de modelos autômatos que poderiam englobar instituições antagônicas.

O principal projeto nesse sentido foi o START, consolidado entre 1983 e 1985. Com sede em Akademgorodok, consistiu na junção de pesquisadores ligados aos centros de computação da Academia de Ciências em Moscou, Tallinn e Novosibirsk, do ITMVT e de parte do *Minpribor*, trabalhando conjuntamente em projetos relacionados à Inteligência Artificial. Porém, logo

---

[393] Mais alta instância do poder legislativo da URSS, em atividade entre 1936 e 1988.

[394] Informações gerais sobre sua carreira podem ser encontradas em: https://ru.wikipedia.org/wiki/Марчук,_Гурий_Иванович

as prioridades foram modificadas para construção de supercomputadores a serem inseridos em organismos soviéticos até o final da década de 1980. O principal foi o Sistema Modular de Expansão Assíncrona (MARS)[395].

O modelo foi idealizado entre 1978 e 1980 por Marchuk, e o engenheiro e programador V. Kotov, parcialmente influenciado pelas iniciativas ligadas ao ELBRUS. Na primeira metade dos anos 1980, com a influência política de Marchuk e a consolidação do START, o MARS começou sua produção como uma espécie de "carro chefe" do programa. O projeto foi dividido em dois modelos principais[396].

O primeiro foi o MARS-M (1986). Com quatro processadores, memória de 48-bit, memória RAM de 2Mb, com performance de 20 milhões de operações por segundo, o computador possuía programação que poderia ser utilizada em conjunto com os modelos ELBRUS e complexa estrutura interna que podia abarcar dezenas de programações em conjunto. Um modelo foi inserido na sede do ITMVT em Novosibirsk, em 1989, obtendo intensa utilização em diferentes instituições da região. Contudo, a construção de outros modelos foi interrompida devido à crise econômica no país no início dos anos 1990[397].

O segundo, o multiprocessador MARS-T (1990-1991), baseado no modelo suíço Kronos, foi vislumbrado em 1983, sofrendo um longo e difícil processo de construção, prejudicado por entraves burocráticos e discordâncias de órgãos governamentais sobre as programações que deveriam servir de base. Apesar de pronto no início dos anos 1990, foi preferida a utilização de outros tipos de linguagem computacional, como Kronos 2.5, Modula-2 e Lilith[398].

Apesar de aparentemente malsucedido, já que um teve apenas um modelo produzido e um protótipo de multiprocessador interrompido, o MARS permitiu um dos poucos casos de inserção bem-sucedida de empresas privadas estadunidenses e europeias em centros de computação tanto em Novosibirsk quanto em Penza, e alguns de seus engenheiros e programadores puderam, a partir dessas parceiras, ou produzirem novos projetos ou buscar novas oportunidades profissionais no Ocidente com o fim do comunismo.

---

[395] WOLCOTT, 1993.

[396] WOLCOTT, 1993.

[397] WOLCOTT, 1993.

[398] WOLCOTT, 1993.

Modelos ES e PS

Figura 30 – Reconstituição do modelo PS-2000

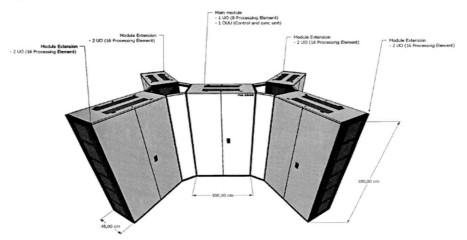

Fonte: Wikimedia Commons

Outros projetos de construção de supercomputadores foram desenvolvidos nos anos 1970, alguns com suporte do ITMVT e outros com organismos científicos ligados à república ucraniana. A partir delas, duas linhas de supercomputadores foram projetadas e desenvolvidas.

A primeira foi apresentada originalmente no congresso do IFIP em Estocolmo, em 1974, ligada ao programa RIAD/ES, com a liderança dos engenheiros Valeriy A. Torgashev, Mikhail B. Ignat'yev, Anatoliy V. Kalyayev e Viktor Glushkov, em parceria entre o Instituto de Automação e Informática de Leningrado com o Instituto de Cibernética de Kiev. Nessa época, foi discutida, a partir de propostas feitas por Joseph Von Newmann, a produção de computadores de alta performance que pudessem oferecer características referentes à construção de uma complexa arquitetura recursiva (linguagem interna, métodos de controle paralelo, memória organizacional e arquitetura interna e externa). Esse computador, consistindo em vários processadores de memória distribuída com dinâmica interconexão entre elas, diferente do ELBRUS e MARS, teria ampla utilização, inserido inicialmente em áreas estratégicas ligadas à energia atômica e hidrodinâmica e com posterior expansão em outros campos de pesquisa[399].

---
[399] WOLCOTT, P.; GOODMAN, S. E. Soviet High-Speed Computers: The New Generations. Supercomputing '90. ACM/IEEE CONFERENCE ON SUPERCOMPUTING. Nova York, 1990, p. 930-939. Anais [...]. Nova York, 1990.

Três modelos foram os principais desenvolvidos nessa iniciativa.

O primeiro, ES-2704 (1985), consistiu em 24 módulos computacionais e seis módulos de interface, com cada módulo tendo processador aritmético e dois de processamento, com 256 kb de memória, realizando 100 milhões de operações por segundo. O ES-2701 (1987) foi atualizado com 48 processadores aritméticos que realizavam cerca de 133 milhões de instruções por segundo, expandido para 192 processadores aritméticos, que realizavam 500 milhões de instruções por segundo. E o ES-2703 (1989), com 256 processadores de 32-bits, realizava cerca de 1 bilhão de operações por segundo. Todos os três modelos, produzidos sobre a liderança do Centro de Pesquisa Científica para a Tecnologia Computacional Eletrônica (NITsEW), tiveram boa recepção, com cerca de 10 a 15 modelos produzidos até 1992 (o ES-2703 ficou no protótipo e foi readaptado no pós-comunismo)[400]. Ligados ao RIAD/ES, outros modelos chegaram a ser produzidos (ES-1181, ES-1191), mas, devido a diferentes problemas de infraestrutura, tiveram sua produção interrompida, ou só ficaram disponíveis após 1992[401].

O segundo se liga ao projeto de Sistema Reconfigurável (PS), consolidado entre 1978 e 1981, a partir de convênio do Instituto de Controle de Problemas Tecnológicos em Moscou com a Associação da Produção Científica na cidade ucraniana de Severodonetsk. Dois foram os modelos produzidos neste projeto, ligados a operações estatísticas em centros de pesquisa localizados.

O PS-2000 (1981) foi considerado o computador de alta performance mais bem-sucedido na URSS. Era constituído de um minicomputador de 16-bit, com um processador paralelo podendo abarcar de 8 a 64 dispositivos de processamento elementar (PE), realizando cerca de 200 milhões de operações por segundo. Após uma recepção entusiástica, sendo elogiadas a alta performance e facilidade de reparo, cerca de 200 modelos foram produzidos e postos em atividade nos setores de óleo e gás e geologia. Sobre o PS-2100 (1989), na verdade uma expansão do modelo anterior, o computador podia armazenar discos rígidos com capacidade de 60 a 317 Mb, com 96Mb de memória semicondutora externa[402].

---

[400] WOLCOTT; GOODMAN, 1990.

WOLCOTT, P.; GOODMAN, S. E. Under the stress of reform: high-performance computing in the former Soviet Union. *Communications of the ACM*, Washington, v. 36, n. 10, p. 25-29, 1993.

[401] WOLCOTT; GOODMAN, 1993.

[402] WOLCOTT; GOODMAN, 1990.

10.

A COMPUTAÇÃO SOVIÉTICA NOS ANOS 1980

Figura 31 – À esquerda, pavilhão de computadores soviéticos na Exibição dos Avanços Econômicos Nacionais ocorrido em Moscou (1985) e, à direita, turma adulta de computação em escola do vilarejo de Chkalovski (c.1986).

Fonte: Wikimedia Commons

A União Soviética, no início dos anos 1980, se, por um lado, atingiu o ápice de sua influência internacional, com adesões de países socialistas (ou de "orientação socialista") na Ásia, África e América Latina, possuindo relativa estabilidade interna, com sucessos no campo educacional e ostentando robusta infraestrutura científica, por outro, encontrava-se em uma tensa situação em âmbito externo.

Crises, como na malfadada intervenção militar no Afeganistão (1979-1989) e as greves gerais na Polônia entre 1980 e 1981 evidenciaram rachaduras no bloco comunista. Após anos de relativo relaxamento, tensões com os Estados Unidos, em especial com a eleição de Ronald Reagan à presidência, voltaram à tona, mantendo-se nos anos seguintes. E na Europa Ocidental e China, a situação também não era promissora, com esfriamento das relações[403].

Internamente, mesmo com a citada estabilidade, ela veio em paralelo com a consolidação de uma gerontocracia que engessou a estrutura política do partido comunista, abafando crises localizadas em algumas repúblicas e

---

[403] SERVICE, 2015, Capítulo 19.

nas tentativas de reformas em diferentes setores do partido, ignorando uma estagnação econômica que começava, gradativamente, a se consolidar. Entre 1981 e 1984, com a morte da geração de políticos no poder desde o final dos anos 1950, iniciou-se uma discreta, porém muitas vezes intensa, disputa interna, que permitiu a ascensão de uma nova seara de políticos, vários deles, em maior ou menor grau, de cunho reformista, assumindo cargos estratégicos e, com a eleição de Mikhail Gorbachev (1931-2022) como secretário geral em março de 1985, iniciando reformas internas no partido[404].

No âmbito tecnológico, os anos 1980 se mostraram como definitivos na inserção dos computadores para além do âmbito militar/empresarial. O computador pessoal, com origens nos modelos Kenback-1 (1971), Altair 8800 (1975) e Apple-1 (1976), consolidado pelo IBM PC (1981), Commodore-64 (1982) e Macintosh (1984) e a produção de sistemas operacionais, como o Windows (1985), fariam a Informática, de forma gradativa, ser inserida nas casas de milhões de usuários nos EUA, no Japão e em partes da Europa. Conforme será discutido, a URSS se encontrava distante do Ocidente na inserção computacional tanto no âmbito científico quanto privado.

O golpe que atingiu o setor de automação soviético, expondo a cúpula do partido esses problemas, veio na noite de 26 de março de 1983. O presidente estadunidense, em pronunciamento na televisão, anunciou um ambicioso projeto que consistia em um grandioso sistema antimísseis, baseado em radares e satélites, que abateria ogivas soviéticas no espaço antes de atingirem o alvo, o que foi chamado de Iniciativa Estratégica de Defesa (popularmente apelidada de "guerra nas estrelas"). Esse programa não foi proposto do "nada", tendo suas origens em 1972, ligado diretamente ao programa lunar[405]. Reagan não apresentou detalhes aprofundados da iniciativa, e os avisos de especialistas de que seria um projeto de longo prazo e de altíssimo custo financeiro foram estrategicamente ignorados.

As motivações do pronunciamento, que pegaram de surpresa até o alto escalão do governo norte-americano, até hoje são motivo de debate, e alguns autores indicam que Reagan planejou de forma estratégica o anúncio, e outros sugerindo que agiu de forma impulsiva. Independentemente do real motivo, se um deles era atingir os soviéticos, foi bem-sucedido.

---

[404] SERVICE, 2015, Capítulo 22.

LEWIN, M. *O século soviético*. Rio de Janeiro: Record, 2007.

[405] Para um histórico do desenvolvimento do projeto desde os anos 1970, ver: WESTWICK, P. J. From the Club of Rome to Star Wars: The Era of Limits, Space Colonization and the Origins of SDI. *In:* GEPPERT, A. C. T. (org.) *Limiting Outer Space:* Astroculture After Apollo. Londres: Palgrave Macmillan, 2018. p. 283-302.

Os três líderes comunistas que subiram ao poder após 1982 – Yuri Andropov, Konstantin Chernenko e Gorbachev –, em parte influenciados pelo projeto estadunidense, tiveram que lidar com duradouras críticas de diferentes setores que cobravam urgente renovação tecnológica. Até o final da URSS, o governo tentou reverter a situação, mas teve que arcar com os erros estratégicos que ocorriam desde os anos 1960, adicionados à certa confusão de como atenuar esses problemas, visíveis em medidas parciais e incompletas.

Entre diferentes personalidades políticas que buscaram suprir, de forma tímida, essas demandas, cita-se Igor Ligachev (1920-2021). Um dos políticos que ascenderam durante o governo de Yuri Andropov (1982-84), sendo segundo secretário do partido comunista (1985-1990), um dos principais ideólogos do governo de Gorbachev – líder da curiosa ala de "conservadores reformistas" – e assumindo cargos estratégicos ligados à pesquisa e ao ensino, Ligachev, amigo pessoal de Ershov e tendo relação com os centros de computação na Sibéria desde os anos 1960, ofereceu suporte direto para a promulgação de leis e decretos estimulando maior diversificação tecnológica, a formação de matemáticos e programadores em novos cursos de graduação[406] e a inserção de disciplinas ligadas à Informática nas escolas soviéticas[407].

O partido comunista, em parte por essas iniciativas internas e em parte pela pressão de setores em Ciência e Tecnologia, começou a agir. Em junho de 1983, o comitê de ministros promulgou os decretos 729-231, de "desenvolvimento dos trabalhos relacionados a equipamento computacional", e 731-231, "medidas para a facilitação de trabalhos relacionados a equipamento computacional e de sua aplicação na economia nacional", ambos definindo medidas de produção de modelos até 1990 divididas em quatro setores: computadores e sistemas de computadores; softwares; base microeletrônica; e aplicação computacional[408].

---

[406] Em relação às iniciativas de Ligachev ligadas à matemática e programação, ver: KARP, A. Specialized Schools for Mathematics as a Mirror of Change in Russia. *In:* Changes in Society: A challenge for mathematics education. *Proceedings*, Sicília, 2005.

[407] O político soviético, em suas memórias publicadas em 1993, infelizmente dedica pouco espaço para sua atuação nesses setores, focando sua análise nas intrigas políticas ocorridas entre 1982 e 1990. Contudo, mesmo localizadas, são apresentadas informações sobre como o partido, em especial Gorbachev – no qual Ligachev nutria críticas, porém dando suporte às iniciativas do secretário geral no campo tecnológico – lidou com a questão computacional. Ver: LIGACHEV, Y. *Inside Gorbachev's Kremlin*: The Memoirs of Yegor Ligachev. New York: Pantheon Books, 1993.

[408] ZAKHAROV, V. Computers and Their Application in the USSR in the Middle of the 1980s: Situation, Actions Taken, Predictions of Development. 2014 Third International Conference on Computer Technology in Russia and in the Former Soviet Union (SoRuCom). *Proceedings*, Kazan: IEEE, p.53-60, 2014.

Outra medida que parecia evidenciar o caráter estratégico das tecnologias veio com a criação de um braço relacionado ao Comitê Estatal para a Ciência e Tecnologia (GKTN), denominado Comitê Estatal para a Tecnologia Computacional e Informática (GKVTI), consolidado pelo soviete supremo e conselho de ministros. Porém, apesar de instituído em 1983, brigas internas e disputas políticas fizeram com que ele fosse consolidado somente em março de 1986, em parte por pressão da direção da Academia de Ciências Soviética, com coordenação do engenheiro e um dos principais nomes do *Minradioprom* Nikolai Gorshkov. O instituto, no papel, aparentou centralizar considerável poder político, porém passou a segunda metade dos anos 1980 construindo, a duras penas, diretrizes para a coordenação dos projetos em informática na URSS[409].

Em janeiro de 1985, foram anunciados planos de criação de um sistema automatizado e computacional o qual seria implantado em toda a URSS até o ano 2000, com a liderança do físico e vice-presidente da Academia de Ciências da URSS E. P. Velikhov, planos logo transformados em ambiciosos (e pouco aproveitados) projetos nos anos seguintes.

Em 1984, o partido comunista iniciou os preparativos, organizados por Gorbachev e Ligachev, para um amplo congresso ligado à discussão da "revolução científica-tecnológica" e ao papel da União Soviética nessa nova realidade. Ele reuniria figuras políticas do alto escalão do partido e as principais autoridades científicas soviéticas, com a tecnologia computacional sendo uma das pautas principais. Apesar de cancelada pouco antes de ocorrer, ela permitiu que a futura liderança do partido reunisse informações sobre a situação tecnológica soviética, possibilitando que um amplo congresso sobre Ciência e Tecnologia fosse feito em junho de 1985, quando Gorbachev afirmou a necessidade uma profunda reestruturação (*Perestroika*) no sistema administrativo e de planejamento no país[410].

Nesse congresso, o secretário geral também apresentou propostas que buscavam diminuir o atraso tecnológico do país, em especial relacionado à microcomputação, afirmando que, para o sucesso soviético na chamada "revolução científica e tecnológica", medidas mais contundentes deveriam ser feitas nesses setores[411].

---

[409] https://zelenyugol.ru/pt/house/kompyutery-70-h-godov-ekskurs-v-istoriyu-sozdaniya-i-razvitiya/

[410] HOLLOWAY, D. Science, technology and modernity. *In:* SUNY, R. G. (org.) *The Cambridge History of Russia III*: The Twentieth Century. Cambridge: Cambridge University Press, 2006. p. 549-578.

[411] Para um resumo das ideias do secretário geral sobre a "revolução tecnológica", boa parte tirada do discurso de junho de 1985, ver: GORBACHEV, M. S. *Perestroika* – Novas Ideias para o meu país e o mundo. Rio de Janeiro: Editora Bestseller, 1987.

Os objetivos eram ambiciosos. Entre eles, cita-se a previsão do aumento de, pelo menos, 230% na produção de autômatos até 1990, a inserção de cursos relacionados à computação em todas as escolas e faculdades do país, investimentos maciços em minicomputadores, robótica e design gráfico, o estímulo a um sistema mais flexível de manufatura dos equipamentos, além da previsão de um 1,1 milhão de computadores pessoais disponíveis no início dos anos 1990.

Outro aspecto que indicou o interesse da elite política comunista na automação (em parte influenciado pelos eventos que ocorriam em Chernobyl) foi na escolha do Gury Marchuk como diretor da Academia de Ciências da URSS, em outubro de 1986, que, quase imediatamente ao assumir o posto, iniciou profunda reorganização em sua divisão de informática, a partir de um grandioso projeto de prognóstico científico, subdividindo-o em 12 campos de análise. Esses estudos, apesar das instabilidades ocorridas nos últimos anos da União Soviética, se mantiveram em atividade até o final dos anos 1990, permitindo, com o aproveitamento de seus resultados, a construção dos primeiros supercomputadores russos no pós-comunismo (Lomonosov e MVS-10P)[412].

Contudo, no final dos anos 1980 e início dos 1990, apesar de todas as pretensões, a URSS, não obstante alguns sucessos localizados, pouco avançou no âmbito informatizado, e uma sensação de estagnação, que era sentida desde meados dos anos 1970, solidificou-se, causando ressentimentos e novas críticas.

Em relação à produção de modelos pessoais e minicomputadores, no fim apenas uma pequena parte do prometido foi cumprida. Estimativas indicam que, entre 1989 e 1991, apenas 100 a 150 mil computadores pessoais estavam disponíveis para a população, com várias críticas sobre a qualidade desses modelos, com um hardware muitas vezes defeituoso ou frágil, não compatíveis ou de difícil utilização, além de caros – custando entre 580 e 4 mil rublos – e da longa espera para sua obtenção (com prazo de entrega variando de um a três anos)[413].

Por fim, apesar de a Academia de Ciências ter recuperado, parcialmente, seu papel na produção de autômatos, o organismo logo desviou sua atenção

---

[412] ZAKHAROV, 2014, p. 56-57.

[413] JUDY; CLOUGH, 1989. Os números de computadores disponíveis na URSS apresentam controvérsia, com fontes indicando que entre 300 e 500 mil modelos estavam disponíveis em 1989. Contudo, a quantidade entre 100 e 200 mil modelos mostram-se mais confiáveis por estarem inclusos em estatísticas oficiais soviéticas.

para agressivas disputas internas – entre uma geração de novos cientistas contra antigos acadêmicos que detinham o poder de decisão e pesquisadores que demandaram a criação de uma Academia de Ciências Russa em separado da Soviética –, que ocuparam a agenda do instituto entre 1989-91[414].

Outro aspecto que marcou a Computação nos últimos anos da URSS foi a tentativa, muitas vezes confusa, de consolidação de iniciativas público-privadas para as pesquisas científicas, muitas focadas na automação.

No início de 1986, foram instituídos os Complexos Inter Ramificados Técnicos Científicos (MNKT), espécie de conglomerado que unia diferentes centros de pesquisa ligados às áreas de Biotecnologia, Química, Robótica, Automação, entre outras, nos quais se teria acesso, de forma mais rápida, a novas tecnologias (algumas ligadas a empresas ocidentais) e a meios mais descentralizados de administração. Apesar do início promissor, a partir de 1990, problemas ligados à intervenção do governo comunista e de tensões entre esses complexos com a Academia de Ciências e outros centros de pesquisa emperraram maior desenvolvimento desses organismos[415].

A partir de leis promulgadas entre 1987 e 1988, alguns engenheiros participaram, com alguns sucessos, de pesquisas e trabalhos em diversas "cooperativas" – empresas de pequeno e médio porte que começavam a surgir na URSS –, diretamente ligados à computação. Porém, problemas como a abusiva intervenção de institutos de pesquisas estatais, a presença de membros do governo, e até mesmo de alguns grupos criminosos nessas cooperativas, e sua recepção mista por parte da população, que persistia nas críticas sobre a indisponibilidade financeira dos computadores, fizeram com que tivessem um resultado e produtividade irregulares, muitas encerrando suas atividades no início dos anos 1990[416].

Entre 1990 e 1991, buscou-se, de forma mais enfática, a inserção de empresas privadas estadunidenses, japonesas e alemãs no país, via troca de tecnologias entre essas instituições estrangeiras com organismos estatais soviéticos. Cita-se, por exemplo, tentativas de parcerias feitas pelo ITMVT com a Hewlett-Packard, Siemens, Hyundai e Sun Microsystems[417]. Mas, à época, com a crise financeira e iminente desintegração da URSS, poucas

---

[414] SANTOS JUNIOR, 2012, p. 287.

GRAHAM, L. Big science in the last years of the big Soviet Union. *Osiris*, Chicago, v. 7, p. 49-71, 1992.

[415] SANTOS JUNIOR, 2012.

[416] SANTOS JUNIOR, 2012.

[417] SNYDER, 1993.

foram as empresas que arriscaram investir no país. Segundo dados de 1991, apesar do alto número de propostas (cerca de 10 mil), apenas 140 *joint ventures* estavam operacionais[418].

Tentativas de inserção computacional nas escolas soviéticas

Figura 32 – Andrei Ershov (à esquerda, em pé) discursando para um grupo de alunos, introduzindo o curso de "fundamentos da informática e de tecnologia da computação" em uma escola soviética (c.1985)

Fonte: Tatarchenko (2018, p. 45).

Andrei Ershov, citado no decorrer do livro, além de suas iniciativas ligadas à Programação em Akademgorodok, também teve intensa rotina de viagens e conferências tanto na URSS quanto no exterior, sendo um dos poucos cientistas soviéticos que puderam realizar, sem grandes entraves, visitas, palestras e passeios tanto nos Estados Unidos quando na Europa Ocidental.

Dentre essas viagens, cita-se, por exemplo, sua apresentação na IFIP, em maio de 1965, em Nova York, Los Angeles e São Francisco, onde discutiu aspectos sobre Programação feita na União Soviética e o funcionamento dos centros em Akademgorodok – além de visitar centros de programação e realizar diálogos com programadores estadunidenses; na palestra ocorrida em Atlanta, na conferência norte-americana de computação, também promovida pela IFIP em 1972, fez uma bem-recebida apresentação sobre os desafios e

---

[418] GOODMAN, S.; MCHENRY, W. The Soviet Computer Industry: A Tale From Two Sectors. *Communication of the ACM*, Washington, v. 34, n. 6, p. 25-29, 1991.

as perspectivas da Programação e sua inserção em organismos privados e na sociedade; e em julho de 1981, no Congresso de Computação Educacional no Terceiro Mundo, na Suíça, discutiu potencialidades da inserção da programação no âmbito educacional, recebendo recepção entusiástica e sendo publicado em diferentes idiomas[419].

Ershov, ao realizar essas visitas e ao convidar pesquisadores estadunidenses, europeus e japoneses à URSS, aproveitou para construir contatos com influentes nomes, como Alan Perlis, um dos precursores da programação nos EUA, Seymour Papert, que discutiu a inserção e interação da Computação para a infância, Edward Feigenbaum, influente nome da Inteligência Artificial, John McCarthy, criador da linguagem de programação Lisp, e Marvin Minsky, que discutiu a relação cognitiva com as tecnologias[420].

Essas viagens, palestras e diálogos, além de uma bem-vinda diminuição do isolamento da Informática soviética com o Ocidente e de permitir a divulgação das ideias de Ershov – muitas delas recheadas de subjetividade e até de passagens poéticas em alguns momentos –, serviram também, pelo menos indiretamente, para estimular o pesquisador, ao ver a inserção da Computação no campo empresarial e no âmbito privado, a inseri-las nas escolas da URSS. Mesmo não sendo claro quando o pesquisador se conscientizou sobre o tema, sabe-se que, pelo menos desde a segunda metade dos anos 1970, começou a apresentar demandas sobre a inclusão tecnológica para a sociedade civil, a partir da inserção de matérias sobre computação na educação básica[421].

Entre 1979 e 1982, Ershov começou a realizar uma pressão mais enfática, tanto em publicações como a partir de seus contatos no partido comunista e em organismos científicos e tecnológicos[422]. Inicialmente, as propostas indicavam uma inserção gradativa da computação no sistema educacional do país, a partir de adaptações da linguagem LOGO, nas bases de dados e hardwares, além da criação de textos e livros destinados a estudantes.

---

[419] TATARCHENKO, K. Thinking Algorithmically: From Cold War Computer Science to the Socialist Information Culture. *Historical Studies in the Natural Sciences*, Los Angeles, v. 49, n. 2, p. 194-225, 2019.

[420] AFINOGENOV, G. Andrei Ershov And The Soviet Information Age. *Kritika: Explorations In Russian And Eurasian History*, Washington, v. 14, n. 3, p. 561-584, 2013.

[421] AFINOGENOV, 2013.

[422] Ver, por exemplo: ERSHOV, A. The Transformational Machine: Theme and Variations. *In*: CYTHILL, M.; GRUSKA, J. (org.) Proceedings on Mathematical Foundations of Computer Science. Berlim: Springer-Verlag, 1981. p. 16-32.

Não foi por acaso. Nesse período, conforme citado, uma nova geração de políticos consolidava sua ascensão em cargos estratégicos do partido com o final da era Brejnev. Dali surgiram brechas – em especial Ligachev e Gorbachev – que permitiram a Ershov oferecer propostas de inclusão da "educação tecnológica" nas escolas. Como essas propostas foram discutidas no governo comunista, mostram-se obscuras. Contudo, sabe-se que, pouco antes de Gorbachev ascender ao poder, as ideias de Ershov receberam aprovação do Ministério da Educação no final de 1984, consolidando a inclusão do curso "Fundamentos da informática e de tecnologia da computação", em decreto promulgado em 9 de março de 1985[423].

A coordenação e supervisão do projeto foi feita pelo vice-presidente da Academia de Ciências da URSS, Evgenii Velikhov, garantindo o aval político ao programa, o qual definiu quatro principais metas:

1. conhecimento básico de algoritmos;

2. competência para o uso simplificado dos computadores (processamento de palavras, jogos etc.);

3. habilidade de escrever programas simples de computação (contudo não a nível profissional);

4. conscientização das consequências sociais da utilização dos computadores[424].

A disciplina "Fundamentos da informática e da tecnologia da computação" consistiu em cursos de curta duração de uma hora semanal no penúltimo ano escolar, focados nos algoritmos, e duas no último ano, com foco na aplicação computacional, com módulos ligados a design, à programação e aos aspectos econômicos da computação no país (manufatura, engenharia e sistemas de gerenciamento da informação). A base para o curso derivou de um livro-texto – sendo a primeira versão, escrita por Ershov e colaboradores, publicada em 1985[425] –,usado como guia para professores, e um livro de exercícios para alunos. Em 1988, a grade curricular do curso era constituída de 10 disciplinas

---

[423] AFINOGENOV, 2013.

[424] KERR, S. Educational Reform and Technological Change: Computing Literacy in the Soviet Union. *Comparative Education Review*, v. 35, n. 2, p. 222–254, 1991.

[425] ERSHOV, A.; MONAKHOV, V. M. *Osnovy Informatiki i Vychislitel'noi Tiekhniki*. Moscou: Prosveshchenie, 1985.

Nono ano (34 horas)

1. Introdução à informática e computadores (duas horas)
2. Algoritmos e linguagem algorítmica (seis horas)
3. Algoritmos quantitativos (10 horas)
4. Desenvolvimento de algoritmos (quatro horas)
5. Solução de problemas via algoritmos (matemática, física, química) (12 horas)

Décimo ano (34 horas)

1. Informações sobre computadores (duas horas)
2. Programação para computadores (14 horas)
3. Computadores e sociedade (duas horas)
4. Excursão em centros de computação (seis horas)
5. Trabalhos práticos com computadores (apenas havendo modelos disponíveis)[426]

Os professores, a partir ou de cursos de curta duração realizado com profissionais do centro de computação em Novosibirsk, ou de iniciativas em conjunto da Academia de Ciências e da Academia de Ciências Pedagógica Soviética, receberam um conjunto de instruções, chamado *Shkola*-1 (Escola-1), não somente para o ensino de elementos computacionais, mas que pudessem oferecer também análises interdisciplinares em disciplinas como Ecologia e Ciências Sociais[427]. Como forma de expandir a divulgação do projeto, Ershov filmou algumas aulas, resumindo os principais aspectos desses cursos, exibidas na TV estatal soviética, entre 1985 e 1988[428].

O partido comunista, com certa pretensão, anunciou que objetivava inserir um milhão de computadores nas escolas soviéticas até 1990. As metas foram longe de ser alcançadas, apesar de ter sido percebido aumento no número de computadores em salas de aula no país, de 38 mil, em 1986, para 90 mil, em 1988[429].

---

[426] ERSHOV, A. Basic concepts of algorithms and programming to be taught in a school course in informatics. *BIT*, Berlim, v. 28, p. 397-405, 1988.

[427] KERR, 1991.

[428] Uma dessas aulas, exibida em setembro de 1986, está disponível em: https://www.youtube.com/watch?v=n-jDLNlWfWXE Acesso em 7 de abr. 2023.

[429] KERR, 1991.

No geral, o Korvet, Elektronika BK-0010, AGAT, Uk-NK e Yamaha MSX foram os principais modelos inseridos nas escolas durante a segunda metade dos anos 1980. Sobre os softwares, o citado programa LOGO receberia expansão e variações, sendo a principal *Shkol'nitsa* (escola), desenvolvido por Ershov e Iurii Pervin, com ajustes do grupo de pesquisa em computação de Novosibirsk. Também foram incluídos subprogramas como Robik (pequeno robô), Rapira e Shpaga, e o pacote E-Practicum, sobre linguagem de programação e linguagem gráfica.

Para a promoção dessas iniciativas, Ershov, que mantinha boas relações com periódicos de informática na URSS, usou alguns deles para a produção de artigos e informes divulgando a iniciativa, por vezes exaltando a (pretensa) inserção dos computadores pessoais na sociedade e aos estudantes[430]. Também foram realizados vídeos institucionais, entre 1985 e 1988, apresentando ao público leigo não somente o funcionamento dessas iniciativas, mas também informações gerais sobre os computadores pessoais "utilizados" pelos estudantes[431].

Estimulados por essas iniciativas, autores independentes fizeram livros didáticos que foram inseridos em algumas escolas, obtendo boa recepção entre os alunos. Entre essas obras, cita-se *Como Petya Beisikov ensinou Tonya Soobrazhalkina a programar* (1987), de Bruno Martuzans, e *A enciclopédia do professor Fortran* (1991), de Andrey Zaretsky e Alexander Trukhanov.

Um problema, que se mostrou decisivo para o destino do projeto, foi que, apesar do citado aumento do número de computadores, a situação, entre 1986 e 1989, se mostraria desanimadora. Segundo estimativas, apenas metade das escolas em Moscou e um sexto das de Leningrado tinham acesso a computadores, situação que se mostrou crítica no interior da URSS. Por exemplo, no oblast[432] de Sverdlovsk (que, na época, sediava cursos de treinamento em computação para professores), havia apenas 40 computadores à disposição, enquanto repúblicas como a Armênia, Geórgia e Turcomenistão

---

[430] AFINOGENOV, 2013.

[431] Dois desses filmes estão disponíveis no Youtube. O primeiro, *Jogos com computadores* (1986), disponível em russo em https://www.youtube.com/watch?v=CW_0eWBySdA, apresenta um panorama dos computadores produzidos na URSS a partir de entrevistas com especialistas, somado a breves matérias apresentando as iniciativas de criação de jogos eletrônicos, muitos ligados à educação. O segundo, *Elementos básicos de um computador eletrônico* (c.1986), em russo, disponível em https://www.net-film.ru/film-51803/, discutiu informações gerais sobre computadores, focando no ensino em informática para alunos e professores, em preto e branco e com músicas do grupo alemão Kraftwerk como trilha sonora. Apesar de informativos, ambos apresentam uma visão excessivamente otimista, sugerindo a efetiva inserção da computação no ensino e na sociedade civil soviética.

[432] Subdivisão administrativa e territorial na União Soviética, que se manteve na Rússia pós-comunista.

não possuíam computadores (ou, no caso da república Turcomena, receberam apenas oito modelos entre 1988 e 1989)[433].

Tentando, pelo menos parcialmente, reverter essa situação, Ligachev, seguido por outros dirigentes do partido comunista, realizou críticas severas a diferentes organismos e ministérios sobre a produção errática de modelos, prazos não cumpridos e a falta de equipamentos e peças, demandando novas metas para suprir as escolas soviéticas. Essa pressão, contudo, surtiu pouco efeito, praticamente resumido a artigos objetivando a inserção de equipamentos automatizados nas instituições de ensino na URSS no 13º plano quinquenal (iniciado em 1991 e interrompido no ano seguinte)[434].

Esse aspecto criou uma justificada frustração entre os estudantes que, na maioria das vezes, tinham que realizar suas atividades em cadernos, com muitos alunos afirmando nunca terem visto um computador. Previsivelmente, da aprovação inicial de 80% dos estudantes para o curso em 1985, ela caiu para menos de 10%, quatro anos depois[435].

Ershov, que realizou excursões pelo país promovendo o programa, apresentando fotos com alunos mexendo nos computadores em sala de aula, ou discursando para alunos sobre a disciplina, mostrou uma postura desinteressada a esses questionamentos. Cita-se, por exemplo, que o pesquisador, ao ouvir críticas de estudantes em Khabarovsk, tanto em sua visita como em cartas, ressentidos pela região não possuir computadores em suas escolas, respondeu, de forma vaga, que o importante era o que estava sendo ensinado, seja programação, seja algoritmos, não importando a ausência de equipamentos para sua utilização[436].

Críticas, muitas delas agressivas, também vieram de setores ligados à Computação sobre falhas e incoerências oferecidas por essas iniciativas. De um lado, nomes influentes responsáveis pela discussão do material didático afirmaram que os textos e a estrutura curricular oferecida eram complexos e técnicas demais, focando muitas vezes ou em futuros profissionais ligados à Informática, ou a pesquisadores em alta tecnologia, formando assim alguns programadores e não usuários em computadores (Ershov, apesar de ressentido, assentiu parcialmente com as críticas, reescrevendo e republicando o

---

[433] KERR, 1991.

[434] KERR, 1991.

[435] KERR, 1991.

[436] TATARCHENKO, K. The Great Soviet Calculator Hack. *IEEE Spectrum Magazine*, 2018. Disponível em: https://spectrum.ieee.org/how-programmable-calculators-and-a-scifi-story-brought-soviet-teens-into-the-digital-age.

texto base[437]. De outro, o projeto foi acusado de ser pobremente planejado e executado, sendo ignorado detalhes importantes para sua consolidação, demandando competências que nem os alunos, nem professores e escolas poderiam suprir[438].

Além de todas essas críticas, outro aspecto definiu o destino do projeto no fim dos anos 1980. Após uma longa batalha contra o câncer, Ershov faleceu em dezembro de 1988, aos 57 anos. Sua morte foi lamentada tanto pelos centros de computação de Akademgorodok, que perdiam seu líder por mais de 25 anos, mas também pelos que viam nele o principal estímulo ao projeto de inserção tecnológica no ensino soviético. Apesar de mantido por seus colaboradores, o projeto aos poucos foi sendo colocado de lado e, após o fim da URSS, desativado[439].

Como um projeto aparentemente promissor, idealizado por um eminente nome da Computação no país e com apoio da alta cúpula do partido comunista e da Academia de Ciências, acabou fracassando? Dois aspectos principais podem ser identificados.

O primeiro, e mais visível, era a errática produção de computadores pessoais que a URSS sofreu durante os anos 1980. Conforme discutido, as políticas equivocadas de clonagem de modelos ocidentais, problemas de produção de modelos em diferentes centros e confusões relacionadas à produção e compatibilidade de softwares atingiram diretamente o projeto. Tentativas de resolver esses problemas foram feitas, mas sem sucesso, para frustração de profissionais, professores e alunos[440].

Outra questão importante que explica o fracasso do projeto foi a base teórica que o permeou. Ershov, em diferentes artigos relacionados à educação tecnológica produzidos entre 1979 e 1988, além de muitas vezes apresentar uma linguagem técnica, recheada de termos especializados e comandos algorítmicos, também inseriu, de forma muitas vezes confusa, ideias advindas da Cibernética "tardia" produzida na URSS, entre os anos 1960 e 1970, discutida no Capítulo 3. Em especial, a base veio de Viktor Afanasiev, que pregava a inserção total das atividades políticas, econômicas e sociais a partir de ditames cibernéticos. Apesar de crítico a algumas dessas ideias, Ershov as inseriu no

---

[437] ERSHOV, A. *et al. Osnovy Informatiki i Vychislitel'noi Tiekhniki.* Moscou: Prosveshchenie, 1988.

[438] AFINOGENOV, 2013.

[439] GEIN, A. Computer Science at School: the Forecasts of A. P. Ershov and the Current Situation. Fourth International Conference on Computer Technology in Russia and in the Former Soviet Union. *Proceedings,* Moscou: IEEE, p.145-148, 2018.

[440] KERR, 1991.

projeto, apresentando objetivos audaciosos de uma "educação tecnológica total" da juventude soviética, permitindo, assim, a inserção da sociedade comunista na "era da informação"[441]. Contudo, Ershov apresentou poucos detalhes de como essa proposta seria feita, carecendo de planejamento e metas de médio e longo prazos, causando um vazio teórico aos planejadores do programa, sem diretrizes ou parâmetros claros a serem trabalhados[442].

Microcomputadores/computadores pessoais soviéticos[443]

Figura 33 – Modelos de computadores pessoais produzidos na URSS. Acima: AGAT-1 (esquerda) e DKV-2 (direita). Abaixo: ISKRA 1030 (esquerda) e ES-1863 (direita).

Fonte: Wikimedia Commons

---

[441] Ver, por exemplo: ERSHOV, A. Informatics as a new subject in secondary schools in the USSR. *Prospects*, Berlim, v. 17, p. 559-570, 1987.

[442] Afinogenov, de forma perspicaz, identificou erros parecidos em grande parte da geração de pesquisadores e políticos que ascenderam a cargos estratégicos na URSS, entre os anos 1970 e 1980, incluindo o secretário geral Gorbachev e sua Perestroika, marcados por projetos com metas ambiciosas, mas com informações sobre sua implantação vagas, sendo feita de forma improvisada.

[443] Informações dessa parte tirada de: JUDY; CLOUGH, 1989; PRZHIJALKOVSKY, 2015.

Além da proposta inovadora (e não implementada) de uma rede inter-ligando os centros automatizados na URSS, a microinformática e computação pessoal foi outro aspecto que evidenciou tanto o caráter precursor da Computação soviética quanto suas limitações à medida que o governo optava por equivocados atalhos.

A consolidação da microinformática no país pode ser dividida em três fases.

A primeira, durante os anos 1960, ocorreu na República Soviética da Armênia, com os projetos ligados aos modelos Razdan, Aragats e Nairi, os quais, conforme discutido, foram inseridos em diferentes organismos e celebrados como o início de uma nova era de equipamentos mais compactos e eficientes. Porém, essas iniciativas, mesmo que bem recebidas, acabaram reduzidas a algumas instituições militares, onde pouco do que foi produzido foi aproveitado para além da Armênia e, como citado, muitos dos computadores feitos nos anos 1970 seguiram com as diretrizes de cópia dos modelos ocidentais, encerrando abruptamente os projetos. O que parecia ser a fase inicial acabou como um exemplo isolado e mal aproveitado.

A segunda, diretamente influenciada pela iniciativas feitas nos EUA a partir do final dos anos 1960, em especial com a produção do Kenback-1 (1971), foi a produção de modelos nativos, clones dos EUA, seriada ligada ao RIAD, com foco em inserir os computadores no bloco comunista, ligado ao Sistema Integrado em Tecnologia Computacional (ASVT). Consolidada entre 1973 e 1974, com o sistema pequeno (*Sistemaia Malaia* – SM) e a coordenação da *Minpribor*, ficou responsável pela inserção da microinformática na URSS.

Seu diretor, Boris Naumov (1927-1988), importante nome da Engenharia soviética, se mostrou o perfil certo para o cargo. Desde o final dos anos 1940, ligado a setores de automação no Instituto de Engenharia Eletrotécnica de Moscou, com densa produção intelectual que o fez apresentar trabalhos no MIT estadunidense e manter contato com Norbert Wiener, um dos criadores da Federação Internacional de Controle Automático (IFAC), e oferecendo suporte aos projetos computacionais ligados a Isaac Bruk, Naumov ficou, entre 1970 e 1974, coordenador do ASCM-M, projeto de inserção de modelos de médio porte (M-40, M-400 e M-4030) em centros de automação no país. Foi a partir dos resultados iniciais desse projeto que sua nomeação ao SM foi consolidada.

Naumov, durante seu exercício, mostrou habilidade em suprir as demandas do governo, optando inicialmente pelo aproveitamento dos modelos estadunidenses M-6000, M-7000, PDP-8 e PDP-16, de grande porte, porém aptos a miniaturização, como uma espécie de fase experimental ao SM. Também foi indicado que o bom trânsito de Naumov entre diferentes organismos – incluindo contato com o vice-diretor da Academia de Ciências Soviética, E. P. Velikhov – facilitou a construção de fábricas ligadas exclusivamente à produção de modelos relacionados ao SM.

Contudo, Naumov não se opôs à política de clonagem de modelos ocidentais, a despeito de demandas para um retorno, mesmo que parcial, a equipamentos nacionais. Também teve que lidar com crescente resistência e tensões internas no projeto, as quais o fizeram sair da direção do SM em 1985, focando no projeto de pesquisa "Concepções de sistemas computacionais para as novas gerações", na Academia de Ciências da União Soviética.

O SM consistiu em duas principais frentes. A primeira focou na construção de fábricas ou na adaptação de locais para a produção de modelos em microinformática. Cerca de 30 locais ligados ao SM foram desenvolvidos na URSS, no Leste Europeu e em Cuba. Até o final dos anos 1980, ficaram responsáveis na construção dos equipamentos, porém desativados entre 1990 e 1991. A segunda foi na construção dos modelos, que se mostrou instável, devido a ditames confusos vindos do *Minpribor* e das políticas erráticas do partido comunista, que apoiavam a construção de um modelo para logo depois recuar e até mesmo interromper sua produção.

O projeto de construção dos computadores no SM foi dividido em três fases. A primeira, entre 1974 e 1977, consistiu na construção dos hardwares e softwares, no geral baseados em clones dos microprocessadores Intel 8080 e 8086 e no nativo M-400, com memória RAM de 64 kb e unidade de memória em disco de 5Mb. A segunda, entre 1978 e 1982, focou na produção dos modelos ligados à empresa estadunidense DEC e sua inserção na indústria soviética e do bloco socialista. E a terceira, entre 1983 e 1986, teve foco em equipamentos de 16 bits compatíveis com o modelo estadunidense PDP-11.

Os principais modelos produzidos foram o SM-3 e SM-4 (produzidos em 1978), ambos clones do DECPDPI 1/20, ligados à fase SM-I, os SM-1410 e SM-1420 (1983), clones do DECPDPI 1/45, ligados ao SM-II, e o SM-1700 (1987), clone do DECVAXI 1/780, ligado ao SM-III.

Como no RIAD, o problema do atraso tecnológico dos modelos SM em relação a suas contrapartes ocidentais mostrou-se em evidência, com lacuna entre oito e 11 anos de distância entre o equipamento soviético do seu modelo de base.

Em paralelo com o SM, o Minpribor desenvolveu os modelos ISKRA, também clones, com atrasos (cerca de nove anos) de sua contraparte ocidental, com utilização localizada em atividades ligadas à economia, contabilidade e administração. Entre diferentes computadores, destacam-se o ISKRA 226 (1981), clone do WANG-2200, com 16-24 kb de memória ROM e 128 kb RAM, e o ISKRA 1030 (1988-1989), clone do IBM-PC com 256 Kb, de memória RAM e disco rígido com 20 Mb de memória, ambos com sistema operacional DOS, podendo ter disquetes disponíveis para utilização.

A terceira fase, ocorrida durante os anos 1980 até 1991, foi a construção de uma série de computadores pessoais, muitos ligados a clones da Apple e IBM. Cita-se, por exemplo, as séries Elektronika, produzidas pelo *Minelektronprom*, implantadas em diversos estabelecimentos científicos, militares e administrativos na URSS. Apesar de compatíveis aos modelos SM, o Elektronika tentou criar equipamentos mais "flexíveis", ou seja, que poderiam inserir ou adaptar diferentes softwares.

Os primeiros modelos, com destaque para o Elektronika 100-25 e o Elektronika-79 (ambos produzidos em 1980), relacionam-se diretamente a operações de design gráfico e serviram de base aos modelos subsequentes. Cita-se, contudo, que a série Elektronika-60, iniciada em 1980, foi talvez a mais bem-sucedida em sua inserção, tanto no âmbito militar quanto nas instituições civis. Conforme será discutido, a primeira versão do famoso jogo Tetris foi criada no Elektronika-60. Apesar da baixa capacidade – 8 Kb de RAM, 4 Kb de ROM e 250 mil operações por segundo –, foi bem recebido pelo governo comunista e influenciou diretamente a série DKV (Complexo Interativo de Computadores).

Dessa série, destacam-se o DKV-1 (1982), DKV-2 (1983) e DKV-3 (1984) – este último destinado para as escolas –, tendo como base os processadores K1801VM 1, K580VM80A e K1801VM86, com 56 Kb de memória RAM. Os subsequentes DKV-4 (1985) e DKV-5 (1986) tinham 64 Kb a 4Mb de memória RAM, com entradas para disquete com capacidade de 440 Kb a 800 Kb, com gerador de gráficos monocromáticos.

Cita-se também, a partir da segunda metade dos anos 1980, projetos em conjunto entre a Academia de Ciências da URSS, o *Minelektronprom* e o *Minpribor*, na tentativa de estimular a produção de modelos pessoais mais acessíveis à população, em parceria com o recém-criado RIAD-4.

Entre diferentes modelos, destacam-se o ES-1840 (1986), compatível com o IBM PC de 16 bits, com processador KM1810VM86 (análogo ao Intel

8086), memória RAM de 256 kb, 516 kb ou 1 Mb, uma ou duas saídas de disquete de 5¼, e impressoras matriciais EC-7189, Epson Star, D100M e MP80; o ES-1841 (1987), com capacidade 1,5 Mb, disco rígido com capacidade de 5, 10 ou 21 Mb, e gerador e adaptador de gráficos; o ES-1842 (1988), com memória RAM de 2 Mb, processador KM1810VM86M, duas saídas de disquete de 720 Kb, disco rígido de 20 Mb e mouse; o ES-1849 (1989), de 16 bits compatível ao IBM PC AT, processador Intel 80286, coprocessador i80, disco rígido de 40 Mb, disquete de $5^{1/4}$ com 1,2 Mb de capacidade; e o ES-1863 (1991), PC de 32 bits, processador 80386SX e coprocessador i, placa de vídeo com 256 kb de memória, disco rígido ST-4096 com capacidade de 80 Mb[444].

Para diversos autores, o primeiro computador pessoal soviético foi o AGAT (gato em russo). Desenvolvido entre 1982 e 1983, pelo *Minradioprom* e o Instituto de Pesquisa em Computação de Moscou (NIIVK), o AGAT foi uma cópia do Apple II, usando o microprocessador MOS 6502, com suas primeiras versões tendo saída para fita cassete e, posteriormente, para disquete de $5^{1/4}$ de 256 kb. O AGAT-4 (1983), AGAT-7 (1984), AGAT-8 (1984-1985) e AGAT-9 (1987) foram os modelos produzidos dessa série, encerrada em 1993.

Com um belo visual e funções até então indisponíveis para os computadores do país, o AGAT foi promovido não somente para inserção doméstica, como também nos cursos de Computação das escolas soviéticas, inserindo uma versão DOS adaptada chamada de *Shkol'nista*, com linguagem de programação RAPIR e pacote de gráficos SPHAGA. Porém, apesar das ambições e da boa repercussão inicial, os resultados se mostraram tímidos. Cerca de 20 mil unidades foram comercializadas, e, ao ser discutido pela imprensa especializada estadunidense, críticas irônicas sobre o modelo ser uma cópia piorada da Apple vieram à tona[445].

Outra série 8-bit produzida foi a Korvet. Os principais foram PK-8001(1985), PK-8010 (1987) e PK-8020 (1989), com memória RAM de 64 kb, 24 kb de ROM, 192 kb de memória de vídeo RAM, software microDOS e editores de texto em cirílico <<*Супертекст*>> e «*Микромир*». Também usado nos projetos de ensino soviéticos, foram os que obtiveram melhores resultados, com dezenas de modelos PK-8010 ligados aos alunos que se inter-relacionavam a um modelo PK-8020 de um professor. Mas, apesar de elogios da Academia de Ciências da URSS e de ter diferentes locais de

---

[444] EC ПЭВМ. *In: Wikipédia*, a enciclopédia livre. Flórida: Wikipedia Foundation, 2022. Disponível em: https://ru.wikipedia.org/wiki/EC_ПЭВМ

[445] BORES, L. D. AGAT: A Soviet Apple II computer. *Byte*, Peterborough, v. 9, n.11, p. 134-136, 456-457, 1984.

produção em Baku, Frunze[446], Nizhny Novgorod e Leningrado, problemas técnicos e entraves burocráticos prejudicaram a maior inserção dos modelos na sociedade soviética.

Cita-se também outros computadores pessoais que foram aproveitados nos projetos educacionais de inserção tecnológica feitos a partir de 1985, por exemplo: o Lviv (1986), com 64 kb de RAM e memória de vídeo de 16 Kb, com 200 a 300 mil operações por segundo.

Também foram produzidos modelos "parcialmente" independentes, que, diferente do Radio-86RK (ver Capítulo 11), tiveram suporte de instituições de ensino e pesquisa que, cansadas da burocracia na obtenção de computadores, decidiram pela produção de modelos próprios.

O BK-0010, por exemplo, foi um dos carros-chefes na produção de microcomputadores na região de Zelenograd (mesmo com tensões entre fábricas e produtores, que tinham visões diferentes sobre seu design e utilização), baseado em modelos da DEC, teve entre 100 e 150 mil unidades produzidas, parcialmente ligado à série Elektronika. O Vector-06C (1985), construído de forma independente pelos engenheiros Donat Temirazov e Alexander Sokolov, foi um dos poucos modelos feitos na República Soviética da Moldávia, usando processador KR580VM80A (clone do 8080) e memória de 64 Kb, com saída para fita cassete e 512 Kb de RAM, recebendo prêmios em diferentes exibições e eventos soviéticos e continuando a ser amplamente utilizado após o fim da URSS. Outro foi o MK-88 (1988), produzido por engenheiros independentes, porém com suporte de organismos de automação bielorrussos, que também foi premiado como o melhor computador pessoal produzido na URSS, em 1989.

Qual a recepção do público consumidor desses modelos, ou seja, a sociedade civil? Não existem estudos aprofundados sobre a utilização dos computadores pessoais fora dos organismos políticos, econômicos, militares e científicos. Conforme citado, o número de modelos disponibilizados, em comparação aos Estados Unidos e à Europa Ocidental, mostrou-se baixo, e mesmo os que possuíam uma unidade, a maioria aparentemente tinha ligação em campos como engenharia e eletrotécnica. Os cursos escolares promovidos por Ershov e poucas publicações didáticas indicam alguma inserção, porém, como já discutido, diversos problemas prejudicaram um maior aproveitamento dos estudantes e professores.

---

[446] Atual capital do Quirguistão Bishkek.

Em relação às instituições estatais, existe disponível maior quantidade de relatos. Seymour Goodman, Richard Judy e Peter Wolcott, em visitas à URSS entre os anos 1980 e início dos 1990, indicaram que esses organismos, apesar de saudarem a inserção de alguns modelos, reclamaram de forma constante da instabilidade dos computadores, da incompatibilidade de softwares, da baixa eficiência dos disquetes ou fitas cassete no armazenamento de dados e da quebra e falta de peças de reparo dos hardwares. Essas questões acabaram agravadas pela falta de parâmetros claros no GKVTI em projetos de grande porte na construção de computadores pessoais. Por fim, as repúblicas soviéticas, a partir de 1990, decidiram pela descentralização, produzindo e distribuindo apenas internamente seus modelos, contrariando o planejamento oferecido pelo CAD e CAM. Ligachev e outros políticos ligados ao partido comunista tentaram, a partir de reuniões via comitês e comissões, pressionar pela melhora dessa situação, apenas obtendo promessas vagas de futuros aprimoramentos[447].

---

[447] Ver: JUDY; CLOUGH, 1989. GOODMAN, S.; MACHENRY, W. Computing in the USSR: Recent Progress and Policies. *Soviet Economy*, Londres, v. 2, n. 4, p. 327-354, 1986. WOLCOTT; GOODMAN, 1990, p. 930-939.

11.

ALTERNATIVAS (E SUCESSOS) PARALELAS

Apesar das limitações que a computação soviética sofreu durante os anos 1980, alternativas foram buscadas pela população civil e por profissionais em tentar, pelo menos parcialmente, diminuir as lacunas e usufruir de alguma forma dessa nova realidade tecnológica. Também foram percebidos casos isolados, porém de considerável impacto, em que programadores ofereceram produtos – leia-se jogos eletrônicos – que conseguiram ultrapassar a cortina de ferro, tornando-se grande sucesso comercial, tanto no comunismo quanto no capitalismo.

Calculadoras, ficção científica e modelos "clandestinos": adaptações na "era da informação"

Figura 34 – Algumas opções paralelas para suprir a falta de computadores na União Soviética: calculadora MK-54, o periódico *Tekhnika Molodezhi*, o qual publicou a influente história de ficção científica *Kon-Tiki*, e o modelo independente de computador pessoal radio-86k.

Fonte: Wikimedia Commons e https://sudonull.com/post/15272

Mesmo distante para boa parte de sua população, os russos sempre tiveram fascínio sobre o desenvolvimento da ciência e tecnologia.

As raízes dessa admiração podem ser datadas de meados dos anos 1850, quando as primeiras teorias e iniciativas práticas do foguetismo[448] e astronáutica moderna tomavam forma. A partir dos trabalhos precursores de Konstantin Tsiolkovski (1857-1935), da consolidação do movimento cosmista no início do século XX – que misturava elementos científicos com ideias esotéricas e religiosas – e de grandiosas exposições aeroespaciais a partir dos anos 1920, serviram de base a posteriores sucessos, como do lançamento do Sputnik, atraindo parte considerável de soviéticos para assuntos ligados à ciência e tecnologia[449].

Os bolcheviques, em especial Lenin, potencializaram esse interesse, o que foi chamado de "utopia científica", em que o governo visualizava a ciência como importante chave de desenvolvimento e evolução social, permitindo a consolidação do "novo homem soviético". Os resultados se mostraram bem-sucedidos, visíveis, por exemplo, em um campo artístico que dedicou espaço generoso à ciência durante grande parte do regime comunista.

No cinema, películas de grande aceitação popular, como *Aelita, Rainha de marte* (Yakov Protazanov, 1924), *Viagem cósmica* (Vasili Zhuravlov, 1936), *Caminho para as estrelas* (Pavel Klushantsev, 1957) e *Solaris* (Andrei Tarkovsky, 1972), discutiram tanto elementos ligados à Cosmonáutica quanto à inserção da ciência na sociedade soviética[450].

Na literatura, os produtivos (e funcionários em setores de tecnologia) irmãos Arkady e Boris Strugatsky lançaram a influente ficção *A segunda começa no sábado* (1965), sobre as aventuras do programador Aleksandr Privalov em um complexo setor "mágico científico" para a criação da fórmula da felicidade e do sentido da vida. Com um ritmo eficiente e boa mistura de gêneros, indo da comédia/paródia ao suspense, o livro apresenta inteligentes (e cuidadosas) críticas sobre o tecnicismo, a postura acrítica sobre a Cibernética e os problemas em que a Computação soviética sofria nesse período, o que rendeu não somente um enorme sucesso comercial, como também consolidou os Strugatsky como importantes nomes da ficção científica na URSS[451].

---

[448] Pesquisas feitas em paralelo ao balonismo e à aeronáutica, especificamente na construção de mísseis ou foguetes que poderiam ultrapassar a atmosfera terrestre e permanecer fora da órbita do planeta.

[449] SIDDIQI, A. A. *The Red Rockets' Glare:* Spaceflight and the Soviet Imagination, 1857-1957. Cambridge: Cambridge University Press, 2010.

MAUER, T. Da fome às estrelas: 40 anos de ciência soviética. *Temporalidades*, Belo Horizonte, v. 11, n. 3, p. 78-103, 2019. SANTOS JUNIOR, 2017.

[450] SANTOS JUNIOR, 2017.

[451] TATARCHENKO, K.; PETERS, B. Tomorrow begins yesterday: data imaginaries in Russian and Soviet science fiction. *Russian Journal of Communication*, Abingdon , v. 9, n. 3, p. 241-251, 2017.

Cita-se também um crescente interesse sobre as tecnologias também na música, em especial na incipiente, e controlada, cena rock no país. Nos anos 1980, no que foi chamado de *Synth-pop* soviético, uma geração de bandas como *Tekhnologiya*, Forum, *Bioconstructor* e *EVM* não somente utilizavam os computadores como tema central de suas letras, como realizaram interessantes incursões sonoras a partir de autômatos[452].

Na Arquitetura, consolidava-se o estilo "cosmista", buscando evidenciar e celebrar uma realidade futurista oferecida pelo socialismo e por seus sucessos científicos a partir de belos (e por vezes extravagantes) monumentos, estádios e prédios oficiais construídos em diferentes partes da URSS, durante os anos 1970 e 1980 [453].

Mas, para a grande maioria da população soviética, apesar de promissoras, muitos desses avanços mostraram-se inacessíveis ou encobertos por uma camada de "formalidade" (ou seja, envoltos em um linguajar rebuscado, triunfalista, ou muito técnico), que muitas vezes tirava seu encanto. A partir dos anos 1970, com uma iminente estagnação econômica e tensões internas entre diferentes organismos científicos, apesar de a ciência comunista manter sua alta produção e prestígio, começavam a surgir críticas de muitas dessas inovações não conseguirem serem visualizadas no dia a dia.

No campo da Informática, essas críticas mostraram constância entre diferentes setores soviéticos durante a década de 1980. Conforme citado, os modelos disponíveis para compra, além de caros, tinham longo período de espera, além de muitos terem seu hardware ultrapassado, softwares por vezes com problemas de configuração e não disporem de saída para disquetes (ou caso tendo, com problemas de leitura dos dados). Como também já discutido, apesar de haver cursos sobre programação em diferentes escolas, grande parte não dispunha de computador, e muitos alunos tiveram que fazer seus "programas" via cadernos, ou teriam contato com um equipamento apenas ouvindo sobre com um professor em um quadro negro ou em livros didáticos.

Estudos mais aprofundados sobre esse descontentamento e as críticas ao que era oferecido ao público e as estudantes infelizmente se mostram escassos, com foco nos estabelecimentos estatais que ofereciam esses equipamentos. Seymour Goodman e Richard Judy sugerem, a partir de entre-

---

[452] RAMET, S.; ZAMACISKOV, S.; BIRD, R. The Soviet Rock Scene. *In*: RAMET, S. P. *Rocking the State:* Rock Music and Politics in Eastern Europe and Russia. Nova Iorque: Routledge, 2019. p. 181-218.

[453] Um belo levantamento fotográfico sobre as principais construções desse estilo encontra-se em: CHAUBIN, F. *Cosmic Communist Constructions Photographed*. Colônia: Taschen, 2011.

vistas esparsas com técnicos e funcionários, que o público, por causa desses problemas, mantinha uma relação distante com a informática.

Contudo, parte da população soviética, em especial adolescentes e jovens adultos, buscou contornar essa situação em opções por vezes criativas e até inusitadas.

A primeira se relaciona às calculadoras de bolso, especialmente os modelos Elektronika B3-04 (1974), produzidas em larga escala em Zeleno-grad, B3-34 (1980), MK-54 (1982) e MK-61 (1985), em ivano-Frankivsk, as quais tiveram cerca de 300 mil modelos produzidos nos anos 1980.

Ksenia Tatarchenko[454], em levantamento no prestigioso jornal de divulgação científica *Nauka i Zhizn*[455], no período entre 1981 e 1989, identificou alta quantidade de artigos, cartas e comunicações discutindo aspectos técnicos desses equipamentos e de experimentos relacionados à sua manutenção e ao seu funcionamento, ocasionalmente com complexas figuras analisando a estrutura interna, arquitetura e componentes, sugerindo que parte da juventude soviética, pela falta de um computador pessoal, mas interessada no funcionamento de equipamentos digitais, supria parcialmente sua curiosidade nas calculadoras. Segundo a autora, esse interesse justificou a publicação de livros didáticos lidando exclusivamente sobre o funcionamento das calculadoras, como *Cinco noites com uma micro calculadora*, de I. D. Danilov e G. V. Slavin, e *Pai, mãe, eu e a micro calculadora*, de L. M. Fink, ambos publicados em 1988.

A segunda se baseia na ficção científica, especificamente em obras que identificavam, indiretamente, potencialidades a problemas que a tecnologia soviética sofria na segunda metade dos anos 1980.

Em outro periódico científico popular, o *Tekhnika Molodezhi*[456], na seção relacionada a contos de ficção, recebeu, entre 1985 e 1986, a obra *Kon-Tiki*, de seu editor Mikhail Pukhov (1944-1995) – físico e jornalista com sua família ligada à matemática, engenharia e computação –, uma ambiciosa trama sobre um cosmonauta e um engenheiro tentando, com sua sonda espacial, realizar uma quase impossível manobra entre a órbita da terra e a lua, unindo conceitos da Cibernética, dos computadores e das calculadoras,

---

[454] TATARCHENKO, K. "The Man with a Micro-calculator": Digital modernity and Late soviet Computing Practices. *In:* HAIGH, T. (org.) *Exploring Early Digital:* Communities and Practices. Springer, 2019. p. 179-200.

[455] Principal revista científica de divulgação de pesquisas russa, com publicação desde 1934.

[456] Periódico de divulgação publicado pela Liga da Juventude Comunista (Komsomol), com foco em tecnologia e automação, em publicação contínua desde 1933.

utilizados na URSS, das tentativas da criação de clubes ou grupos de jogos eletrônicos pelo país, Robótica e da Cosmonáutica soviética[457].

A obra, segundo Tatarchenko, obteve, além de entusiástica recepção popular, críticas favoráveis de setores científicos e de pesquisa. Mesmo que, segundo a autora, a relação entre ficção e não ficção mostre-se confusa em algumas partes da obra, e nem sempre as informações técnicas apresentadas se mostrem corretas, a obra de Pukhov é considerada uma das principais pontes de divulgação entre a juventude soviética com a realidade informatizada de seu país, estimulando vários deles a seguir carreira na Programação e Engenharia nos últimos anos da URSS e nos primeiros anos da Rússia pós comunista[458].

Por último, cita-se a tentativa de alguns jovens engenheiros, a partir de uma cultura de "hobby", de criação e, em casos isolados, comercialização de modelos "caseiros" de computadores pessoais[459].

As origens dessa cultura derivam do Instituto de Engenharia Eletrônica de Moscou que, em 1976, obteve um chip do microprocessador KR580IK80, análogo ao Intel 8080, sendo replicado em Kiev para modelos internos. Três engenheiros do organismo – Gennady Zelenko, Victor Panov e Sergey Popov –, baseados nesse chip, construíram o Micro-80 (1979-1980), o qual, apesar de uma fria recepção dos organismos estatais, obteve considerável atenção ao apresentarem o modelo em periódicos técnicos. Segundo os engenheiros, vários soviéticos, em cartas para os periódicos e diretamente a eles, buscaram construir seus próprios modelos caseiros do Micro-80, apesar das limitações (em especial, ligadas aos microchips e processadores).

A partir dessa iniciativa, dois caminhos foram seguidos por essa cultura "caseira".

A primeira, direta ou indiretamente ligada ao modelo de Popov, Panov e Zelenko, é do aparecimento de outros computadores caseiros ou projetados separadamente em institutos de pesquisa. O pesquisador Zbigniew Stachniak, em levantamento preliminar em diferentes periódicos e fanzines, identificou cerca de 10 modelos/projetos discutidos entre 1982 e 1989[460], com

---

[457] TATARCHENKO, K. "The Right to Be Wrong": Science Fiction, Gaming, and the Cybernetic Imaginary in Kon-Tiki: A Path to the Earth (1985–86). *Kritika: Explorations in Russian and Eurasian History*, Washington, v. 20, n. 4, p. 755-781, 2019.

[458] TATARCHENKO, 2019.

[459] As informações desta parte foram retiradas do trabalho: STACHNIAK, Z. Red Clones: Soviet Computer Hobby Movement of the 1980s. *IEEE Annals of the History of Computing*, Nova Iorque, v. 37, n. 1, p. 12-23, 2015.

[460] STACHNIAK, 2015, p. 16, Tabela 1.

destaque para o Radio-86RK (1986), ambicioso projeto de Zelenko e Panov com colaboração dos engenheiros Yuri Orezov e Dmitri Gorshkov, os quais, além de tentar comercializar o modelo (sem sucesso), também tentaram, a partir da criação de clubes ou espaços privados, punhal-lo para a população soviética e trocar informações com engenheiros de outros projetos, porém com resultados insatisfatórios (em parte, devido às altas taxas de utilização dos modelos e do sistema de telecomunicação problemático no país).

Entre outros modelos "independentes", ligados direta ou indiretamente ao Micro-80 e Radio-86RK, destacam-se: Irisha (1985), Elektronika KR (1986-1989), Specialist (1987), Cristal2 (1987), Leningrad-1 (1988), Orion 128 (1989) e UT-88 (1989). Boa parte dessas iniciativas tentou obter suporte governamental, indicando a possibilidade de diversificação dos modelos de computadores. Mas, apesar de uma recepção amistosa dos ministérios, no fim, esses projetos foram vistos como "exóticos", em que a visão de uma produção em larga escala era apenas vislumbrada por esses organismos.

O segundo caminho se baseou na clonagem de computadores pessoais a partir do modelo inglês ZX Spectrum (1982), chamada de Speccy, em parte para suprir o acesso limitado tanto dos modelos oficiais soviéticos (Eletronika e AGAT) quanto dos computadores independentes e das potencialidades oferecidas pelo modelo britânico, em especial pelo processamento de jogos e gráficos.

Informações sobre as origens e o desenvolvimento dessa vertente mostram-se fragmentadas. Porém, sabe-se que os primeiros clones bem-sucedidos vieram principalmente das iniciativas do programador Serguei Zonov entre 1987 e 1988, conseguindo adaptar a matriz de portas para o processador Zilog Z80. Tanto Zonov quanto outros engenheiros e programadores em Leningrado fizeram clones acessíveis do modelo inglês (os principais Delta N, ITC Spectrum, Rita, Spectrum-Contact e Composite) com utilização localizada entre 1988 e 1991.

Todas as opções citadas, apesar de se mostrarem interessantes formas de desvio da muitas vezes precária realidade tecnológica oferecida à grande parte de sua população, também devem ser tratadas com cautela, não podendo superestimar seu impacto.

Seja no âmbito das calculadoras quanto da obra de Pukhov, apesar das primeiras haver uma inserção e utilização satisfatória no país, e dos trabalhos de Pukhov obter atenção até fora da literatura especializada, ambos carecem de análises aprofundadas de como essas discussões se fizeram perceber na juventude soviética oitentista além das cartas e trocas de informações entre periódicos. Tatarchenko identificou que a publicação dessas revistas alcançava entre 500 mil e 2 milhões de exemplares, o que pode significar que talvez centenas ou até milhares de jovens tenham trocado informações e se inspirado nos experimentos com as calculadoras ou das divagações oferecidas pelo Kon-Tiki. Informações sobre o desenrolar dessas possíveis influências, contudo, mostram-se à guisa de futuras análises.

Em relação à computação "caseira", apesar de Stachniak realizar análises em periódicos e nos relatos dos engenheiros em relatórios, pouco se obteve sobre como essa empreitada informal – seja aos modelos ligados ao Micro-80, seja ao ZX Spectrum – se constituía, de como se davam (ou se havia) trocas informacionais entre engenheiros de diferentes projetos, se houve comercialização desses modelos para o público, ou de como era o funcionamento, a estrutura e a eficiência desses equipamentos.

Cita-se que o microprocessador/chip, além de caro e de difícil acesso (muitas vezes, tendo que ser obtido clandestinamente na economia informal ou por contrabando via Leste Europeu) e, conforme já discutido, com decisões de adaptações no seu dimensionamento, acarretando distorções que prejudicaram sua utilização em modelos nativos, sugere que, apesar de uma atividade que conseguiu sucessos localizados na produção de modelos "alternativos", provavelmente impactou uma gama minúscula de usuários (talvez centenas), muitos deles com alguma inserção profissional ou acadêmica em informática.

No fim, apesar dessas criativas "gambiarras", a grande maioria da juventude soviética e dos primeiros anos da Rússia pós-comunista ficou distante da "sociedade da informação"[461]. Somente no início do século XXI que a Rússia, a duras penas, conseguiu, gradativamente, adaptar-se a essa nova realidade.

---

[461] Uma interessante abordagem sobre o atraso tecnológico (ligada a computação, mas também a outros equipamentos como jogos eletrônicos, videocassetes e CDs) e sua influência nessa geração de soviéticos pode ser vista em: YURCHARK, Y. *Everything Was Forever, Until It Was No More: The Last Soviet Generation.* Princeton: Princeton University Press, 2005.

Exceção em blocos: Tetris[462]

Figura 35 – Tetris em seus primórdios. À esquerda, primeira versão de jogo para o modelo Elektronika-60 (1984); ao centro, versão do jogo compatível para o IBM-PC (1986); e à direita, versão da Spectrum Holobyte para o computador Amiga (1988)

Fonte: Wikimedia Commons

A história dos jogos eletrônicos na União Soviética encontra-se fragmentada e com informações muitas vezes esparsas e incompletas. Sabe-se, por exemplo, que o *Minradioprom* e *Minpribor*, a partir de suas fábricas, produziram os primeiros fliperamas no país, no início dos anos 1970, no geral clones de títulos estadunidenses ou japoneses, e inseridos em estabelecimentos localizados em Moscou e Leningrado. Títulos como *Morskoi Boi* (batalha naval), *Gorodki*, *Magistral* e *Autorally-M*, foram alguns jogos que jovens soviéticos jogavam em diferentes locais[463].

Em paralelo, na segunda metade dos anos 1980, em parte pela produção de clones de modelos ocidentais, permitindo uma nova geração de jogos para computadores, e em parte pela série Elektronika lançar versões de jogos portáteis japoneses, as opções de jogos ficaram um pouco mais expandidas. No primeiro caso, títulos como *Perestroika*, *Diversant* e *Kommersant* (os três lançados em 1989) indicavam uma tímida, porém consistente. Produção de

---

[462] Para esse subtópico, foi utilizado como base:
ACKERMAN, D. *The Tetris Effect:* The Game That Hypnotized the World. Nova Iorque: PublicAffairs, 2016.
BROWN, B. *Tetris*. São Paulo: Mino, 2020.
O verbete do Wikipédia sobre o jogo: https://en.wikipedia.org/wiki/Tetris. Dois excelentes documentários que analisaram a criação, o desenvolvimento e a complexa negociação envolvendo o licenciamento do jogo nos anos oitenta: *Tetris: From Russia with Love* (Direção: Magnus Temple, Ricochet/BBC, 2004), disponível em: https://www.youtube.com/watch?v=NhwNTo_Yr3k; e *The Story of Tetris*. Gaming Culture, 2016. Disponível em: https://www.youtube.com/watch?v=_fQtxKmgJC8.

[463] Alguns desses títulos encontram-se no Museu das máquinas de Arcade Soviéticos, com sede em Moscou (desde 2007) e São Petersburgo (desde 2013), com generoso acervo de jogos (aproximadamente 50) produzidos entre os anos 1970 e 1980, muitos cuidadosamente reconstruídos pelos engenheiros Alexander Stakhanov, Alexander Vugman e Maxim Pinigin. Informações gerais podem ser obtidas no site: https://www.15kop.ru/en/.

jogos para computadores pessoais. No segundo, títulos como *Nu, Pogodi!* – baseado em popular desenho animado infantil exibido no país – e consoles como o TIA-MC-1 (c.1987) foram disponibilizados para uma parcela de consumidores[464]. Contudo, uma história mais aprofundada sobre a produção e utilização dos videogames na URSS ainda está em produção.

Mas, durante os anos 1980, uma exceção não só mostrou que os soviéticos poderiam disponibilizar um jogo bem-sucedido tanto internamente quanto no exterior, como também ofereceu um dos mais influentes títulos produzidos nessa década, servindo de base para outros jogos nos anos seguintes.

A origem dessa exceção veio das iniciativas de um jovem engenheiro e programador chamado Alexey Pajitnov. Filho de uma jornalista e de um dissidente político, Pajitnov, que desde os anos 1970 se dedicara a trabalhar na Computação, durante sua formação no Instituto de Aviação de Moscou, mas, principalmente, no seu trabalho – ligado à inteligência artificial e linguagem computacional – no centro de computação da Academia Ciências Soviética, durante suas horas vagas, tendo acesso a um modelo Elektronika-60, resolveu, de forma despretensiosa, programar jogos eletrônicos.

Inicialmente, Pajitnov uniu forças com Dmitry Pavlovsky, programador que produziu alguns jogos, muitos deles educacionais, para a Academia de Ciências Soviética, e Vadim Gerasimov, jovem prodígio também ligado à programação, e os três, em reuniões informais durante 1983 e 1984, decidiram pela criação de jogos eletrônicos que poderiam ser distribuídos na URSS.

Pajitnov decidiu adaptar um jogo de peças chamado pentaminó – que consiste no encaixe de 12 peças em um espaço quadriculado, para o qual foi usado uma versão adaptada de sete peças –, em que a primeira versão do jogo, chamada de engenharia genética, consistiu em encaixar essas peças em uma caixa. Contudo, essa versão se mostrou fácil e tediosa. O programador, então, fez duas principais adaptações que definiram seu formato final. Primeiro, trocou-se a caixa por uma coluna vertical. Segundo, após perceber que manter as peças poderia fazer o jogo tedioso, decidiu-se que as peças, adaptadas e denominadas de tetraminós, cairiam de forma ininterrupta, porém, ao completar uma coluna de blocos, elas eram eliminadas, e o jogo poderia continuar indefinidamente.

---

[464] PLANK-BLASCO, D. 'From Russia with Fun!': Tetris, Korobeiniki and the ludic Soviet. *The Soundtrack*, Bristol, v. 8, n. 1 e 2, p. 7-24, 2014.

Pajitnov descobriu rapidamente que essa forma de jogar faria o título ganhar um caráter viciante para o jogador e fez um versão sem som e fases extras, mas suficiente para sua utilização. O programador decidiu pelo nome Tetris – uma junção do número grego "quatro" e do esporte que Pajitnov mais gostava de praticar, Tênis. Em junho de 1984, a primeira versão do jogo foi disponibilizada e logo fez sucesso em diferentes setores da Academia de Ciências da URSS.

Mas essa primeira versão apresentava algumas limitações. A principal era que sua jogabilidade ficava restrita a modelos antigos do Elektronika, em especial os clones ligados ao PDP e LISA[465]. Pajitnov e Gerasimov resolveram não somente adaptar o jogo para modelos do Elektronika ligados ao IBM, como realizaram adições, como cores nas peças, pontuação e níveis de dificuldade, versão essa consolidada pela *Academysoft* (empresa de software ligada a Academia de Ciências da URSS), em 1986. Apesar de não ser comercializado devido às leis anti-*trust* soviéticas (fato que causou frustração a Pajitnov), essa versão conseguiu ser disponibilizada para diferentes organismos científicos no país, atingindo imediato sucesso, expandido para outros institutos no Leste Europeu.

Um dos locais de "exportação" do jogo foi no mais "ocidental" dos países comunistas do bloco, a Hungria. Uma das consequências da malfadada revolução de 1956[466] foi a de permitir considerável abertura política e econômica com os países capitalistas, onde diferentes empresários europeus e estadunidenses visitavam o país em busca de produtos a serem comercializados (um deles, o Cubo de Rubik ou Cubo Mágico, criado por Erno Rubik, em 1974, foi um grande sucesso). Tetris, recebido inicialmente no centro SCKI de Ciência da Computação de Budapeste, foi um sucesso imediato, logo chamando a atenção do Ocidente capitalista.

Essa atenção veio incialmente de Robert Stein, diretor do setor de vendas da empresa inglesa Andromeda Software, ligada a títulos para computadores. Stein percebeu o sucesso do Tetris na estatal húngara Novotrade International e, ao jogá-lo, viu imediatamente o potencial comercial do jogo. Após uma "negociação", via fax, entre Stein e Pajitnov, esse último, apesar de receoso em ceder os direitos do título, ofereceu uma vaga resposta afirmativa, dando a Stein, em um primeiro momento, a brecha de negociar a

---

[465] Um dos primeiros computadores pessoais desenvolvidos pela empresa estadunidense Apple, em 1983.

[466] Revolta ocorrida entre outubro e novembro de 1956, que, de protestos isolados, acabou se transformando em grande rebelião popular contra as políticas impostas pelo partido comunista húngaro, derrotados após violentos conflitos com tropas soviéticas.

comercialização do Tetris. Após apresentar o jogo em feiras de videogames em 1987, conseguiu vender os direitos para a inglesa Mirrorsoft e a estadunidense Spectrum Holobyte (ambas com seus donos encantados com o jogo e seu potencial comercial).

Entre 1987 e 1988, o jogo, mantendo grande parte de sua estrutura original (incluindo agora músicas russas e texto em cirílico, como forma de vender o jogo como "soviético"), foi lançado para os consoles Amiga, Atari ST, ZX Spectrum, Commodore 64 e Amstrad CPC, sendo bem recebidos por crítica e público, mas ainda distantes do sucesso posterior.

Contudo, esses lançamentos vieram com uma limitação. Stein ainda não tinha a licença dos jogos, apenas uma troca informal de mensagens com Pajitnov, que foi questionado pela Academia de Ciências e por órgãos de segurança sobre essa negociação. Entrou em cena a *Elektronorgtechnica* ou ELORG, órgão ligado à exportação de hardware e software produzidos na União Soviética, e seu sombrio, porém pragmático, diretor Nikolay Belikov, que demandaram porcentagens na venda do título e que o contrato de licenciamento fosse negociado e assinado. Iniciava-se o longo caminho de licenciamento do jogo.

Inicialmente, Stein conseguiu um acordo de 10 anos de comercialização, o que deu a impressão de obter os direitos exclusivos do Tetris. Ainda em 1988, a Mirrorsoft cedeu os direitos do jogo para a Tengen, sede japonesa da empresa de jogos Atari, que licenciou para as empresas Sega e Bullet Proof Software, este último criando uma versão no console Famicom, sendo seu maior sucesso de vendas até então. Esses lançamentos também criaram a impressão de uma "liberação" do título, que logo se mostrou apressada.

Então, a empresa japonesa Nintendo entra em cena, iniciando a fase definitiva de consolidação comercial do jogo. A empresa, que estava produzindo o console portátil Game Boy, tanto com seu presidente Hiroshi Yamauchi quanto com seu presidente do braço estadunidense Minoru Arakawa, somados a um jovem programador e empreendedor (ligado tanto a Bullet Proof Software quanto a Nintendo) chamado Henk Rogers, perceberam que o Tetris seria um título perfeito para o equipamento.

Ao ver o jogo em uma feira em Las Vegas, em janeiro de 1988, Rogers não somente se encantou com o título como buscou obter seus direitos para consoles no Japão, lançando-o, no máximo, em dezembro de 1988. O programador então entrou em contato com Robert Stein para negociar os direitos do jogo e tentou acordos em separado com a Atari, mas sem sucesso. Rogers, Stein e Robert Maxwell (presidente da Atari) encontraram um impasse, e o contrato feito com a ELORG estava sendo cobrado pelo seu diretor Belikov. Para a solução desse impasse, o acordo deveria ser feito diretamente com os soviéticos. Em fevereiro de 1989, Stein, Rogers e Kenneth Maxwell (filho de Robert) foram para Moscou discutir e resolver em definitivo os direitos do Tetris.

Rogers chegou primeiro à capital. Depois de alguns dias de uma passagem errática pela cidade – a qual achou bonita, porém muito "acinzentada" –, conseguiu, graças a intérpretes contratados, descobrir a sede do ELORG, onde pediu uma reunião com Belikov sobre os direitos do Tetris.

O diretor, surpreso, mas também curioso, recebeu o programador. Rogers apresentou o cartucho do Tetris comercializado pelo Famicom, o que gerou surpresa a Belikov, acusando-o de comercialização indevida do jogo. Porém, Rogers apresentou a complexa rede de "licenciamento" que o Tetris sofria há, pelo menos, dois anos, deixando o diretor da ELORG confuso, mas que permitiu uma segunda reunião dias depois, com a presença de Pajitnov e da cúpula da ELORG. Nela, ao ser analisado o acordo original feito com Stein, foi percebido o imbróglio ligado à licença do jogo, e a palavra "computadores" foi apresentada de forma vaga, em parte pela interpretação diferenciada do termo em inglês e no cirílico (que engloba tanto autômatos quanto consoles). Rogers então ofereceu, em terceira reunião, um breve acordo escrito, o qual teria de ser rapidamente respondido por Belikov devido à pressão da Nintendo nos EUA.

Outro aspecto importante percebido na reunião foi que Rogers e Pajitnov tiveram quase imediatamente um bom entrosamento, com interesses e gostos em comum, amizade que se estenderia pelas décadas seguintes, transformando-se em uma bem-sucedida parceria comercial.

Belikov deixou a resposta em aberto, pois teria, em poucos dias, reuniões tanto com Robert Stein quanto com Kenneth Maxwell, nas quais o diretor da ELORG mostraria perspicácia ao negociar o jogo.

Com Stein, Belikov rispidamente o acusou de se apropriar de forma indevida dos direitos do jogo, fazendo outras empresas lucrarem a despeito dos criadores soviéticos, e demandou assinatura do contrato incluindo cláusulas para o pagamento de multas, o que Stein, após breve análise, assentiu. Porém, Belikov discretamente havia incluído nessa nova versão mudanças com as quais o termo computador seria apresentado – separando o uso dos computadores pessoais dos de consoles de videogame –, invalidando acordos anteriores.

Com Maxwell, Belikov, mais cuidadoso (pois o pai possuía contatos na elite do partido, inclusive Gorbachev), usou de outra estratégia, mostrando um cartucho do Tetris fabricado pela Tengen, questionando sua procedência. Kenneth, caindo na armadilha, disse que era uma versão pirata, o que confirmou a Belikov que os Maxwell pouco sabiam dos pormenores ligados ao licenciamento do jogo, e respondeu que pensaria sobre o acordo e, em alguns dias, entraria em contato.

Belikov então ligou para Rogers e cedeu os direitos do jogo para a Nintendo, inicialmente para o Game Boy, mas podendo expandi-lo para outros consoles. Surpreso pelo sucesso, Rogers entrou em contato com a Nintendo que, quase imediatamente e com empolgação, realizou breves análises sobre o funcionamento, as potencialidades e as formas de comercialização do jogo, enviando esses relatórios à URSS para, finalmente, assinar o contrato. Nintendo e Atari, há anos, estavam em uma amarga disputa sobre licenciamento de jogos e versões não autorizadas disponibilizadas em títulos de qualidade duvidosa. Tetris seria uma virada decisiva da empresa japonesa à rival estadunidense.

A proposta, com um adiantamento de 5 milhões de dólares, foi aceita de pronto e assinada por Belikov e pelos presidentes da Nintendo dos EUA, que foram secretamente a Moscou fechar o negócio. A ELORG, de um lado, recusou pagar Pajitnov pelos direitos da obra, e a Nintendo, de outro, recusou a oferta da empresa soviética em produzir os cartuchos e consoles. Mas foram breves contratempos, e, em março de 1989, o acordo foi fechado.

A reação dos concorrentes foi imediata. Mirrorsoft e Robert Stein, magoados com a perda dos direitos, acusaram o ELORG de punhala-los pelas costas e buscaram reparações via Hungria. Mas o país, na época saindo do comunismo e cortando aos poucos seus laços com o bloco socialista, não retornou contato. Já Robert Maxwell, também ressentido, tentou reverter o acordo, entrando em contato com personalidades políticas e militares da URSS, que chegaram, sem sucesso, a pressionar e investigar Belikov, enviando também mensagens diretamente a Gorbachev, no início de 1991. Porém, ocupado com o iminente colapso da URSS, o secretário geral não respondeu o contato – ou, segundo outras fontes, ofereceu uma breve e seca negativa. A repentina morte de Maxwell, em novembro do mesmo ano, encerrou a disputa pela Atari[467].

---

[467] Stein, apesar de ter os direitos do Tetris para computadores, os perderia em 1990, devido à falta de pagamento de royalties. Já Maxwell, na época de sua morte, acumulava 3 bilhões de dólares em dívidas devido a centenas de processos trabalhistas por assédio e não pagamento de diversos contratos e licitações.

Belikov, convidado por Rogers, passou uma breve estadia nos EUA, durante 1991 e 1992, gostou da cidade (apesar de estranhar o estilo mais extravagante dos estadunidenses) e, principalmente, aprendeu de forma rápida o funcionamento das indústrias de jogos eletrônicos nos Estados Unidos. Isso lhe foi útil ao permitir e liderar a privatização da ELORG, entre 1992 e 1993, coordenando e supervisionando a entrada da iniciativa privada nos jogos eletrônicos da Federação Russa.

Já Pajitnov, mudando para os Estados Unidos, em Seattle, meses antes do fim da URSS, decidiu seguir como designer de jogos, criando outros títulos para o Windows e Xbox 360 nas décadas seguintes. Junto de Rogers, criou a The Tetris Company (1996), centralizando os direitos autorais do Tetris (dividindo-os com a ELORG até 2005) e da produção de novos títulos, centralizando no desenvolvedor Blue Planet Software. Finalmente, o programador russo ganharia (muito) dinheiro com sua criação. A companhia entrou em diferentes litígios judiciais com youtubers, desenvolvedores independentes e empresas de grande porte, como a Apple e Google, por utilização indevida ou não creditada de elementos do Tetris.

Gerasimov e Pavlovsky não receberam dinheiro pelo Tetris, mas seguiram por carreiras bem-sucedidas na computação. O primeiro, emigrando para os EUA, teria uma respeitada passagem pelo MIT e Google. O segundo, mudando para a Inglaterra, em 1990, teve uma produtiva carreira em organismos públicos e privados no país.

O jogo, que, a partir da versão do Game Boy, atingiu impressionante sucesso comercial, além de ter incluído vídeo *game hall off fame,* em 2015, ganhou diferentes prêmios internacionais, servindo de influência para diversos títulos que seguiram por lógicas parecidas de desenvolvimento, como Jewel Quest (2004) e Candy Crush (2012).

Cita-se também que o jogo, desde seu lançamento, recebeu considerável atenção no campo acadêmico, sendo objeto de estudo e experimentos em temas ligados à psicologia cognitiva (com foco no que foi chamado síndrome de Tetris[468]), à teoria computacional e a algoritmos, com destaque para os pioneiros estudos de Vladimir Pokhilko, os primeiros a identificar impactos psicológicos e comportamentais aos jogadores.

---

[468] Pesquisas produzidas a partir dos anos 1980, que, ao analisar dezenas de jogadores do Tetris, identificando que as pessoas que jogaram o título por muito tempo poderão pensar, de diferentes maneiras, que certos objetos e formas se encaixam na vida real, como caixas em supermercados ou edifícios na rua. Eles poderão também ver tetraminós caindo enquanto tentam dormir ou ver imagens de tetraminós quando fecham os olhos.

12.

CONCLUSÕES

Em 1991, o clima da indústria computacional na URSS mostrou-se, nas avaliações mais otimistas, melancólico. O saldo de quatro décadas de informática no país indicava atrasos e gargalos não preenchidos, e continuavam as críticas de engenheiros, programadores e consumidores, muitas vezes, amargas e ressentidas. Nesse período, personalidades da computação afirmavam, que, no campo tecnológico, a União Soviética havia perdido a Guerra Fria há, pelo menos, 20 anos[469].

O projeto de união informacional e computacional do bloco comunista estava, desde 1988, sendo discretamente descentralizado e encerrado. Cuba e Leste Europeu buscaram outras parcerias e projetos enquanto se desfaziam do agora ultrapassado ES-EVM.

Isso também se repetiu nas tímidas iniciativas de criação de uma rede de computadores na URSS. Após 1992, as antigas linhas de comunicação entre as ex-repúblicas foram interrompidas ou drasticamente modificadas, e tiveram que, com dificuldade, reconstruir sua própria Internet. Na segunda metade dos anos 1990, Rússia (Runet), Cazaquistão (Kaznet), Bielorrússia (Bynet) e Ucrânia (Uanet) consolidaram políticas nacionais ligadas à inserção de uma rede de computadores, com um início confuso, porém com resultados promissores, seguidos posteriormente pelas outras ex-repúblicas[470].

Cada país também teve que lidar, à sua maneira, com a transição para a realidade capitalista da indústria computacional herdada da URSS. As respostas variaram da instabilidade advinda de uma situação política violenta, no caso da Armênia[471], que prejudicou a longo prazo a expansão de seu parque industrial, ou de uma promissora expansão prejudicada pela

---

[469] AGAMIRIZIAN, I. Computing in the U.S.S.R. *Byte*, Peterborough, v. 16, n.4, p. 120-129, 1991.

[470] ASMOLOV; KOLOZARIDI, 2021.

[471] ZARGARYAN, T.; ASTSATRYAN, H.; MATELA, M. Armenian Research & Academic Repository In Action: Towards Challenges Of The 21st Century. *Katchar Scientific Periodical*, Erevã, n. 2, p. 67-79, 2020.

interferência russa, no caso da Ucrânia[472], especialmente após 2014, a uma maturação e relativa bem-sucedida consolidação de uma indústria nacional em informática, a partir de legislações e parcerias público-privadas em projetos de grande porte, no caso dos países bálticos[473] com os Estados Unidos e a União Europeia, e em Belarus[474], com a União Europeia, Rússia e China (apesar de iniciativas autoritárias do presidente Aleksandr Lukashenko, por vezes, emperrarem alguns dos projetos).

Na Rússia, o caminho de renovação tecnológica mostrou-se instável, junto da transição problemática do país ao capitalismo. Com a crise econômica, alguns centros de pesquisa e fábricas foram fechados ou diminuíram seu funcionamento, com vários pesquisadores e engenheiros ressentidos pela perda abrupta de seus salários e incentivos, emigrando para os Estados Unidos, a Europa e o Japão (contudo, dados aprofundados sobre esse êxodo mostram-se dispersos)[475].

Mas, apesar de todos os problemas, as principais fábricas de computadores e centros de pesquisa em informática foram mantidos e, a partir de projetos multinacionais e uma nova legislação com foco em uma Rússia inserida na "sociedade da informação", começaram a recuperar o terreno perdido ainda no final dos anos 1990, e, finalmente, uma indústria interna pôde novamente ser consolidada, abdicando do antigo "copiar e clonar" soviético. Outras duas consequências foram a entrada maciça de modelos ocidentais de computadores no país, a comercialização de softwares piratas no mercado informal e a produção de modelos internos mais baratos, os quais permitiram que a população russa, no início dos anos 2000, fosse gradativamente inserida em uma nova realidade tecnológica, que se expandiu durante o governo de Vladimir Putin, criando uma rede informatizada

---

[472] TUTOVA, O.; SAVCHENKO, Y. Ukraine in the Information and Communication Technology Development Ranking I, *Control Systems and Computers*, Kiev, n. 3, p. 70-78, 2019.
TUTOVA, O.; SAVCHENKO, Y. Ukraine in the Information and Communication Technology Development Ranking II. *Control Systems and Computers*, Kiev, n. 4, p. 63-74, 2019.

[473] GAT, O. Estonia Goes Digital: Residents of the tiny Baltic nation are going all in on techno-governance. *World Policy Journal*, Durham, v. 35, n. 1, p. 108-113, 2018.
BAREIKYTÉ, M. *The Post-Socialist Internet: How Labor, Geopolitics and Critique Produce the Internet in Lithuania.* Berlim: Transcript Verlag, 2022.

[474] TAWBE, M. Digitalization in the development of human resource management in the Republic of Belarus. *R-Economy*, Erevã, v. 7, n. 2, p. 133-141, 2021.

[475] Sobre a realidade da ciência russa nos primeiros anos do pós-comunismo, ver: GRAHAM, L., DEZHINA, I. *Science in the new Russia.* Indianapolis, Bloomington: Indiana University Press, 2008.

unindo empresas públicas e privadas nos setores econômico, administrativo e de infraestrutura[476].

Por um lado, diferentes autores identificaram um caráter errático e, por vezes, repressivo da inserção de programas computacionais e da reconstrução da Internet na Rússia, principalmente após a ascensão de Putin ao poder. Críticas foram feitas sobre iniciativas autoritárias de controle informacional da Internet no país, censura a desafetos (por exemplo, a guerra de informações com o político de extrema direita Alexei Navalny) e atuação de agências de segurança em uma agressiva guerra cibernética, que se expandiu durante a invasão na Ucrânia, em 2022[477].

Por outro, a Rússia, a partir de 2013, obteve papel de protagonismo no que foi chamado de "guerra hibrida". A partir de habilidosa utilização de sites, aplicativos e programas desenvolvidos no país, a Rússia realizou forte ruído informacional, a partir de *fake news* e infiltração em diferentes órgãos políticos, influenciando, indiretamente, no plebiscito que aprovou a saída do Reino Unido na União Europeia e na eleição de Donald Trump à presidência dos Estados Unidos, ambos ocorridos em 2016[478]. Atualmente, a Rússia conta com uma sofisticada rede computacional e um considerável *staff* de *hackers* e programadores recrutados pelos serviços de segurança ou oligopólios privados russos, muitos deles com regalias e longe do olhar do grande público[479].

O presente livro discutiu a evolução e o desenvolvimento da computação soviética entre o fim dos anos 1940 até a dissolução da URSS.

---

[476] WIJERMARS, M. The Digitalization of Russian Politics and Political Participation. *In:* GRITSENKO, D., WIJERMARS, M.; KOPOTEV, M. (org.) *The Palgrave Handbook of Digital Russia Studies.* Londres: Palgrave Macmillan, 2021. p. 15-32.

[477] SOLDATOV, A.; BOROGAN, I. *Russian Cyberwarfare*: Unpacking the Kremlin's Capabilities. CEPA, 8 set. 2022. Disponível em: https://cepa.org/comprehensive-reports/russian-cyberwarfare-unpacking-the-kremlins-capabilities/ Museu de videogames é destruído após bombardeio na Ucrânia. Yahoo! finanças,28/05/2022. Disponível em: https:// br.financas.yahoo.com/noticias/museu-de-videogames-e-destruido-apos-bombardeio-na-ucrania-154804267.html

[478] Sobre o tema, a partir de levantamento na bibliografia brasileira, percebe-se que a temática encontra centralização de pesquisas em publicações ligadas às forças armadas e à defesa, com foco, principalmente, sobre o pretenso papel expansionista russo a partir dessas intervenções digitais. Ver, por exemplo: PICCOLLI, L.; MACHADO, L.; MONTEIRO, V. F. A Guerra Híbrida e o Papel da Rússia no Conflito Sírio. *Revista Brasileira de Estudos de Defesa*, Curitiba, v. 3, p. 189-203, 2016. No âmbito das esquerdas, a literatura se mostra escassa, porém com exceções. Ver: LEIRNER, P. C. *O Brasil no Espectro de uma Guerra Híbrida*: Militares, operações psicológicas e política em uma perspectiva etnográfica. 2. ed. São Paulo: Alameda, 2022.

[479] Rússia, o lugar onde os *hackers* mais procurados do mundo vivem como milionários. *BBC Brasil*, 2021. Disponível em: https://www.youtube.com/watch?v=16poK0kdHWY

Cita-se, inicialmente, que a cúpula do partido comunista, quase imediatamente ao lançamento do ENIAC nos Estados Unidos, mostrou interesse em obter informações sobre o computador digital, tanto via espionagem ou contato oficial com autoridades ocidentais, quanto pelo estímulo a iniciativas nacionais de construção de modelos, aproveitando uma forte escola de Engenharia, Matemática e Computação analógica consolidada nas primeiras décadas do comunismo.

Isso identifica um aspecto importante, de como o regime comunista não somente aceitou a competição tecnológica com os estadunidenses, como também mostrou pioneirismo na construção e utilização dos computadores digitais. Isso reforçou uma característica de sucesso do regime comunista, elogiado, inclusive, pelos rivais capitalistas, de grande investimento em Ciência e Tecnologia.

Stalin, apesar das posturas autoritárias em vários momentos de seu governo, também se mostrou pragmático e coerente ao perceber a importância da construção da informática na União Soviética, e não somente não se opôs como demandou a criação de organismos e projetos, dando sinal verde às iniciativas de Lebedev, Bruk e Bazilevsky. No período de sua morte, em março de 1953, dois computadores digitais (MESM e M-1) estavam em atividade, e outros dois (BESM e STRELA) em seu teste final para aprovação.

A Informática soviética também se mostrou distante das batalhas ideológicas que outras áreas sofreram a partir do final dos anos 1940. Sim, a Academia de Ciências, exército e ministérios travaram longas e amargas disputas internas (que influenciaram a utilização e o aproveitamento dos computadores em diferentes organismos), e projetos por vezes disputavam prioridade – por exemplo, entre o BESM e Strela e entre o BESM-10 e ELBRUS. Mas foram contendas localizadas, que, apesar das tensões, tiveram influência limitada nos acontecimentos. A palavra final era do partido comunista, e assim se manteve até 1991.

Mesmo a Cibernética, apesar dos ataques sofridos entre 1951 e 1954, esses se mostraram confusos, desorganizados e sem o aval da cúpula partidária. Mesmo usada apenas discretamente, as obras de Wiener não foram proibidas, e nenhum expurgo ou grande silenciamento ocorreu com a disciplina. Se a Cibernética sofreu danos com esses ataques, logo seriam esquecidos, em especial com o sucesso da Informática em projetos ligados à indústria atômica e cosmonáutica.

Apesar de sua consagração (por vezes exagerada) por órgãos científicos e até em setores do partido comunista a partir do final dos anos 1950, a utilização da disciplina ou se mostrou confusa, englobando um escopo muito aquém de sua capacidade de análise, ou apresentou pouca influência política para decidir os rumos tecnológicos soviéticos, visível na rejeição dos projetos de criação de redes de computadores na URSS nos anos 1960 e 1970, mesmo com o suporte de importante organismos ligados à Cibernética e de autores consagrados da área.

Entre 1950, com a consolidação do MESM, e 1969, quando o decreto de clonagem ocidental começou a ser efetivamente implementado, a indústria soviética apresentou um respeitável resultado, com dezenas de modelos projetados e milhares de equipamentos espalhados pela URSS, com fábricas e centros de pesquisa em computação distribuídos em diferentes repúblicas. Apesar de o número de modelos produzidos ser aquém dos apresentados pelos Estados Unidos e Europa Ocidental, vindo de um país devastado por um longo conflito, a computação no país mostrava um caminho surpreendentemente promissor e de considerável estabilidade. E é por isso que o estranho decreto de 1967, que praticamente arruinou a indústria soviética, mostra-se tão difícil de ser entendido.

Os reflexos da legislação expandiram-se em quase toda a indústria computacional no bloco comunista. A relação dos países socialistas com a computação da URSS variou, indo de uma maior autonomia (Hungria, Cuba) a uma grande dependência aos ditames de Moscou (Alemanha Oriental)[480], que, ambiciosamente, tentou criar uma rede computacional unindo sua esfera de influência.

As séries oriundas dessas propostas, como ES-RIAD, Elektronika e Iskra, tiveram utilização e inserção limitada, tendo apenas uma parcela das instituições contempladas com computadores, além de ínfima inserção no âmbito privado. Se o objetivo do decreto foi a de incluir a URSS na "sociedade da informação", ele foi um considerável fracasso. No Leste Europeu, o baixo retorno de muitos equipamentos fizeram, como citado, que os projetos fossem descentralizados na segunda metade dos anos 1980, abraçando a tecnologia ocidental de forma definitiva (apesar da necessidade de mais estudos discutindo essa inserção). Mesmo antes da queda do muro de Berlim, o bloco socialista desistia de unir sua computação.

---

[480] Em pesquisas posteriores, pretendo realizar uma análise da evolução computacional no bloco comunista.

Como em grande parte de seu controverso governo[481], Gorbachev, apesar de apresentar uma visão coerente sobre a necessidade de inserção do país a uma nova realidade tecnológica e informacional e de incluir nomes estratégicos em organismos, como na Academia de Ciências Soviética (em parte, por influência de seu número dois no partido, Ligachev), fez apenas alguns ajustes e medidas paliativas, somente realizando mudanças mais assertivas (em especial, no estímulo a parcerias público-privada) quando o colapso do comunismo mostrou-se irreversível.

Cita-se que, apesar dos problemas e de apresentar atrasos e estagnação que vitimaram fatalmente sua indústria, devemos ter cautela ao apontar o caso computacional soviético como apenas um "fracasso". Deve-se ressaltar novamente o pioneirismo do país em ser o primeiro da Europa continental a produzir um computador nativo, mas também de, apesar de todos as intempéries advindas da Segunda Guerra Mundial, conseguirem, como citado, em poucos anos, uma quantidade considerável de modelos, ao ponto de se cogitar a criação de sistemas o interligando, justificando parcialmente seu status de superpotência. Sobre o aspecto ligado à rede computacional, mesmo que malsucedido, a URSS apresentou ideias que antecederam em décadas as de diversos países (no Brasil, por exemplo, a consolidação efetiva de uma rede de computadores só veio a partir de 1988).

Ainda sobre esse aspecto, o trabalho identificou que, apesar de visões pioneiras oferecidas por diferentes personalidades soviéticas sobre o sistema automatizado na URSS, ao ponto de chamar atenção de pesquisadores estadunidenses (influenciando, indiretamente, a aprovação da ARPANET)[482], os projetos se chocaram com um excessivamente centralizado sistema administrativo e econômico, gerando agressiva oposição de influentes nomes do partido comunista, consolidando o insucesso dessas iniciativas em 1970. Não que os projetos, após essa rejeição, não tenham sido implantados, porém longe do alcance originalmente vislumbrado.

---

[481] As análises sobre Gorbachev e seu período de governo na URSS ainda sofrem com opiniões muitas vezes extremadas – que voltaram à tona com seu falecimento – em que, por um lado, é classificado como um herói que tentou salvar o comunismo e, de outro, como um crápula que destruiu a URSS. Apesar de algumas ressalvas, a obra do historiador Archie Brown mantém-se como a mais ponderada sobre essa fase. Ver: BROWN, A. *Seven Years that changed the world:* Perestroika in perspective. Oxford: Oxford University Press, 2007. A autobiografia do antigo secretário geral – GORBACHEV, M. *Minha vida.* São Paulo: Amarylis, 2016 – serve apenas como curiosidade, pois seu autor se mostra vago e prolixo em várias partes. Apesar de, em diversos momentos laudatória, a mais informativa biografia do líder soviético continua sendo: TAUBMAN, W. *Gorbachev:* His Life and Times. Nova Iorque: W. W. Norton & Company, 2017.

[482] Para essa influência e alguns temores da administração estadunidense sobre a proposta soviética, ver: GEROVITCH, 2009.

Nos Estados Unidos, a lógica de consolidação da ARPANET veio de um aspecto fortemente militar, ligado aos projetos de defesa, com forte viés administrativo e somente inserido aspectos econômicos a partir dos anos 1980. Apesar desse viés, os resultados se mostraram promissores, que, de quatro pontos de informação inseridos em 1969, foram expandidos em poucos anos em dezenas ligadas a universidades, órgãos militares e setores administrativos. Ironicamente, o estado norte-americano, desde o início dos anos 1960, ofereceu generoso suporte a ARPANET e apoiou sua rápida expansão, inserindo gradativamente a iniciativa privada em sua primeira década e mantendo essa visão estratégica nos anos seguintes, enquanto o estado soviético seria um dos principais pontos de entrave que acabou prejudicando a consolidação do sistema computacional na URSS.

As disputas de poder político dentro do partido comunista e a consolidação de uma rede informal, ou segunda economia, ao ponto de se tornar parte importante do sistema econômico soviético (e da Rússia pós-comunista, com consequências sombrias na criação de uma máfia/oligarquia) mostraram-se praticamente impossíveis de serem ultrapassadas. Glushkov tentou, por décadas, contornar alguns desses entraves, mas, conforme visto, o partido comunista também deu seu veredito e o manteve, com poucas modificações, até a dissolução da União Soviética.

Qual o saldo da realidade computacional na URSS na "era da informação"? O resultado se mostrou ambíguo. Sim, nos anos 1980, conforme discutido, a sociedade soviética se encontrava distante dos países capitalistas desenvolvidos, não somente nos computadores, mas até em equipamentos como toca-discos e videocassete. Mas não podemos ignorar que o regime comunista, por quase 20 anos, foi atento sobre essa nova realidade e apoiou essa indústria. No fim, o papel do estado comunista na Computação soviética foi paradoxal, sendo, em um primeiro momento, seu grande aliado e impulsionador, para se transformar (em alguns, porém decisivos, momentos) em seu nêmeses.

Conclui-se que a história da Computação na União Soviética evidenciou tanto as virtudes do sistema comunista como também seus vícios.

REFERÊNCIAS

ACKERMAN, D. *The Tetris Effect:* The Game That Hypnotized the World. Nova Iorque: PublicAffairs, 2016.

AFENDIKOVA, N. G. в некоторые ключевые моменты становления отечественной вычислительной техники. *Препринты ИПМ им. М.В.Келдыша*, v. 57, n. 12, p. 1-12, 2017. Disponível em: http://library.keldysh.ru/preprint. asp?id=2017-58. Acesso em: 13 jan. 2023.

AFINOGENOV, G. Andrei Ershov And The Soviet Information Age. *Kritika: Explorations In Russian And Eurasian History*, Washington, v. 14, n. 3, p. 561-584, 2013.

AGAMIRIZIAN, I. Computing in the U.S.S.R. *Byte*, Peterborough, v. 16, n. 4, p. 120-129, 1991.

ALADIN, N. K.; PLOTINIKOV, I. (org.) *The Aral Sea:* The Devastation and Partial Rehabilitation of a Great Lake. Berlim: Springer, 2014.

ALEKSIÉVITCH, S. *As últimas testemunhas*. São Paulo: Companhia das Letras, 2019.

APOKIN, I. A.; CHAPOVSKI, A. Z. The origins of the first scientific center for automation. *History and Technology*, Londres, v. 8, n. 2, p. 133-138, 1992.

APPLEBAUM, A. *Cortina de Ferro:* o esfacelamento do Leste Europeu. São Paulo: Três Estrelas, 2017.

APPLEBAUM, A. *GULAG:* uma história dos campos de prisioneiros soviéticos. Rio de Janeiro: Ediouro, 2004.

ASMOLOV, G.; KOLOZARIDI, P. Run Runet Runaway: The Transformation of the Russian Internet as a Cultural-Historical Object. *In:* GRITSENKO, D.; WIJERMARS, M.; KOPOTEV, M. (org.). *The Palgrave Handbook of Digital Russia Studies.* Londres: Palgrave Macmillan, 2021. p. 277-296.

BADALONI, N. Marx e a busca da liberdade comunista. *In:* HOBSBAWN, E. (org.). *História do Marxismo I.* Rio de Janeiro: Paz e Terra, 1979. p. 197-261.

BADRUTDINOVA, M. *et al.* Kazan Engineering and Design School of Information Technologies: From the First- to the Fourth-Generation Computers and Hardware.

Fourth International Conference on Computer Technology in Russia and in the Former Soviet Union (SoRuCom). *Proceedings*, Moscou: IEEE, p. 82-85, 2018.

BADRUTDINOVA, M. *et al.* The Role of the Kazan Computer Manufacturing Plant in the Development of Computer Technology and Science in USSR and the Comecon Countries. Third International Conference on Computer Technology in Russia and in the Former Soviet Union (SoRuCom). *Proceedings*, Kazan: IEEE, p. 36-39, 2014.

BAILES, K. E. *Technology and Society under Lenin and Stalin:* Origins of the Soviet Technical Intelligentsia, 1917-1941. Princeton: Princeton University Press, 1978.

BARANOV, S. Formation of the Discipline of Programming in Russia. Third International Conference on Computer Technology in Russia and in the Former Soviet Union *(SoRuCom). Proceedings*, Kazan: IEEE, p. 107-109, 2014.

BARBER, J.; HARRISON, M. Patriotic War, 1941–1945. *In:* SUNY, R. G. (org.) *The Cambridge History of Russia III*: The Twentieth Century. Cambridge: Cambridge University Press, 2006. p. 217-242.

BAREIKYTÉ, M. *The Post-Socialist Internet:* How Labor, Geopolitics and Critique Produce the Internet in Lithuania. Berlim: Transcript Verlag, 2022.

BELL, D. *The coming of post-industrial society:* A venture in social forecasting. New York: Basic Books, 1973.

BERNERS-LEE, T. *et al.* The World Wide Web. *Communications of the ACM*, Nova Iorque, v. 37, n. 8, p. 76-82, 1994.

BESTUZHEV-LADA, I. Futures studies in the USSR (1966-1991) and in Russia (1991-1999). *In:* NOVAKY, E.; VARGA, V. R.; KOSZEGI, M. K. (org.) *Future Studies in the European ex Socialist countries.* Budapeste: World Future Association, 2001, p. 150-174.

BOELE, O.; NOORDENBOS, B.; ROBBE, K. (org.). *Post-Soviet Nostalgia:* Confronting the Empire's Legacies. Londres: Routledge, 2019.

BOLDYREV, I.; DÜPPE, T. Programming the USSR: Leonid Kantorovich in Context. *British Journal for the History of Science*, Cambridge, v. 53, n. 2, p. 255-278, 2020.

BORES, L. D. AGAT: A Soviet Apple II computer. *Byte*, Peterborough, v. 9, n.11, p. 134-136, 456-457, 1984.

BORINSKAYA, S., ERMOLAIEV, A., KOLCHINSKY, E. Lysenkoism Against Genetics: The Meeting of the Lenin All-Union Academy of Agricultural Sciences of August 1948, Its Background, Causes, and Aftermath. *Genetics*, Oxford, v. 212, p. 1-12, 2019.

BOWKER, G. C. How to Be Universal: Some Cybernetic Strategies, 1943–1970. *Social Studies of Science*, Londres, v. 23, p. 107-127, 1993.

BROWN, A. *Ascensão e queda do comunismo*. Rio de Janeiro: Record, 2011.

BROWN, A. *Seven Years that changed the world:* Perestroika in perspective. Oxford: Oxford University Press, 2007.

BROWN, B. *Tetris*. São Paulo: Mino, 2020.

BRUSENTSOV, N; ALVAREZ, R. Ternary Computers: The Setun and the Setun 70. *In:* IMPAGLIAZZO, J.; PROYDAKOV, E. (org.). *Perspectives on Soviet and Russian Computing*. SoRuCom 2006. IFIP Advances in Information and Communication Technology Berlim: Springer, 2011. p. 74-80.

CAMPBELL-KELLY, M.; GARCIA-SWARTZ, D. The history of the internet: the missing narratives. *Journal of Information Technology*, Londres, v. 28, n. 1, p. 18-33, 2013.

CAPPIELLO, D. *Minding the Gap*: Western Export Controls and Soviet Technology Policy in the 1960s. 2010. Dissertação (Mestrado em História) – Universidade de Maryland, Maryland, 2010.

CASTELLS, M. *A galáxia da internet*. Rio de Janeiro: Zahar, 2003.

CASTELLS, M. *A Sociedade em rede*. São Paulo: Paz e Terra, 2011.

CASTELLS, M. *Fim de milênio*. São Paulo: Paz e Terra, 2020.

CASTELLS, M. *O poder da identidade*. São Paulo: Paz e Terra, 2018.

CHAUBIN, F. *Cosmic Communist Constructions Photographed*. Colônia: Taschen, 2011.

CHEREMNYKH, N; KURLYANDCHIK, G. Novosibirsk Branch of the Institute of Precision Mechanics and Computer Engineering of the USSR Academy of Sciences: History of Creation and Main Projects. 2017 FOURTH INTERNATIONAL CON-FERENCE ON COMPUTER TECHNOLOGY IN RUSSIA AND IN THE FORMER SOVIET UNION (SORUCOM). Rússia: Moscou, 2018. *Anais* […]. Moscou, 2018.

CHERNY, U. U. Что такое информатика?(А И Михайлов и А П Ершов). 8th conference Konf2012 – 60th Years of VINITI. *Proceedings*, Moscou: VINITI, v. 1, p. 26-27, 2012. Disponível em: http://www.viniti.ru/docs/conf_materials/konf2012. pdf. Acesso em: 23 jan. 2023.

CORTADA, J. W. Change and Continuity at IBM: Key Themes in Histories of IBM. *Business History Review*, Cambridge, v. 92, n. 1, p. 1-31, 2018.

CORTADA, J. W. *IBM:* The Rise and Fall and Reinvention of a Global Icon. Cambridge, MA: MIT Press, 2019.

CORTADA, J. W. Information Technologies in the German Democratic Republic (GDR), 1949–1989. *IEEE Annals of the History of Computing,* Nova Iorque, v. 34, n. 8, p. 34-48, 2012.

COURTOIS, S. (org.). *O livro negro do comunismo.* Rio de Janeiro: Bertrand Brasil, 1999.

CROWE G. D.; GOODMAN, S. S. A. Lebedev and the Birth of Soviet Computing. *IEEE Annals of the History of Computing,* Nova Iorque, v. 16, n. 1, p. 4-24, 1994.

DA EMPOLI, G. *Os engenheiros do Caos.* São Paulo: Vestígio, 2019.

DALE, Robert. Divided we Stand: Cities, Social Unity and Post-War Reconstruction in Soviet Russia, 1945–1953. *Contemporary European History*, Cambridge, v. 24, n. 4, p. 493-516, 2015.

DAVIS, N.; GOODMAN, S. The Soviet Bloc's Unified System of Computers. *Computing Surveys*, Washington, v. 10, n. 2, p. 93-122, 1978.

DOROZHEVETS, M. N.; WOLCOTT, P. The El'brus-3 and MARS-M: Recent Advances in Russian High-Performance Computing. *The Journal of Supercomputers*, Berlim, v. 6, p. 5-48, 1992.

DRUCKER, P. *A sociedade pós-capitalista.* 7. ed. São Paulo: Pioneira Thompson Learning, 2001.

DUCAN, R. Parallel Computer Construction Outside the United States. *Advances In Computers*, Amsterdam, v. 44, p. 170-218, 1997.

DZHALILOV, T.; PIVOVAROV, N. From the History of the Soviet Electronics Industry (the late 1950s–1960s). Fourth International Conference on Computer Technology in Russia and in the Former Soviet Union (SORUCOM). *Proceedings*, Moscou: IEEE, p. 213-217, 2018.

ELLMAN, M. The 1947 Soviet famine and the entitlement approach to famines. *Cambridge Journal of Economics*, Cambridge, v. 24, p. 603-630, 2000.

ENGEL, B. Woman and State. *In:* SUNY, R. G. (org.) *The Cambridge History of Russia III*: The Twentieth Century. Cambridge: Cambridge University Press, 2006. p. 468-494.

ERICSON, R. E. The Growth and Marcescence of the "System for Optimal Functioning of the Economy" (SOFE). *History of Political Economy*, Durham, v. 51, n. S1, p. 155-179, 2019.

ERSHOV, A. Basic concepts of algorithms and programming to be taught in a school course in informatics. *BIT*, Berlim, v. 28, p. 397-405, 1988.

ERSHOV, A. *et al. Osnovy Informatiki i Vychislitel'noi Tiekhniki.* Moscou: Prosveshchenie, 1988.

ERSHOV, A. Informatics as a new subject in secondary schools in the USSR. *Prospects*, Berlim, v. 17, p. 559-570, 1987.

ERSHOV, A. The Transformational Machine: Theme and Variations. *In*: CYTHILL, M.; GRUSKA, J. (org.) Proceedings on Mathematical Foundations of Computer Science. Berlim: Springer-Verlag, 1981. p. 16-32.

ERSHOV, A.; MONAKHOV, V. M. *Osnovy Informatiki i Vychislitel'noi Tiekhniki.* Moscou: Prosveshchenie, 1985.

ERSHOV, A.; SHURA-BURA, M. Directions of development of programming in the USSR. *Cybernetics*, Berlim, v. 12, p. 954-978, 1976.

FERNANDES, L. Teia de Tânato: da industrialização acelerada à encruzilhada da inovação no socialismo soviético. *In:* BERTOLINO, O.; MONTEIRO, A. (org.). *100 anos da revolução russa:* legados e lições. São Paulo: Anita Garibaldi/Fundação Maurício Grabois, 2017. p. 289-362.

FIGES, O. *A tragédia de um povo:* a revolução russa 1891-1924. Rio de Janeiro: Record, 1999.

FIGES, O. *Sussurros:* a vida privada na Rússia de Stalin. Rio de Janeiro: Record, 2010.

FITZPATRICK, S. Postwar Soviet Society: The "Return to Normalcy" 1945-1953. *In:* LINZ S. J. (org.) *The Impact of World War II on the Soviet Union.* Nova Jersey: Rowman & Allanheld, 1985. p. 129-156.

FITZPATRICK, A.; KAZAKOVA, T.; BERKOVICH, S. MESM and the Beginning of the Computer Era in the Soviet Union. *IEEE Annals of the History of Computing*, Nova Iorque, v. 28, n. 3, p. 4-16, 2006.

FONSECA FILHO, C. *História da computação:* O Caminho do Pensamento e da Tecnologia. Porto Alegre: EDIPUCRS, 2007.

FOX, W. T. *The Super-Powers:* The United States, Britain, and the Soviet Union – Their Responsibility for Peace. San Diego: Harcourt Brace, 1944.

FRITZ, W. B. The Women of ENIAC. *IEEE Annals of the History of Computing*, Nova Iorque, v. 18, n. 3, p. 13-28, 1996.

GAT, O. Estonia Goes Digital: Residents of the tiny Baltic nation are going all in on techno-governance. *World Policy Journal*, Durham, v. 35, n. 1, p. 108-113, 2018.

GATAULLINA, I. The Development of Information Technologies in the USSR: Memoirs of Kazan Computer Developers. Third International Conference on Computer Technology in Russia and in the Former Soviet Union (SoRuCom). *Proceedings*, Kazan: IEEE, p. 157-161, 2014.

GEIN, A. Computer Science at School: the Forecasts of A. P. Ershov and the Current Situation. Fourth International Conference on Computer Technology in Russia and in the Former Soviet Union. *Proceedings*, Moscou: IEEE, p. 145-148, 2018.

GEROVITCH, S. "Russian Scandals": Soviet Readings of American Cybernetics in the Early Years of the Cold War. *Russian Review*, Nova Jersey, v. 60, p. 545-568, 2001.

GEROVITCH, S. "We Teach Them to Be Free": Specialized Math Schools and the Cultivation of the Soviet Technical Intelligentsia *Kritika: Explorations in Russian and Eurasian History,* Washington, v. 20, n. 4, p. 717-54, 2019.

GEROVITCH, S. Stalin's Rocket Designers' Leap into Space: The Technical Intelligentsia Faces the Thaw. *Osiris*, Chicago, v. 23, p. 189-209, 2008.

GEROVITCH, S. *From Newspeak to Cyberspeak:* A History of Soviet Cybernetics. Cambridge/Londres: MIT Press, 2004.

GEROVITCH, S. InterNyet: why the Soviet Union did not build a nationwide computer network. *History and Technology*, Oxford, v. 24, n. 4, p. 335-350, 2008.

GEROVITCH, S. Love-Hate for Man-Machine Metaphors in Soviet Physiology: From Pavlov to "Physiological Cybernetics". *Science in Context*, Cambridge, v. 15, n. 2, p. 339-374, 2002.

GEROVITCH, S. The Cybernetics Scare and the Origins of the Internet. *Baltic Worlds*, v. 2, 2009. Disponível em: https://balticworlds.com/wp-content/uploads/2010/02/32-38-cybernetik.pdf. Acesso em: 28 dez. 2022.

GEROVITCH, S. The Man Who Invented Modern Probability: Chance Encounters in the Life of Andrei Kolmogorov. *Nautilus*, 12 ago. 2013. Disponível em: https://nautil.us/the-man-who-invented-modern-probability-934/. Acesso em: 3 ago. 2022.

GOLDMAN, W. *Mulher, estado e revolução*. São Paulo: Boitempo, 2014.

GOLDSTINE, H. H.; VON NEUMANN, J. *Planning and Coding for an Electronic Computing Instrument*. Vols. 1-3. Princeton: Institute for Advanced Study, 1948.

GONZÁLEZ, I. S. Cibernética y sociedad de la información: el retorno de un sueño eterno. *Signo y Pensamiento*, Bogotá, v. 26, n. 50, p. 84-99, 2007.

GOODMAN, S. E. The Information Technologies and Soviet Society: Problems and Prospects. *IEEE Transactions on Systems, Man, and Cybernetics*, Nova Iorque, v. 17, n. 4, p. 525-552, 1987.

GOODMAN, S.; MACHENRY, W. Computing in the USSR: Recent Progress and Policies. *Soviet Economy*, Londres, v. 2, n. 4, p. 327-354, 1986.

GOODMAN, S. E.; MCHENRY, W.; WOLCOTT, P. Scientific Computing in the Soviet Union. *Computers in Physics*, Baltimore, v. 39, n. 3, p. 39-45, 1989.

GOODMAN, S. Socialist technological integration: The case of the east European computer industries. *The Information Society: An International Journal*, Baltimore, v. 3, n. 1, p. 39-89, 1984.

GOODMAN, S. Soviet Computing and Technology Transfer: An Overview. *World Politics*, Cambridge, v. 31, n. 4, p. 539-570, 1979.

GOODMAN, S. The Origins of Digital Computing in Europe. *Communications of the ACM*, Washington, v. 46, n. 9, p. 21-25, 2003.

GOODMAN, S.; MCHENRY, W. The Soviet Computer Industry: A Tale From Two Sectors. *Communication of the ACM*, Washington, v. 34, n. 6, p. 25-29, 1991.

GORBACHEV, M. *Minha vida*. São Paulo: Amarylis, 2016.

GORBACHEV, M. S. *Perestroika* – Novas Ideias para o meu país e o mundo. Rio de Janeiro: Editora Bestseller, 1987.

GORODNYAYA, L.; KRAYNEVA, I.; MARCHUK, A. Computing in the Baltic Countries (1960–1990). Fourth International Conference on Computer Technology in Russia and in the Former Soviet Union (*SORUCOM*). *Proceedings*, Moscou: IEEE, p. 97-108, 2018.

GRAHAM, L. Big science in the last years of the big Soviet Union. *Osiris*, Chicago, v. 7, p. 49-71, 1992.

GRAHAM, L. *Science, Philosophy, and Human Behavior in the Soviet Union.* Columbia: Columbia University Press, 1987.

GRAHAM, L. *What Have We Learned about Science and Technology from the Russian Experience?* Stanford: Stanford University Press, 1998.

GRAHAM, L., DEZHINA, I. *Science in the new Russia.* Indianapolis, Bloomington: Indiana University Press, 2008.

GROSSMAN, G. The second economy of the USSR. *Problems of Communism*, Baltimore, v. 26, p. 25-40, 1977.

GUTH, S. One Future Only. The Soviet Union in the Age of the Scientific-Technical Revolution. *Journal of modern European history*, Chicago, v. 13, n. 3, p. 355-376, 2015.

HAIGH, T.; CERUZZI, P. *A new history of modern computing.* Cambridge/Londres: MIT Press, 2021.

HANSON, S. The Brezhnev era. *In:* SUNY, R. G. (org.) *The Cambridge History of Russia III*: The Twentieth Century. Cambridge: Cambridge University Press, 2006. p. 292-316.

HARARI, Y. *21 Lições para o Século 21.* São Paulo: Companhia das Letras, 2019.

HARDT, M.; NEGRI, A. *Bem-estar comum.* Rio de Janeiro: Record, 2016.

HARDT, M.; NEGRI, A. *Império.* Rio de Janeiro: Record, 2001.

HARDT, M.; NEGRI, A. *Multidão*: Guerra e democracia na era do Império. Rio de Janeiro: Record, 2005.

HARRISON, M. The Soviet *economy, 1917–1991*: Its life and afterlife. *The Independent Review*, Oakland, v. 22, n. 2, p. 199-206, 2017.

HARRISON, M.; KIM, B. Y. Plans, prices, and corruption: the Soviet firm under partial centralization, 1930 to 1990. *Journal of Economic History*, Oxford, v. 66, p. 1-41, 2006.

HOLLOWAY, D. Science, technology and modernity. *In:* SUNY, R. G. (org.) *The Cambridge History of Russia III*: The Twentieth Century. Cambridge: Cambridge University Press, 2006. p. 549-578.

HOLLOWAY, David. *Stalin e a bomba*. Rio de Janeiro: Record, 1997.

ICHIKAWA, H. Strela-1, the First Soviet Computer: Political Success and Technological Failure. *IEEE Annals of the History of Computing*, Nova Iorque, v. 28, n. 3, p. 18-31, 2006.

IL'IN, V. P. The Alma Mater of Siberian Computational Informatics. *Herald of the Russian Academy of Sciences*, Berlim/Moscou, v. 84, n. 6, p. 471-481, 2014.

JORAVISKY D. *Soviet Marxism and Natural Science* (1917-1932). Londres: Routledge, 1961.

JOSEPHSON, P. R. "Projects of the Century" in Soviet History: Large-Scale Technologies from Lenin to Gorbachev. *Technology and Culture*, Baltimore, v. 36, n. 3, p. 519-559, 1995.

JOSEPHSON, P. R. *New Atlantis revisited*: Akademgorodok, the Siberian city of Science. New Jersey: Princeton University Press, 1997.

JOSEPHSON, P. R. *Would Trotsky Wear a Bluetooth?:* Technological Utopianism under Socialism 1917-1989. Baltimore: The John Hopkins University Press, 2009.

JUDT, T. *Pós-guerra*: uma história da Europa desde 1945. Rio de Janeiro: Objetiva, 2008.

JUDY, R. W.; CLOUGH, R. W. Soviet Computers in the 1980s: a Review of the Hardware. *Advances in Computers*, Amsterdam, v. 29, p. 251-330, 1989.

JUDY, R. W.; CLOUGH, R. W. Soviet computing in the 1980s: a survey of the software and its applications. *Advances in Computers*, Amsterdam, v. 30, p. 223-306, 1990.

KARP, A. Specialized Schools for Mathematics as a Mirror of Change in Russia. *In:* Changes in Society: A challenge for mathematics education. *Proceedings*, Sicilia: CIEAEM, p. 110-114, 2005.

KARPILOVITCH, Y.; PRZHIJALKOVSKIY, Y.; SMIRNOV, G. Establishing a Computer Industry in the Soviet Socialist Republic of Belarus. *1st Soviet and Russian Computing (SoRuCom)*, Russia: Petrozavodsk, v. 1, p. 89-97, 2006.

KARPOVA, V.; KARPOV, L. History of the Creation of BESM: The First Computer of S.A. Lebedev Institute of Precise Mechanics and Computer Engineering. *In:* IMPAGLIAZZO, J. PROYDAKOV, E. (org.). *Perspectives on Soviet and Russian Computing. SoRuCom 2006. IFIP Advances in Information and Communication Technology.* Berlim: Springer, 2006. p. 6-19.

KARPOVA, V.; KARPOV, L. V. A. Melnikov – the Architect of Soviet Computers and Computer Systems. Third International Conference on Computer Technology in Russia and in the Former Soviet Union (SORUCOM) *Proceedings,* Kazan: IEEE, p. 1-8, 2014.

KERIMOV, M. In Memory of Professor Eduard Zinov'evich Lyubimskii (1931-2008). *Computational Mathematics and Mathematical Physics*, Berlim/Moscou, v.51, n. 2, p. 369-376, 2011.

KERIMOV, M. In Memory of Professor Mikhail Romanovich Shura_Bura (1928–2008). *Computational Mathematics and Mathematical Physics*, Berlim/Moscou, v. 51, n. 2, p. 339-343, 2011.

KERR, S. Educational Reform and Technological Change: Computing Literacy in the Soviet Union. *Comparative Education Review,* Chicago, v. 35, n. 2, p. 222–254, 1991.

KHENER, E. Women in computing: The situation in Russia. *In:* FRIEZE, C., QUE-SENBERRY, J. L. (org.) *Cracking the Digital Ceiling:* Women in Computing around the World. Cambridge: Cambridge University Press, 2020. p. 246-260.

KIM, B. Y.; SHIDA, Y. Shortages and the Informal Economy in the Soviet Republics: 1965–1989. *Economic History Review*, Nova Jersey, v. 70, n. 4, p. 1346-1374, 2017.

KITOV, V. A.; SHILOV, V. Anatoly Kitov – Pioneer of Russian Informatics. *In:* TATNALL, A (org.). *HC 2010, IFIP AICT 325.* Berlim: Springer, 2010. p. 80-88.

KITOV, V. On the History of Gosplan, the Main Computer Center of the State Planning Committee of the USSR *In:* LESLIE, C.; SCHMITT, M. (org.) *Histories of Computing in Eastern Europe* - IFIP World Computer Congress, WCC 2018. Springer, 2019. p. 118-126.

KITOV, V. The Multi-Terminals System Software in the USSR and in Russia. Fourth International Conference on Computer Technology in Russia and in the Former Soviet Union (SORUCOM). *Proceedings*, Moscou: IEEE, p. 131-141, 2018.

KITOV, V.; KROTOV, N. The Main Computer Center of the USSR State lanning Committee (MCC of Gosplan). Fourth International Conference on Computer

Technology in Russia and in the Former Soviet Union (SORUCOM). *Proceedings*, Moscou: IEEE, p. 227-232, 2018.

KITOVA, O.; KITOV, V. Anatoly Kitov and Victor Glushkov: Pioneers of Russian Digital Economy and Informatics. *In:* LESLIE, C.; SCHMITT, M. (org.) *Histories of Computing in Eastern Europe* - IFIP World Computer Congress, WCC 2018. Berlim: Springer, 2019. p. 99-117.

KLIMENKO, S. V. Computer Science in Russia: A Personal View. *IEEE Annals of the History of Computing*, Nova Iorque, v. 21, n. 3, p. 16-30, 1999.

KOJEVNIKOV, A. Rituals of Stalinist Culture at Work: Science and the Games of Intraparty Democracy circa 1948. *The Russian Review*, Nova Jersey, v. 57, p. 25-52, 1998.

KOJEVNIKOV, A. *Stalin's Great Science:* The Times and Adventures of Soviet Physicists. Londres: Imperial College Press, 2004.

KOLMAN, A. The Adventure of Cybernetics in the Soviet Union. *Minerva*, Berlim, v.16, n. 3, p. 416-424, 1978.

KOROLEVA, L. A. Культурно-просветительная работа в Пензенской области (вторая · половина 1940-х - 1960-е гг.). *Образование и наука в современном мире*, Moscou, v. 3, n. 10, p. 20-24, 2017.

KRAINEVA, I.; PIVOVAROV, P.; SHILOV, V. Soviet Computing: Developmental Impulses. Fourth International Conference on Computer Technology in Russia and in the Former Soviet Union (SoRuCom). *Proceedings*. Moscou: IEEE, p.13-22, 2018.

LAPTSIONAK, U.; SLESANEROK, E. *"Minsk" Family of Computers.* s.d. Disponível em: https://www.computer-museum.ru/english/minsk0.htm. Acesso em: 7 abr. 2023.

LEEDS, A. Dreams in Cybernetic Fugue: Cold War Technoscience, the Intelligentsia, and the Birth of Soviet Mathematical Economics. *Historical Studies in the Natural Sciences*, Los Angeles, v. 46, n.5, p. 633-668, 2016.

LEHMANN, M. The Local Reinvention of the Soviet Project. Nation and Socialism in the Republic of Armenia after 1945. *Jahrbücher für Geschichte Osteuropas*, Berlim, v. 59, n. 4, p. 481-508, 2011.

LEIRNER, P. C. *O Brasil no Espectro de uma Guerra Híbrida:* Militares, operações psi-cológicas e política em uma perspectiva etnográfica. 2. ed. São Paulo: Alameda, 2022.

LÉON, J. Information Theory: Transfer of Terms, Concepts and Methods. *In:* LÉON, J. (org.). *Automating Linguistics*. Berlim: Springer, 2021. p. 49-67.

LESLIE, C. From CoCom to Dot-Com: Technological Determinisms in Computing Blockades, 1949 to 1994. *In:* LESLIE, C.; SCHMITT, M. (org.) *Histories of Computing in Eastern Europe* – IFIP World Computer Congress, WCC 2018. Springer, 2019. p. 196-225.

LEWIN, M. *O século soviético*. Rio de Janeiro: Record, 2007.

LIBERMAN, Y. The Soviet Economic Reform. *Foreign Affairs*, Nova Iorque, v. 46, n. 1, p. 53-63, 1967.

LIBBEY, J. CoCom, Comecon, and the Economic Cold War. *Russian History*, Leiden, v.37, n. 2, p. 133-152, 2020.

LIGACHEV, Y. *Inside Gorbachev's Kremlin*: The Memoirs of Yegor Ligachev. New York: Pantheon Books, 1993.

LORENZ, G. G. Mathematics and Politics in the Soviet Union from 1928 to 1953. *Journal of Approximation Theory*, Amsterdam, v. 116, p. 169-223, 2002.

LOSURDO, D. *Stalin*. História Crítica de Uma Lenda Negra. Rio de Janeiro: Revan, 2010.

LOWE, K. *Continente selvagem*: O caos na Europa depois da Segunda Guerra Mundial. Rio de Janeiro: Zahar, 2017.

LUBRANO, L. The hidden structure of Soviet Science. *Science, Technology, and Human Values*, Los Angeles, v. 1, n. 2, p. 147-175, 1993.

LUKASIK, S. J. Why the Arpanet Was Built. *IEEE Annals of the History of Computing*, Nova Iorque, v. 33, p. 4-20, 2011.

MACHLUP, F.; MANSFIELD, U. (org.). *The study of information:* Interdisciplinary messages. New York: John Wiley & Sons, 1983.

MALASHEVICH, B. M.; MALASHEVICH, D. B. The Zelenograd Center of Microelectronics. *In:* IMPAGLIAZZO, J.; PROYDAKOV, E. (org.). Perspectives on Soviet and Russian Computing. SoRuCom 2006. IFIP Advances in Information and Communication Technology Berlim: Springer, 2006. p. 152-163.

MALASHEVICH, D. B. The Microprocessors, Mini- and Micro-computers with Architecture "Electronics NC" in Zelenograd. *In:* IMPAGLIAZZO, J.; PROYDAKOV, E.

(org.). Perspectives on Soviet and Russian Computing. SoRuCom 2006. IFIP Advances in Information and Communication Technology Berlim: Springer, 2006. p. 174-186.

MALINOVISKY, B. *Istoriya vuichislitelnoi tekhniki v litsakh.* Kiev: KIT, 1995.

MALINOVISKY, B. *Timeline*: Computing Development in Ukraine. History of computing in Ukraine. 2012. Disponível em: http://uacomputing.com/stories/timeline/. Acesso em: 5 ago. 2022.

MALINOVSKY, B. *Pioneers of Soviet Computing.* 2. ed. 2010. Disponível em: www.sigcis.org/files/malinovsky2010.pdf. Acesso em: 15 out. 2022.

MALINOVSKY, B. The first computer in the continental Europe was created in Kiev. *Interdisciplinary Studies of Complex Systems*, Kiev, v. 1, n. 1, p. 85-108, 2012.

MARCHUK, G. A. *et al.* Novosibirsk programming school: a historical overview. *Bull. Nov. Comp. Center,* Novosibirsk, v. 37, p. 1-22, 2014.

MAKAROV, A. A.; MITROVA, T. A. Centenary of the GOELRO Plan: Opportunities and Challenges of Planned Economy. *Thermal Engineering*, Berlim, v. 67, n. 11, p. 779–789, 2020.

MARX, K. *O Capital:* crítica da economia política. São Paulo: Nova Cultural, 1988. (série Os Economistas).

MATYUKHINA, E..; PROKHOROV, S. The pioneer of computer technology - Tamara Minovna Aleksandridi. 2020 International Conference Engineering Technologies and Computer Science EnT 2020. *Proceedings,* Moscou, p. 11-13, 2020.

MAUER, T. Da fome às estrelas: 40 anos de ciência soviética. *Temporalidades*, Belo Horizonte, v. 11, n. 3, p. 78-103, 2019.

MCLUHAN, M. *A galáxia de Gutenberg:* a formação do homem tipográfico. São Paulo: Editora Nacional/Editora da USP, 1972.

MEDINA, E. *Cybernetic Revolutionaries:* Technology and Politics in Allende's Chile. Massachusetts: Mit Press, 2011.

MIKHAILOV, A. I. Application of New Information Technology at VINITI. 43RD FID CONFERENCE PROCEEDINGS. Montreal, Canadá, p. 271-275, 1986. *Anais* [...]. Montreal, 1986.

MIKHAILOV, A. I. Basic Lines of advance in the state computerized scientific information system. *Scientific and Technical Information Processing,* Berlim/Moscou, v. 13, n. 1, p. 1-6, 1986.

MILES, J. *St. Petersburg* – Three centuries of murderous desire. Londres: Penguin/ Windmill Books, 2018.

MONTEFIORE, S. S. *Stálin* – a Corte do Czar Vermelho. São Paulo: Companhia das Letras, 2006.

MURRAY, F. J. *The theory of Mathematical Machines.* Nova York: King's Crown Press, 1948.

MUSEU de videogames é destruído após bombardeio na Ucrânia. *Yahoo! finanças,* 28 maio 2022. Disponível em: https://br.financas.yahoo.com/noticias/museu-de- -videogames-e-destruido-apos-bombardeio-na-ucrania-154804267.html. Acesso em: 29 dez. 2022

MYZELLEV, A. Guys in a strange style: Subcultural masculinity of Soviet *Stiliagi. Critical Studies in Fashion & Beauty,* Bristol, v. 12, n. 2, p. 185-206, 2021.

NEWTON JR., G. C. et. al. Automation in the Soviet Union. *Electrical Engineering,* v. 78, n. 8, p. 844-847, 1959.

NITUSSOV, A. Bashir Iskanderovich Rameev. *Russian Computer Museum.* S.d. Disponível em: https://www.computer-museum.ru/english/galglory_en/rameev. htm. Acesso em: 29 jan. 2022.

NOLTING, L.; FESHBACH, M. R and D Employment in the USSR. *Science,* Washington, v. 207, p. 493-503, 1980.

NOVE, A. *An Economic History of the USSR 1917-1991.* Londres: Penguin, 1993.

O'NEIL, C. *Algoritmos de destruição em massa.* Santo André: Editora Rua do Sabão, 2021.

OGANJANYAN, S. Electronics and Informatics Development in Armenian SSR (1960-1988). Third International Conference on Computer Technology in Russia and in the Former Soviet Union (SoRuCom). *Proceedings.* Kazan: IEEE, p. 40-44 2014.

OGANJANYAN, S.; SHILOV, V. S.; SILANTIEV, S. Armenian Computers: First Generations. IFIP International Conference on the History of Computing (HC), *Proceedings.* Posnânia: IFIP, p. 1-13, 2018.

OGANJANYAN, S.; SILANTIEV, S. "Nairi" Computer Series – Harbingers of the Personal Computer. Fourth International Conference on Computer Technology in Russia and in the Former Soviet Union (*SORUCOM*). *Proceedings*, Moscou: IEEE, p. 44-48, 2018.

OGANJANYAN, S.; SILANTIEV, S. Sergey Mergelyan: Triumph and Tragedy. Fourth International Conference on Computer Technology in Russia and in the Former Soviet Union (*SORUCOM*). *Proceedings*, Moscou: IEEE, p. 8-12, 2018.

PAVLOV, I.; SKINNER, B. *Os Pensadores*. São Paulo: Abril Cultural, 1984.

PECI, A. Taylorism in the Socialism that Really Existed. *Organization,* Los Angeles, v. 16, n. 2, p. 289-301, 2009.

PENA, A. B.; SILVA, C. C. Da comunicação à informação: quando a prática se sobrepõe à teoria. *Revista Brasileira de Ensino de Física*, São Paulo, v. 44, p. 1-12, 2022.

PETERS, B. Betrothal and Betrayal: The Soviet Translation of Norbert Wiener's Early Cybernetics. *International Journal of Communication*, Los Angeles, v. 2, p. 66-80, 2008.

PETERS, B. *How not to network a nation:* the uneasy history of the Soviet internet. Massachusetts: Massachusetts Institute of Technology, 2016.

PETERS, B. Normalizing Soviet Cybernetics. *Information & Culture*, Austin, v. 47, n. 2, p. 145-175, 2012.

PICCOLLI, L.; MACHADO, L.; MONTEIRO, V. F. A Guerra Híbrida e o Papel da Rússia no Conflito Sírio. *Revista Brasileira de Estudos de Defesa*, Belo Horizonte, v. 3, p. 189-203, 2016.

PIPES, R. *Russia under the Bolshevik Regime*. Nova York: Vintage Books, 1995.

PLANK-BLASCO, D. 'From Russia with Fun!': Tetris, Korobeiniki and the ludic Soviet. *The Soundtrack*, Bristol, v. 8, n. 1 e 2, p. 7-24, 2014.

POLAK, Y. The 20th Anniversary of Russian Internet (View from CEMI). Third International Conference on Computer Technology in Russia and in the Former Soviet Union (SoRuCom). *Proceedings*, Kazan: IEEE , p. 196-198, 2014.

POMERANZ, L. *Do socialismo soviético ao capitalismo russo*. São Paulo: Ateliê Editorial, 2018.

PORAT, M. *The information economy:* Definition and measurement. Washington: United States Department of Commerce, 1977.

PROKHOROV, S. A Meeting of the USSR Academy of Sciences Technology Division Bureau and Its Role in the History of Soviet Computer Engineering. 2016 International Conference on Engineering and Telecommunication (EnT), *Proceedings*, Moscou, p. 114-118, 2016.

PROKHOROV, S. The first steps of Soviet computer Science. 2014 International Conference on Engineering and Telecommunication (EnT). *Proceedings,* Moscou, p. 92-96, 2014.

PROKHOROV, S., SHCHERBININ, D. Y. 70 years of Russian Computer Science. 2018 International Conference on Engineering Technologies and Computer Science (EnT). *Proceedings*, Moscou: IEEE, p. 3-7, 2018.

PRZHIJALKOVSKY, V. V. *Historic Review on the ES Computers Family*: Part one – the beginning (the years 1966 – 1973). Russian Virtual Computer Museum. 1 dez. 2014. Disponível em: https://www.computer-museum.ru/english/es_comp_family.php. Acesso em: 21 ago. 2022.

PRZHIJALKOVSKY, V. V. *Historic Review on the ES Computers Family*: Part two – until 1983. Russian Virtual Computer Museum. 27 jan. 2015. Disponível em: https://www.computer-museum.ru/english/es_comp_family_2.php. Acesso em: 21 ago. 2022.

PRZHIJALKOVSKY, V. V. *Historic Review on the ES Computers Family*: Part Three-final. Russian Virtual Computer Museum. 31 jan. 2015. Disponível em: https://www.computer-museum.ru/english/es_comp_family_3.php. Acesso em: 21 ago. 2022.

PRZHIJALKOVSKY, V. V.; FILINOV, E. N. Basilevskiy Yury Yakovlevich. *Russian Computer Museum Hall of Fame.* 1997. Disponível em: https://www.computer-museum.ru/english/galglory_en/Basilevskiy.htm. Acesso em: 22 jan. 2022.

PRZHIJALKOVSKY, V. V.; FILINOV, E. N. *Basilevskiy Yury Yakovlevich.* Russian Computer Museum Hall of Fame. 1997. Disponível em: https://www.computer--museum.ru/english/galglory_en/Basilevskiy.htm. Acesso em: 22 jan. 2022.

PTUSHENKO, V. The pushback against state interference in science: how Lysenkoism tried to suppress Genetics and how it was eventually defeated. *Genetics*, Oxford, v. 219, n. 4, 2021.

RABINOVICH, Z. V. The Work of Sergey Alekseevich Lebedev in Kiev and Its Subsequent Influence on Further Scientific Progress There. *In:* IMPAGLIAZZO,

J. PROYDAKOV, E. (org.). *Perspectives on Soviet and Russian Computing. SoRuCom 2006. IFIP Advances in Information and Communication Technology.* Berlim: Springer, 2006. p. 1-5.

RAMET, S.; ZAMACISKOV, S.; BIRD, R. The Soviet Rock Scene. *In:* RAMET, S. P. *Rocking the State:* Rock Music and Politics in Eastern Europe and Russia. Nova Iorque: Routledge, 2019. p. 181-218.

REIS FILHO, D. A. *Uma revolução perdida.* A história do socialismo soviético. 2. ed. São Paulo: Fundação Perseu Abramo, 2007.

RINDZEVICIUTE, E. Purification and Hybridisation of Soviet Cybernetics. The Politics of Scientific Governance in an Authoritarian Regime. *Archiv für Sozialgeschichte,* Berlim, v. 50, p. 289-309, 2010.

ROBERTS, A. *A verdadeira história da Ficção científica:* do preconceito à conquista das massas. São Paulo: Seoman, 2018.

ROGACHYOV, Y. The Origin of Informatics and Creation of the First Electronic Computing Machines in the USSR. Third International Conference on Computer Technology in Russia and in the Former Soviet Union (SORUCOM). *Proceedings,* Kazan: IEEE, p. 28-35, 2014.

SAFRONOV, A. V. Бюрократические И Технологические Ограничения Компьютеризации Планирования В Ссср. *Экономическая политика,* Moscou, v. 17, n. 2, p. 120-145, 2022.

SANTOS JUNIOR, R, L. Análise das ideias de A. I. Mikhailov sobre o impacto e utilização das novas tecnologias na Ciência da Informação (1977-1986). *Ciência da Informação em Revista,* Maceió, v. 2, p. 15-28, 2015.

SANTOS JUNIOR, R. L. A Informática vermelha: uma história do sistema computacional na ex-União Soviética. *Ciência Hoje,* Rio de Janeiro, v. 52, p. 22-25, 2013.

SANTOS JUNIOR, R. L. Análise histórica da evolução e desenvolvimento dos campos da Ciência e da Tecnologia na antiga União Soviética e Rússia (1917-2010). *Revista Brasileira de História da Ciência,* Rio de Janeiro, v. 5, n. 2, p. 279-295, 2012.

SANTOS JUNIOR, R. L. Análise histórica sobre a evolução da cibernética na União Soviética (anos 1920-1970). *Revista Brasileira de História da Ciência,* Rio de Janeiro, v. 16, n. 1, p. 252-267, 2023.

SANTOS JUNIOR, R. L. *Ciência e Tecnologia na União Soviética:* breve percurso histórico. Trabalho apresentado no evento "Ciclo 1917: o ano que abalou o mundo, 100 anos da Revolução". São Paulo: Boitempo editorial/SESC CPF, 2017.

SANTOS JUNIOR, R. L. Os estudos cientométricos na antiga União Soviética e Rússia: origens, desenvolvimento e tendências. *In:* PINHEIRO, L. V.; OLIVEIRA, E. C. P. (org.). *Múltiplas facetas da comunicação e divulgação científicas:* transformações em cinco séculos. Brasília: IBICT, 2012. Vol. 1, p. 85-114.

SANTOS JUNIOR, R. L.; PINHEIRO, L. V. R. A infraestrutura em informação científica e em Ciência da Informação na antiga União Soviética (1917-1991). *Encontros Bibli*, Florianópolis, v. 15, n. 1, p. 24-51, 2010.

SANTOS JUNIOR, R. L. Análise da terminologia soviética "Informatika" e da sua utilização nas décadas de 1960 e 1970. XI ENCONTRO NACIONAL DE PESQUISA EM CIÊNCIA DA INFORMAÇÃO, Rio de Janeiro, 2010. *Anais* [...]. Rio de Janeiro, 2010.

SCHRODINGER, E. *O que é vida?* O aspecto físico da célula viva: Seguido de "Mente e matéria" e "Fragmentos autobiográficos". Marília: Editora UNESP, 2007.

SEMBRITZKI, L. Maiak 1957 and its Aftermath: Radiation Knowledge and ignorance in the Soviet Union. *Jahrbücher für Geschichte Osteuropas*, Berlin, v. 66, p. 45-64, 2018.

SERVICE, R. *The penguin history of modern Russia:* from tsarism to the twenty-first century. 4. ed. Londres: Penguin Books, 2015.

SHANNON, C.; WEAVER, W. *The Mathematical Theory of Communication.* Illinois: University of Illinois Press, 1949.

SHUVALOV, L. Upgrade and Development of Magnetic Tape Drives for M-20 and M-220 Computers. Third International Conference on Computer Technology in Russia and in the Former Soviet Union (SoRuCom). *Proceedings*, Kazan: IEEE, p. 83-85, 2014.

SIDDIQI, A. A. *Challenge to Apollo:* The Soviet Union and the Space Race, 1945 – 1974.Washingon: National Aeronautics and Space Administration, 2000.

SIDDIQI, A. A. *The Red Rockets' Glare:* Spaceflight and the Soviet Imagination, 1857-1957. Cambridge: Cambridge University Press, 2010.

SILVA NETO, C. P. A Guerra Fria e as Perspectivas Ocidentais sobre a Ciência Soviética. *In:* BERTOLINO, O; MONTEIRO, A. (org.). *100 anos da revolução russa: legados e lições.* São Paulo: Anita Garibaldi/Fundação Maurício Grabois, 2017. p. 105-135.

SMIRNOV, V. I. Some Hardware Aspects of the BESM-6 Design. 1st Soviet and Russian Computing (SoRuCom). *Proceedings*, Petrozavodsk, p. 20-25, 2006.

SMIRNOVA, A. The City as a Witness of Social and Political Changes. Analysis of Post-war Reconstruction of Minsk as a Soviet Urban Model. *PlaNext- Next Generation Planning*, v. 3, p. 82-100, 2016. Disponível em: https://journals.aesop-planning. eu/index.php/planext/article/view/21/17. Acesso em: 7 abr. 2023.

SNYDER, J. M. *Technological reflections:* The absorption of networks in the Soviet Union. Tese (doutorado em administração em empresas). Arizona: Universidade do Arizona, 1993. Disponível em: https://repository.arizona.edu/handle/10150/186273. Acesso em: 28 abr. 2022.

SOLDATOV, A.; BOROGAN, I. *Russian Cyberwarfare*: Unpacking the Kremlin's Capabilities. CEPA, 8 set. 2022. Disponível em: https://cepa.org/comprehensive-reports/russian-cyberwarfare-unpacking-the-kremlins-capabilities/. Acesso em: 24 set. 2022.

SOLJENÍTSIN, A. *Arquipélago Gulag:* um experimento de investigação artística 1918-1956. São Paulo: Carambaia, 2019.

STACHNIAK, Z. Red Clones: Soviet Computer Hobby Movement of the 1980s. *IEEE Annals of the History of Computing*, Nova Iorque, v. 37, n. 1, p. 12-23, 2015.

STAHL, D.; ALEXEEV, M, The influence of black markets on a queue-rationed centrally planned economy, *Journal of Economic Theory*, Amsterdam, v. 34, p. 234-50, 1985.

STOLYAROV, G. Computers in Belarus: Chronology of the Main Events. *IEEE Annals of the History of Computing*, Nova Iorque, v. 21, n. 3, p. 61-65, 1999.

SULLIVAN, W. Soviet Scientists Often Thwarted. *The New York Times*, Nova York, 7 out. 1986. Disponível em: https://www.nytimes.com/1986/10/07/science/soviet-t-scientists-often-thwarted.html. Acesso em: 20 abr. 2022.

TATARCHENKO, K. 'A House with a Window to the West': The Akademgorodok Computer Centre (1958–1993). 2013. Tese (Doutorado em história da ciência) – Universidade de Princeton, Princeton, 2013.

TATARCHENKO, K. "The Computer Does Not Believe in Tears" Soviet Programming, Professionalization, and the Gendering of Authority. *Kritika: Explorations in Russian and Eurasian History*, Washington, v. 18, n. 4, p. 709-739, 2017.

TATARCHENKO, K. "The Man with a Micro-calculator": Digital modernity and Late soviet Computing Practices. *In:* HAIGH, T. (org.) *Exploring Early Digital:* Communities and Practices. Springer, 2019. p. 179-200.

TATARCHENKO, K. "The Right to Be Wrong": Science Fiction, Gaming, and the Cybernetic Imaginary in Kon-Tiki: A Path to the Earth (1985–86). *Kritika: Explorations in Russian and Eurasian History*, Washington, v. 20, n. 4, p. 755-781, 2019.

TATARCHENKO, K. Calculating a Showcase: Mikhail Lavrentiev, the Politics of Expertise, and the International Life of the Siberia. *Historical Studies in the Natural Sciences*, Los Angeles, v. 46, n. 5, p. 592-613, 2016.

TATARCHENKO, K. The Great Soviet Calculator Hack. *IEEE Spectrum Magazine*, 2018. Disponível em: https://spectrum.ieee.org/how-programmable-calculators-and-a-scifi-story-brought-soviet-teens-into-the-digital-age. Acesso em: 12 fev. 2022.

TATARCHENKO, K. The Siberian Carnivalesque: Novosibirsk Science City. *In:* KAJI-O'GRADY, S.; SMITH, C.; HUGHES, H. (ed.) *Laboratory Lifestyles:* The Construction of Scientific Fictions, Cambridge/Londres: MIT Press, 2018. p. 101-121.

TATARCHENKO, K. Thinking Algorithmically: From Cold War Computer Science to the Socialist Information Culture. *Historical Studies in the Natural Sciences*, Los Angeles, v. 49, n. 2, p. 194-225, 2019.

TATARCHENKO, K.; PETERS, B. Tomorrow begins yesterday: data imaginaries in Russian and Soviet science fiction. *Russian Journal of Communication*, Abingdon ,v. 9, n. 3, p. 241-251, 2017.

TAUBMAN, W. *Gorbachev:* His Life and Times. Nova Iorque: W. W. Norton & Company, 2017.

TAWBE, M. Digitalization in the development of human resource management in the Republic of Belarus. *R-Economy*, Ecaterimburgo, v. 7, n. 2, p. 133-141, 2021.

TEIXEIRA, N. N.; FERREIRA, L. D. D. Análise da confiabilidade de Redes Geodésicas. *Boletim de Ciências Geodésicas*, Curitiba, v. 9, n. 2, p. 199-216, 2003.

TELKSNYS, L.; ZILINSKAS, A. Computers in Lithuania. *IEEE Annals of History of Computing*, Nova Iorque, v. 21, n. 3, p. 31-37, 1999.

The First Semiconductor Multipurpose Control Computer "Dnepr". *History of Computers in Ukraine*, 2012. Disponível em: http://uacomputing.com/stories/dnepr/. Acesso em: 5 ago. 2022.

TOASSA, G.; GUIMARÃES, D. B. Distorções de Pavlov: ciência soviética e psicologia entre 1948 e 1953. *Psicologia Política*, São Paulo, v. 19, n. 44. p. 16-33, 2019.

TOFFLER, A. A *terceira onda*. Rio de Janeiro: Record, 1997.

TOURAINE, A. *The post-industrial society*. Tomorrow's social history: Classes, conflicts and culture in the programmed society. New York: Random House, 1971.

TURING, A. M. Computing Machinery and Intelligence. *Mind*, Oxford, v. LIX, n. 236, p. 433-460, 1950.

TUTOVA, O.; SAVCHENKO, Y. Ukraine in the Information and Communication Technology Development Ranking I, *Control Systems and Computers*, Kiev, n. 3, p. 70-78, 2019.

TUTOVA, O.; SAVCHENKO, Y. Ukraine in the Information and Communication Technology Development Ranking II. *Control Systems and Computers*, Kiev, n. 4, p. 63-74, 2019.

TYUGU, E. Computing and Computer Science in the Soviet Baltic Region. IFIP Advances in Information and Communication Technology / Second IFIP WG 9.7 Conference. *Proceedings*, Berlim: IFIP AICT, p. 29-37, 2009.

VIANNA, M.; PEREIRA, L. A.; PEROLD, C. (org.). *Histórias da informática na América Latina:* Reflexões e experiências (Argentina, Brasil e Chile). Jundiaí: Paco editorial, 2022.

VIDELA, A. *Kateryna L. Yushchenko* — Inventor of Pointers. Medium, 8 dez. 2014. Disponível em: https://medium.com/a-computer-of-ones-own/kateryna-l-yushchenko-inventor-of-pointers-6f2796fa1798. Acesso em: 10 out. 2022.

VON NEWMANN, J. *The Computer and the Brain*. Yale: Yale University Press, 1958.

VUCINICH, A. *Empire of Knowledge:* The Academy of Sciences of the USSR, 1917-1970. California: University of California Press, 1984.

VUCINICH, A. Soviet Mathematics and Dialectics in the Post-Stalin Era: New Horizons. *Historia Mathematica*, Amsterdam, v. 29, p. 13-39, 2002.

WEINER, N. *Cibernética e sociedade:* o uso humano dos seres humanos. São Paulo: Cultrix, 1970.

WERTH, A. *A Rússia na guerra*. Rio de Janeiro: Civilização Brasileira, 1966.

WEST, D. K. Cybernetics for the command economy: Foregrounding entropy in late Soviet planning. *History of the Human Sciences,* Los Angeles, v. 33, n.1, p. 36-51, 2020.

WESTWICK, P. J. From the Club of Rome to Star Wars: The Era of Limits, Space Colonization and the Origins of SDI. *In:* GEPPERT, A. C. T. (org.) *Limiting Outer Space:* Astroculture After Apollo. Londres: Palgrave Macmillan, 2018. p. 283-302.

WIENER, N. *Cibernética:* ou controle e comunicação no animal e na máquina. São Paulo: Perspectiva, 2017.

WIJERMARS, M. The Digitalization of Russian Politics and Political Participation. *In:* GRITSENKO, D., WIJERMARS, M.; KOPOTEV, M. (org.) *The Palgrave Handbook of Digital Russia Studies. Londres:* Palgrave Macmillan, 2021. p. 15-32.

WOLCOTT, P. *Soviet advanced technology*: The case of high-performance Computing. Tese (doutorado em Administração de empresas). Arizona: Universidade do Arizona, 1993. Disponível em: https://repository.arizona.edu/handle/10150/186298. Acesso em: 13 jul. 2022.

WOLCOTT, P.; GOODMAN, S. E. Soviet High-Speed Computers: The New Generations. Supercomputing '90. ACM/IEEE CONFERENCE ON SUPERCOMPUTING. Nova York, 1990, p. 930-939. *Anais* […]. Nova York, 1990.

WOLCOTT, P.; GOODMAN, S. E. Under the stress of reform: high-performance computing in the former Soviet Union. *Communications of the ACM*, Washington, v. 36, n. 10, p. 25-29, 1993.

WOLCOTT, P.; GOODMAN, S. High-speed computers of the Soviet Union. *Computer*, Nova Iorque, v. 21, n. 9, p. 32-41, 1998.

YURCHARK, Y. *Everything Was Forever, Until It Was No More*: *The Last Soviet Generation.* Princeton: Princeton University Press, 2005.

ZAKHAROV, V. Computers and Their Application in the USSR in the Middle of the 1980s: Situation, Actions Taken, Predictions of Development. Third International Conference on Computer Technology in Russia and in the Former Soviet Union (SoRuCom). *Proceedings*, Kazan: IEEE, p. 53-60, 2014.

ZAKHAROV, V. On the Joint Activity of the Socialist Countries in the Field of Creating Computer Systems at the Last Stage (1980s-Early 1990s). 2020 Fifth International Conference "History of Computing in the Russia, former Soviet Union and Council for Mutual Economic Assistance countries" (SORUCOM). *Proceedings*, Moscou: IEEE, p. 37- 41, 2020.

ZAMIATIN, I. *Nós*. São Paulo: Aleph, 2017.

ZARGARYAN, T.; ASTSATRYAN, H.; MATELA, M. Armenian Research & Academic Repository In Action: Towards Challenges Of The 21st Century. *Katchar Scientific Periodical*, Erevã, n. 2, p. 67-79, 2020.

ZHABIN, S. Making Forecasting Dynamic: The soviet project OGAS. *International Committee for the History of Technology*, Hamburgo, v. 25, n. 1, p. 78-94, 2020.

ZHUKOV, Y. Examining the Authoritarian Model of Counter-insurgency: The Soviet Campaign Against the Ukrainian Insurgent Army. *Small Wars & Insurgencies*, Nova Iorque, v. 18, n. 3, p. 439-466, 2007.

ZUBOK, V. *Zhivago's Children:* The Last Russian Intelligentsia. Cambridge: Harvard University Press, 2009.

ZUBOVICH, K. *Moscow Monumental:* Soviet Skyscrapers and Urban Life in Stalin's Capital. Princeton: Princeton University Press, 2021.

Referências audiovisuais

1989: The Year That Made Us (Nat Geo Channel/IPC, 2019). Episódio The Dawn of Digital. Disponível em: https://www.dailymotion.com/video/x7fsfqc. Acesso em: 7 abr. 2023

Chernobyl (Direção Johan Renck. HBO/Sky/Sister Pictures/Might Mint/Word Games, 2019).

"Elementos básicos de um computador eletrônico" (c.1986). Disponível em: https://www.net-film.ru/film-51803/. Acesso em: 7 abr. 2023

"Jogos com computadores" (1986). Disponível em: https://www.youtube.com/watch?v=CW_0eWBySdA. Acesso em: 7 abr. 2023.

O Dilema das Redes (Direção Jeff Orlowski. Netflix/Exposure Labs/Argent Pictures, 2020).

Основы информатики и вычислительной техники. Как устроена ЭВМ. Эфир 03.09.1986. Disponível em: https://www.youtube.com/watch?v=njDLNIWfWXE. Acesso em: 7 abr. 2023

People's Century (BBC/WGBH, 1995-1997). Episódio Fast Forward (título exibido na Inglaterra) ou Back to the Future (título exibido nos Estados Unidos). Disponível em: https://www.youtube.com/watch?v=zDpCynPtS_w. Acesso em: 7 abr. 2023.

Rússia, o lugar onde os hackers mais procurados do mundo vivem como milionários. *BBC Brasil*, 2021. Disponível em: https://www.youtube.com/watch?v=16poK0k-dHWY. Acesso em: 7 abr. 2023.

Slovak newsreel Nr. 7/1956. Disponível em: https://www.youtube.com/watch?-v=U4i6al2TBIY. Acesso em: 7 abr. 2023.

Tetris: From Russia with Love (Direção: Magnus Temple. Ricochet/BBC, 2004). Disponível em: https://www.youtube.com/watch?v=NhwNTo_Yr3k. Acesso em: 7 abr. 2023.

The Story of Tetris. Gaming Culture, 2016. Disponível em: https://www.youtube.com/watch?v=_fQtxKmgJC8. Acesso em: 7 abr. 2023.

Why Didn't the Soviets Automate Their Economy?: Cybernetics in the USSR. *The Marxist Project*, 2023. Disponível em: https://www.youtube.com/watch?v=OUig-0Qwnc4I. Acesso em: 14 maio 2023.

Хотели бы Вы обрести бессмертие с помощью компьютера? Disponível em: https://www.youtube.com/watch?v=96kzeFK322A. Acesso em: 7 abr. 2023.

LISTA PARCIAL DE COMPUTADORES PRODUZIDOS NA UNIÃO SOVIÉTICA (1950-1991)

Instituto de Mecânica Precisa e Engenharia de Computação (ITMVT)

Modelo	Data de produção
MESM	1950
BESM	1953
BESM-2	1957
M-20	1958
BESM-4	1962
BESM-6	1965
AS-6	1977
ELBRUS	1978
ELBRUS-2	1984
ELBRUS-3	1991

República Socialista Federativa Soviética da Rússia (Isaac Bruk)

Modelo	Data de produção
M-1	1951
M-2	1953-1954
M-3	1957-1958
M-4 e adaptações	1957-1962
SETUN	1958-1959
M-9	1967-1968
M-10	1973
M-13	1983-1984

SKB-245

Modelo	Data de produção
STRELA	1953

República Socialista Soviética da Ucrânia

Modelo	Data de produção
Kiev	1956-1957
Dnepr	1962
Promin	1964
MIR-1	1965
Dnepr-2	1968
MIR-2	1969
MIR-3	1973
Neva	1976
Neuron	1980
PS-2000	1981
Série MIG	1984-1988
ES-2704	1985
ES-2701	1987
ES-2703	1989
PS-2100	1989

Série URAL

Modelo	Data de produção
URAL-1	1957
URAL-2	1959
URAL-3	1961
URAL-4	1962
URAL-11	1965
URAL-14	1965
URAL-16	1969

República Socialista Soviética da Bielorrússia

Modelo	Data de produção
Minsk-1	1959-1960
Minsk-2	1960-1962
Minsk-23	1966
Minsk-32	1966-1968

República Socialista Soviética da Armênia

Modelo	Data de produção
Aragats	1960
Razdan-2	1961
Nairi-1	1962-1964
Araks	1964
Masis	1965
Razdan-3	1965
Nairi-2	1966
Dvin	1967
Nairi S	1967
Nairi-3	1970

Repúblicas bálticas (Estônia, Letônia e Lituânia)

Modelo	Data de produção
EV-80-30M	1960-1961
STEM	1962-1964
RUTA-110	1969
VK M5000	1973
M5010	1973
SM 1600	1982

Sistema unificado de computadores (RIAD/ES)

RIAD 1	
Modelo	Data de produção
ES-1020	1972
ES-1030	1972
ES-1050	1973
RIAD 2	
Modelo	Data de produção
ES-1033	1977
ES-1035	1977
ES-1045	1978
ES-1052	1978
ES-1060	1978
ES-1055	1979
RIAD 3	
Modelo	Data de produção
ES-1036	1984
ES-1065	c.1985
ES-1066	1987-1988
ES-1007	1987-1988
RIAD 4	
Modelo	Data de produção
ES-1840	1986
ES-1841	1987
ES-1842	1988
ES-1849	1989
ES-1863	1991

Sistema pequeno (*Sistemaia Malaia*-SM)

Modelo	Data de produção
SM-3	1978
SM-4	1978
ISKRA-226	1981
SM-1410	1983
SM-1420	1983
SM-1700	1987
ISKRA-1030	1989

Série Elektronika

Modelo	Data de produção
Elektronika 100-25	1980
Elektronika-79	1980
Elektronika-60	1980
DKV-1	1982
DKV-2	1983
BK-0010	1983
DKV-3	1984
DKV-4	1985
DKV-5	1986
BK-0011	1989

Série AGAT

Modelo	Data de produção
AGAT	1982-1983
AGAT-4	1983
AGAT-7	1984
AGAT-8	1984-1985
AGAT-9	1987

Série Korvet

Modelo	Data de produção
PK-8001	1985
PK-8010	1987
PK-8020	1989

Modelos independentes/semi-independentes

Modelo	Data de produção
Micro-80	1979-1980
Vector 06C	1985
Irisha	1985
Radio-86RK	1986
Lviv	1986
Leningrad-1	1988
MK-88	1988
Orion 128	1989
UT-88	1989
ITC Spectrum	c. 1989
Spectrum-Contact	c. 1990